西北大学"双一流"建设项目资助
Sponsored by First-class Universities and Academic Programs of Northwest University

# 无机材料合成与制备

WUJI CAILIAO HECHENG YU ZHIBEI

李 珺　张逢星　主编

西北大学出版社
·西安·

**图书在版编目（CIP）数据**

无机材料合成与制备 / 李珺，张逢星主编. —西安：西北大学出版社，2023.6
 ISBN 978-7-5604-5107-7

Ⅰ.①无… Ⅱ.①李… ②张… Ⅲ.①无机材料—材料科学 Ⅳ.①TB321

中国国家版本馆 CIP 数据核字（2023）第 037955 号

# 无机材料合成与制备
WUJI CAILIAO HECHENG YU ZHIBEI

李　珺　张逢星　主编

出版发行　西北大学出版社
（西北大学校内　邮编：710069　电话：029-88303059）
http://nwupress.nwu.edu.cn　　E-mail: xdpress@nwu.edu.cn

| 经　销 | 全国新华书店 |
|---|---|
| 印　刷 | 西安博睿印刷有限公司 |
| 开　本 | 787 毫米×1092 毫米　1/16 |
| 印　张 | 18.5 |
| 版　次 | 2023 年 6 月第 1 版 |
| 印　次 | 2024 年 7 月第 2 次印刷 |
| 字　数 | 341 千字 |
| 书　号 | ISBN 978-7-5604-5107-7 |
| 定　价 | 68.00 元 |

本版图书如有印装质量问题，请拨打 029-88302966 予以调换。

# 前　言

材料是人类赖以生存和发展的物质基础,与经济建设、国防建设和人民生活密切相关,没有先进的材料,就没有先进的工业、农业和科学技术。无机材料合成与制备是指通过一定的途径,从气态、液态或固态的各种不同原材料中得到化学上及性能上不同于原材料的无机新材料。在今天强调节能环保、重视生态环境和资源协调发展的大背景下,无机材料合成与制备技术的重要性日益凸显。发展现代无机材料合成,不断推出新的合成反应和路线或改进现有的陈旧合成方法,创造和开发新的材料,将为研究材料结构、性能与反应间关系、揭示新规律与原理提供更多途径。

《无机材料合成与制备》是为化学学科本科生编写的一本专业课教材。作者从1999年起就承担此专业教学,先后编写了多种版本的课程讲义供教学使用。本教材是在讲义的基础上,对内容进行总结、更新,进一步优化教学体系而完成的。本教材注重技能训练,指导学生掌握无机材料合成过程中所需要的基本技术和手段,满足学生今后从事相关研发工作的需要;还通过无机材料中一些主要领域或前沿方向,介绍其典型制备方法和技术,旨在拓展学生视野。材料的表征始终是材料人必不可缺的知识和技术,尽管在某些教学体系中该内容已被列为独立课程,本教材体系中还是采用优中选优的方法,精简了表征技术以及聚焦表征分析的内容,介绍了几类重要的表征技术,以满足不同课程设置类型中育人的需求。

全书共十二章,前八章主要介绍无机材料的一些合成与制备技术,包括高温合成、高压合成、低温和真空合成、水热/溶剂热合成、电合成、化学气相沉积、微波与等离子体下的合成,每个合成技术列举实例。接着,用三个章节分别介绍了纳米材料、先进陶瓷及碳材料的合成与制备。最后一章介绍了无机材料的常见表征技术,包括X射线衍射结构测定、电子显微分析、成分和价键分析以及热分析技术。通过这本书的学习,学生能够掌握现代无机材料的主要合成与制备技术,以及常见的材料表征手段,同时了解当前无机材料研究的前沿领域,为将来从事有关无机材料合成、开发及研究奠定必要的基础。此外,本教材也可作为相关专业研究生教学和科学工作者的参考书。

感谢西北大学化学与材料科学学院领导对本书出版的大力支持,感谢西北大学高水平教材培育项目资助。

由于编者水平有限,本书难免会存在一些不当甚至错误之处,恳请读者批评指正。

编　者

2023 年 2 月 28 日

# 目 录

第1章 概论 ·································································· 1

    1.1 材料的重要性 ······················································· 1

    1.2 材料合成化学前沿 ··················································· 5

    1.3 无机材料合成及应用 ················································· 6

    1.4 无机材料合成中的气体 ·············································· 11

    1.5 无机材料合成中的溶剂 ·············································· 13

第2章 高温合成技术 ···················································· 20

    2.1 高温的获得 ······················································· 20

    2.2 高温测量仪表 ····················································· 25

    2.3 高温还原反应 ····················································· 28

    2.4 化学转移反应 ····················································· 35

    2.5 高温固相反应的特点 ················································ 36

    2.6 先驱物法 ························································· 38

第3章 高压合成技术 ···················································· 43

    3.1 高压高温的产生 ··················································· 44

    3.2 高压高温的测量 ··················································· 47

I

3.3　高压高温合成法 ·········· 48

3.4　高压合成技术的应用 ·········· 50

3.5　高温高压下新化合物的生成原因 ·········· 54

## 第4章　低温和真空合成技术 ·········· 56

4.1　低温合成技术 ·········· 56

4.2　真空合成技术 ·········· 61

4.3　低温真空技术的应用 ·········· 71

## 第5章　水热/溶剂热合成技术 ·········· 77

5.1　水热合成法 ·········· 78

5.2　水热合成法的特点 ·········· 79

5.3　水热反应的基本类型 ·········· 80

5.4　水热下水的性质 ·········· 82

5.5　水热合成技术的应用 ·········· 84

5.6　溶剂热法 ·········· 89

5.7　水热/溶剂热法合成金属有机框架材料 ·········· 90

5.8　溶剂热法合成氮族和碳族纳米材料 ·········· 93

5.9　水热/溶剂热法在材料合成中的应用展望 ·········· 95

## 第6章　电合成技术 ·········· 97

6.1　电合成的基本概念 ·········· 98

6.2　恒电位电解和恒电流电解 ·········· 104

6.3　水溶液中金属的电沉积 ·········· 105

6.4　电合成技术的应用 ·········· 106

6.5　熔盐电解 ·········· 114

## 第7章　化学气相沉积（CVD）制备技术 ·········· 117

7.1　化学气相沉积技术的发展 ·········· 118

  7.2 化学气相沉积原理 ……………………………………………………… 120

  7.3 化学气相沉积前驱体 …………………………………………………… 131

  7.4 化学气相沉积装置 ……………………………………………………… 136

第 8 章 微波与等离子体下的无机合成 ………………………………………… 142

  8.1 微波与材料的相互作用 ………………………………………………… 143

  8.2 微波辐射法的应用 ……………………………………………………… 144

  8.3 微波等离子体化学 ……………………………………………………… 148

第 9 章 纳米材料的制备 …………………………………………………………… 156

  9.1 纳米粒子的特殊性质 …………………………………………………… 156

  9.2 均匀成核合成纳米粒子 ………………………………………………… 160

  9.3 纳米粒子的动力学限域合成 …………………………………………… 172

  9.4 一维纳米线、纳米棒的模板合成 ……………………………………… 176

  9.5 二维纳米薄膜的制备 …………………………………………………… 185

第 10 章 先进陶瓷的制备 ………………………………………………………… 195

  10.1 先进陶瓷材料与传统陶瓷的比较 …………………………………… 196

  10.2 先进陶瓷粉体的制备 ………………………………………………… 197

  10.3 先进陶瓷的成型 ……………………………………………………… 209

  10.4 先进陶瓷的烧结 ……………………………………………………… 225

  10.5 先进陶瓷的制备举例 ………………………………………………… 236

第 11 章 碳材料合成 ……………………………………………………………… 244

  11.1 碳笼 $C_{60}$ …………………………………………………………… 244

  11.2 碳纳米管 ……………………………………………………………… 252

  11.3 石墨烯 ………………………………………………………………… 257

  11.4 部分结晶的碳 ………………………………………………………… 260

第12章 材料分析方法 ································································ 262

  12.1 材料分析的内容 ······················································· 262

  12.2 X射线衍射结构测定 ················································· 263

  12.3 电子显微分析 ··························································· 275

  12.4 成分和价键分析 ······················································· 280

  12.5 热分析技术 ······························································ 284

参考文献 ·············································································· 289

# 第 1 章 概论

纵观人类历史长河,材料一直扮演着举足轻重的角色,人类文明发展史就是一部材料的发展史。历史学家将石器、青铜器、铁器等当时的主导材料作为标志,划分了人类不同的历史时期,即旧石器时代、新石器时代、青铜器时代、铁器时代。在近代,钢铁材料的发展对西方工业革命的进程起到了决定性作用。20 世纪初,有机高分子材料的人工合成,在很大程度上改变了人们的生产和生活,推动了非金属合成材料工业的建立。20 世纪 50 年代初,无机固体造孔合成技术的进步,促使一系列分子筛催化材料被开发,使石油加工与石化工业得到了革命性进步。近年来,纳米态以及团簇的合成与组装技术,大大促进了高新技术材料与产业的发展。伴随着高分子材料、先进陶瓷材料和复合材料的发展壮大,钢铁材料的龙头地位受到了挑战。20 世纪中叶,以硅基为主导的半导体材料、激光材料和石英光纤迅猛发展,把人类带入辉煌的信息时代。回顾历史,每种新材料的广泛应用都会带来社会生产力的巨大进步。材料的大规模使用标志着人类文明的发展水平,材料既是人类赖以生存和发展的必需品,又是人类社会进步的里程碑。越是文明的社会,越是先进的技术,就越需要先进的材料。

## 1.1 材料的重要性

材料是指具有一定性能,可用于制作器件、构件、工具、装置、物品的物质。材料是物质,但不是所有物质都可以被称为材料。材料是人类赖以生存和发展的物质基础,与国民经济建设、国防建设和人民生活密切相关,它和能源、信息一起被认为是现代社会发展的三大支柱;材料更是科学技术发展的物质基础,没有先进的材料,就没有先进的工业、农业和科学技术。从世界科技发展史来看,重大的技术革新往往起始于材料的革新,而近代新技术(如原子能、计算机、集成电路、航天工业等)的发展又促进了新材料的研制。当今材料的发展创新常常成为高新技术迅猛发展的突破口,在很大程度上决定着新兴产业的进程与未来,反映出一个国家的科技与工业水平。在如今强调绿色节能环保、重视生态环境与资源协调发展的大背景下,材料的合成与制备技术的重要性也日益凸显,它不仅决定着产品的质量、成本和竞争力,也决定着产品能否被大规模生产和应用。

材料的分类方法有很多,通常按组成、结构特点可分为四大类:金属材料、无机非金属材料、有机高分子材料和复合材料;按照使用性能,材料可分为结构材料和功能材料;按照用途,材料又可分为导电材料、绝缘材料、生物医用材料、航空航天材料、能源材料、电子信息材料、感光材料等;根据材料的发展程度,还可分为在工业中批量生产、大量应用的传统材料,如钢铁、水泥、塑料等,以及正在发展中、具有优异性能和应用前景的新型材料(先进材料)。先进材料是新材料和高性能传统材料的总称,既包括新出现的、具有优异性能和特殊功能的新材料,又包括传统材料经改进后具有新性能和新功能的材料。传统材料是发展新材料和高技术的基础,而新型材料的研发往往又能推动传统材料的进一步发展。先进材料可以分为先进金属材料、先进无机材料、先进高分子材料、先进复合材料等。

无机材料是指由某些元素的氧化物、碳化物、氮化物、卤素化合物、硼化物以及硅酸盐、铝酸盐、磷酸盐、硼酸盐等无机物组成的材料。无机材料多是兼具离子键和共价键的晶态材料,故它们一般具有硬度大、热稳定性好、强度高、耐化学腐蚀、绝缘性好等优良性质,而质地脆的不足可以通过改变其形貌或与其他材料复合等手段得到明显改善。无机材料、金属材料和有机高分子材料,它们各有特色,表1.1对它们的优缺点进行了比较;表1.2列出了一些典型先进无机材料的功能、名称、状态及应用举例。

表 1.1　各类材料优缺点的比较

| 类型 | 优点 | 缺点 |
| --- | --- | --- |
| 金属材料 | 富于展性和延性,并可热处理改性 | 生锈 |
| 有机高分子材料 | 密度小、耐腐蚀、绝缘性好、易于加工成型 | 易燃,强度、耐磨性较差 |
| 无机材料 | 硬度大、强度高、抗化学腐蚀、绝缘性能好 | 质脆 |

表 1.2　一些典型的无机材料的功能、名称、状态及应用举例

| 类别 | 功能 | 名称和状态 | 应用 |
| --- | --- | --- | --- |
| 电磁功能材料 | 高绝缘性 | $Al_2O_3$(高纯度致密烧结体、薄板状单晶体)<br>$BeO$(高纯度致密烧结体)<br>$C$(高纯度单晶体) | 集成电路底板<br>散热性绝缘底板<br>散热性绝缘底板 |
| | 介电性 | $BaTiO_3$(高纯度致密烧结体、单晶体)<br>$Bi_2O_3 \cdot 3SnO_2$(高纯度致密烧结体) | 低容量电容器<br>高容量电容器 |
| | 压电性<br>(压电效应) | 水晶、磷酸二氢铵(单晶体)等<br>$ZnO$(定向性薄膜)<br>$BiO_2$(单晶体薄板) | 振子、点火元件、滤波器、压电变压器、表面弹性波滞后元件振子、拾音器、扩音器等 |
| | 热电性<br>(热电效应) | $Pb(Zr_x,Ti_{1-x})O_3$(极化处理致密烧结体)<br>$LiTaO_3$、过渡金属氧化物等 | 红外线传感元件、热敏电阻、热释电等 |
| | 强感应性 | $(1-x)Pb(Zr_x,Ti_{1-x})O_3 + (x)La_2O_3$(致密透光性烧结体) | 图像存储元件、电光学、偏振光元件 |
| | 软磁性<br>(磁光效应) | $Zn_{1-x}Mn_xFe_2O_4$(致密烧结体,晶界控制)<br>$\gamma\text{-}Fe_2O_3$(针状粉末)<br>$Si$、$Ge$、$InAs$、$InSb$(单晶体) | 计算机存储运算元件、磁芯磁带磁阻元件、霍尔元件、磁二极管 |
| | 磁光效应 | $MnBi$、$ReFeO_3$、$Y_3Fe_5O_{12}$(单晶体薄膜) | 磁泡元件、磁膜存储器 |
| 强度功能材料 | 高强度 | $Si_3N_4$、$SiC$(致密烧结体) | 发动机涡轮叶片 |

续表

| 类别 | 功能 | 名称和状态 | 应用 |
|---|---|---|---|
| 光学功能材料 | 荧光性 | $Y_2O_2S:Eu$(粉状体) | 彩色电视显像管荧光体 |
| | 透光性 | $Al_2O_3$(透光性致密烧结体)<br>$SnO_2$(涂布膜) | 高压钠蒸气灯、防雾障玻璃<br>可视透光性 |
| | 偏振光性 | $(1-x)Pb(Zr_x,Ti_{1-x})O_3 + (x)La_2O_3$ | 太阳能聚光器 |
| | 光反射性 | TiN(金属光泽表面) | 省能型窗玻璃 |
| | 红外线反射性 | $SnO_2$(涂布膜) | 可视透光红外线 |
| | 光学效应 | 红宝石 | 固体激光器 |
| | 导光性 | $SiO_2$(高纯度纤维) | 光导纤维、光通信电缆、摄胃镜 |
| | 电光效应 | ZnO、ZnS、GaAs、GaP、GaN、$LiNbO_3$、$LiTaO_3$ | 电致、场致、光致发光,光调制开关器 |
| 热功能材料 | 耐热性 | $ThO_2$(致密烧结体) | 高温炉中耐热结构材料 |
| | 绝热性 | $K_2O \cdot nTiO_2$(纤维)<br>$CaO \cdot nSiO_2$(多孔物质) | 省能性炉的耐热绝缘体<br>轻质绝缘体不燃性壁材 |
| | 传热性 | BeO(高纯度致密烧结体)<br>C(高纯度烧结体) | 集成电路绝缘底板<br>集成电路绝缘底板 |
| 生化功能材料 | 仿生骨材 | $Al_2O_3 \cdot Ca_5(F_2,Cl)P_2O_{12}$(高纯度烧结) | 仿生陶瓷人工骨、人工齿 |
| | 载体性 | $SiO_2$(孔径控制多孔物质)<br>$Al_2O_3 \cdot TiO_2$(多孔物质) | 固定发酵素载体、催化剂载体<br>集成电路绝缘底板 |
| | 催化性 | $K_2O \cdot nAl_2O_3$(多孔烧结体) | 水煤气反应催化剂 |

## 1.2　材料合成化学前沿

材料合成是材料学的一个分支,它研究的范围是整个材料领域,内容涵盖无机和有机的各类应用材料在制备过程中发生的化学变化。材料合成化学的前沿研究主要包括以下几个方面。

**1. 新制备路线的开发及理论研究**

随着高科技的发展和实际应用要求的提高,特定结构材料的制备、合成以及相关技术路线与规律研究的重要性日益凸显,例如,具有特定结构与化学同性的表面与界面、层状化合物与其特定的多型体、各类层间嵌插结构与特定低维结构材料的制备,低维固体与其他特定结构的配合物或簇合物的制备等,都是重要的研究课题。从以往的经验来看,开发出一条新的材料制备路线或技术能带动一大批新材料或新物质的产生,如溶胶-凝胶合成路线的开发,为纳米态与纳米复合材料,玻璃态与玻璃复合材料,陶瓷与陶瓷基复合材料,纤维及其复合材料,无机膜与复合膜,溶胶与超细微粒、微晶、表面、掺杂以及杂化材料等新物种的出现,起到了关键作用。研究新材料的制备规律及其相关合成技术对材料科学与产业的发展是非常重要的。

**2. 绿色(节能、洁净、经济)制备工艺的基础性研究**

现有的材料制备方法会在化学反应中产生多种副产品,而这些副产品为环境带来很大威胁。因此,在材料制备反应中,充分利用原料和试剂中的原子,以减少或完全排除污染环境的副产品的产生,已成为化学家们追求的目标。这对科学技术必然提出新的要求,对材料制备化学更是提出了挑战,同时也为学科的发展提供了机遇。近年来,绿色化学、环境温度和化学、洁净技术、环境友好过程等已成为众多化学家关心的研究领域。绿色合成是一种理想的(最终是实效的)合成,是指用简单的、安全的、环境友好的、资源有效的操作,快速、定量地把价廉、易得的起始原料转化为设计的目标分子。这些标准的提出,实际上已在大方向上指出了实现绿色合成的主要途径。一些有关的基础性研究引起了众多化学家的重视,如环境友好催化反应与催化剂的开发研究,电化学合成与其他软化学合成反应的开发,经济、无毒、不危害环境反应介质的研究开发,以及从理论上研究"理想合成"与高选样性定向合成反应的实现等。

**3. 仿生材料的制备与材料制备中生物技术的应用**

仿生材料是 21 世纪材料制备化学中的前沿领域。一般用常规方法进行的非常复杂的材料制备过程,若利用仿生学则将变为高效、有序、自动进行的合成,比如许多生物体的硬组织(如乌贼骨)是一种目前尚不能用人工合成的、具有均匀孔度的多孔晶体;又如动物的牙齿,其实是一种结构极其精密的陶瓷等。因而,仿生材料无论从理论还是应用来看都具有非常诱人的前景。

**4. 功能材料的复合、组装与杂化**

近年来,下列研究方向深受人们关注:①材料的多相复合。主要包括纤维(或晶须)增强或补强材料的复合、第二相颗粒弥散材料的复合、两(多)相材料的复合、无机物和有机物材料的复合、无机物与金属材料的复合、梯度功能材料的复合,以及纳米材料的复合等。②材料组装中的宿客一体化学。这是既令人向往又很复杂的研究领域,如在微孔或介孔骨架宿体下进行不同类型化学个体的组装,又如能生成量子点或超晶格的半导体团簇、非线性光学分子,由线性导电高分子形成的分子导体,以及在微孔晶体孔道内自组装等。其所用的组装路线主要有离子交换、各类气相沉积、"瓶中造船"、微波分散等技术。③无机-有机纳米杂化。这是近年来迅速发展的新兴边缘研究领域。它是将无机与高分子学科中的加聚、缩聚等化学反应,无机化学中的溶胶-凝胶过程配合而研制出的新型杂化材料。这些材料具备单纯有机物和无机物所不具备的性质,是一类完全新型的材料,在纤维光学、波导、非线性材料等方面具有广泛的应用前景。

## 1.3 无机材料合成及应用

新材料的不断合成也推动了相关领域的理论研究,这些理论研究又反过来指导材料的合成,使得学科之间的交叉更加明显。如纳米制备与合成技术的发展,为建立纳米物理与纳米化学提供了基础;$C_{60}$ 及复合氧化物型超导体的合成成功推动了团簇化学与物理的建立和超导科学的发展。

目前,国际上几乎每年都有大量的新无机化合物和新物相被合成与制备出来,无机合成已迅速地成为推动无机化学及有关学科发展的重要基础。

无机合成所涉及的面很广，与其他学科领域的关系也日益密切。随着合成化学、特种合成实验技术和结构化学、理论化学等的发展，以及与相邻学科如生命、材料、计算机等的交叉、渗透和实际应用的不断需求，无机合成的内容已从常规经典合成进入到大量特种实验技术与方法下的合成，以致发展到开始研究特定结构和性能无机材料的定向设计合成与仿生合成等。

无机材料的合成是指通过一定的途径，从气态、液态或固态的各种不同原料中得到化学上不同于原材料的新材料。无机材料的合成包括两方面内容，一方面是研究新型无机材料的合成，另一方面是研究已知无机材料的新合成方法及技术。随着当前相关学科研究的迅猛发展，人们越来越希望科学家们能够提出更多新的、行之有效的材料合成方法和技术，研究出节能、洁净、经济的合成路线以及开发出具有新型结构和功能的材料。发展现代无机材料合成技术，不断推出新的反应路线或改进、优化现有的合成方法，不断开发和创造新的物质，为研究材料结构、性能与反应之间的关系、揭示新规律与原理提供有力保证。

先进无机材料合成是无机化学的重要分支之一，是推动无机化学及有关学科发展的重要基础，它不局限于昔日传统合成方法，还包括制备与组装科学。先进无机材料合成也在生物矿化、有机/无机纳米复合、无机分子向生物分子转化等研究领域发挥着重要作用。如何利用生物合成将常规方法难以进行的复杂合成变为高效、有序、自发的合成，是近年来科学家们研究的一大热点。仿生合成技术的出现与应用，为制备具有特殊物理及化学性能的无机材料提供了有力保证。利用仿生技术，可以获得性能接近或优于生物材料的新材料。

新兴学科和高技术的蓬勃发展也对无机材料提出了各种各样的要求。先进无机材料已被广泛应用于各个工业和科学领域，上至宇航空间，下至与国民经济紧密相连的如耐高温、高压、低温、光学、电学、磁性、超导、储能与能量转换材料，以及决定石油加工与化学工业发展的催化材料，等等，从发展趋势来看，更是远景无限。

下面介绍几个先进无机材料的应用领域。

**1. 微电子技术核心——集成电路**

微电子技术的核心是集成电路，在其被开发后仅仅半个世纪，集成电路就变得无处不在。从现代社会不可或缺的电脑、手机、多媒体和互联网，更别提到计算机、通信、制造业、交通系统、军事国防、航空航天等领域，都离不开集成电路技术的应用。集成电路带来的数字革命是人类历史发展中最重要的事件之一，集成电路产业如今已经成为信息产业极其重要的支柱。

集成电路从无到有、从小到大的发展历程，很好地诠释了无机先进材料及其制备工艺在新兴产业中所起的至关重要的作用。晶体管是构成集成电路中微处理器和记忆元件的基本单元，它的大小直接关系到集成电路的集成度。1947年12月，美国贝尔实验室制作出世界上第一个锗晶体管，使得电子器件走上小型化道路，成本降低，可靠性提高。肖克莱、巴丁、布莱顿3位科学家因此获得1956年的诺贝尔物理学奖。1958年，美国德州仪器公司诞生了世界上第一块锗集成电路，锗晶片上只有12个器件。集成电路的诞生，使得计算机体积、价格大幅度下降，性能与可靠性明显提高，为计算机的普及创造了条件，科学家基尔比也因集成电路的发明获得了2000年的诺贝尔物理学奖。由于锗的氧化物不稳定等问题，20世纪60年代后，硅逐渐取代了锗。1971年，英特尔公司推出了世界上第一款微处理器4004，这是第一个可用于微型计算机的四位微处理器，它包含2 300个晶体管。1974年，英特尔公司又推出第二代微处理器8080，其含有29 000个晶体管。随着技术的不断发展，1993年，英特尔奔腾处理器问世，其已经含有300万个晶体管。2002年，英特尔奔腾4处理器推出，其晶体管达到5 500万个。1971年，一个硅芯片上只有2 300个晶体管，最小加工线宽为10 μm，时钟速度为108 kHz。而到了1999年，英特尔公司推出的奔腾Ⅲ芯片上有2 800万个晶体管，最小线宽为0.18 μm，时钟速度高达1 GHz；2011年，英特尔公司推出的奔腾Ⅳ芯片上有10亿个晶体管，最小线宽仅为32 nm，主频已经高达2 GHz。40年间(1971—2011)，芯片的集成度提高了100万倍，时钟速度提高了1万倍，每个晶体管的价格却下降到原来的一百万分之一，可见集成电路的发展是多么迅猛，它是近50年来发展最快的技术之一。

集成电路产业之所以有如此令人瞩目的发展速度和成就，离不开硅基集成电路的诞生，离不开半导体芯片制造工艺水平(如离子注入、扩散、光刻、硅平面工艺、化学气相沉积等)的不断提高，离不开大尺寸电子级纯度硅单晶生长技术的持续进步(现在是直径为12和18英寸的硅单晶)，同时也与$SiO_2/Si$材料系统极为优异稳定的性能密不可分(极低的界面态密度$10^{10}$ $eV^{-1} \cdot cm^{-2}$)。目前，互补型金属-氧化物-半导体(CMOS)硅基集成电路主导了整个微电子技术，成为集成电路技术发展的主流。

当然，随着半导体特征尺寸的逐渐减小，硅基半导体晶体管正在越来越接近物理极限。发展后硅时代的信息技术是人类在新世纪所面临的又一次重大技术革新，下一代唱主角的信息载体究竟是什么，又如何发展，是依靠三维芯片设计鳍式场效应晶体管(FinFET)继续改良挖掘硅材料的潜力,还是以碳纳米管、石墨烯为代表的碳基电路登上历史舞台,或是以量子比特、可控的光子(分子、自旋电子)等新型信息载体获得革命性的突破——诞生的量子计算机(或光子计算机、分子计算机),这一切还处于研发与激烈的争论中,尚无定论。但可以确定的是,无论是哪一种信息技术的发展,都离不开对材料制备、制造工艺的突破。

**2. 光纤通信技术**

光纤通信技术能够脱颖而出,取代电缆和微波通信,成为现代远程通信的主要传输方式,其原因不仅在于人们制造出了高质量、低损耗的通信用石英光导纤维,而且还与通信用半导体激光器的研制成功密切相关。1966 年,英籍华人高锟(2009 年因发明石英光纤获得诺贝尔物理学奖)提出了用石英制作玻璃丝(光纤)的方法,当其损耗小于 20 dB·km$^{-1}$ 时,可实现大容量的光纤通信。1970 年,美国康宁公司通过高纯石英玻璃掺杂氧化锗,研制出损耗为 20 dB·km$^{-1}$、长度约为 30 m 的石英光纤。1976 年,贝尔实验室的研究人员在华盛顿和亚特兰大之间建立了世界上第一条光纤通信系统的试验线路,其传输速率仅 45 Mb·s$^{-1}$,只能传输数百路电话,而用同轴电缆则可传输 1 800 路电话。1984 年,随着单色光源半导体激光器的研制成功,光纤通信的传输速率达到 144 Mb·s$^{-1}$,超过了同轴电缆。1988 年建成的世界上第一条跨越大西洋的海底光缆,其造价只有同轴电缆的 1%,从此,海底光缆全面取代海底电缆,人类进入了光纤通信的时代。光纤通信作为一门新兴技术,在短短的 20 年时间里,已经经历了三代:短波长多模光纤、长波长多模光纤和长波长单模光纤。1992 年,一根光纤的传输速率达到 2.5 Gb·s$^{-1}$,相当于可传输 3 万余路电话。材料科学的发展使人们能够采用能带工程对超晶格半导体材料的能带进行各种精巧的裁剪,使半导体激光器的工作波长突破材料禁带宽度的限制,扩展到更宽的范围。1996 年,各种波长的高速半导体激光器被研制成功,它们可实现多波长、多通道的光纤通信,即所谓"波分复用"(WDM)技术,于是,光纤通信的传输容量倍增。2000 年,WDM 技术的应用使得一根光纤的传输速率可达到 640 Gb·s$^{-1}$。2005 年,人们又采用"密集波分复用"(DWDM)技术,使得每条光纤的单波段传输速率达到了 1.6 Tb·s$^{-1}$。2011 年,德国的研究人员在光纤通信线路中使单束激光的数据传输速率达到 26 Tb·s$^{-1}$,已接近光纤通信传输速率的一个极限。

与传统通信相比,光纤通信具有信息容量大、传输距离远、信号干扰小、保密性好及节省金属资源等优点。目前,在全世界的通信系统中,90% 以上的信息量都是经过光纤传输的。现如今,正在研发的第四代超长波长氟化物玻璃光纤通信,具有比石英光纤更低的色散与损耗,适用于更远距离的传输。光纤通信无疑为现代通信的发展带来了一场史无前例的革命,这一技术得以实现的关键是光导纤维和半导体激光器的研制成功,而在这一重大突破中,先进的材料制备技术功不可没,如化学气相沉积(CVD)法制备出了高纯石英光纤预制棒,金属有机化学气相沉积(MOCVD)分子束外延(MBE)技术制备出异质结和量子阱的半导体激光器,等等。

### 3. 航空航天技术

现代文明的另一个标志是航空航天技术的进步,它实现了人类在空中自由飞翔的梦想。而这个梦想的实现是以材料的发展为前提的。20世纪40年代,高温材料及高性能结构材料的出现,促使了喷气式飞机的诞生。60年代末期,更轻的树脂基先进复合材料成为航空结构材料。接着,在碳、硼纤维树脂基复合材料的基础上,又出现了金属基复合材料。21世纪的全球经济一体化需要更高效率、更远路程和更大容量的运输工具,因此,当今大型客机逐渐向高载荷、长航时以及长寿命的方向发展,这对其所用的材料也提出了更高的要求。低密度、高比强度和高比刚度结构复合材料的不断进步,使得大型客机的有效载荷大大提高,续航时间不断延长,油耗也不断下降。对大型飞机的发动机来说,其质量每减少 1 kg,飞机质量可减少 4 kg,升限便可提高 10 m,因此,先进复合材料已经成为必不可少的航空材料。发展大飞机,材料要先行。我国在 2008 年开始启动大飞机项目,在首型国产大飞机 C919 的设计规划中使用了很多复合材料。波音公司于 2009 年推出全新型号的中型客机(波音 787),其复合材料的使用量达 50% 以上。

航空发动机性能的提高,在很大程度上也依赖于材料的改进。据估计,航空发动机的涡轮前温度每提高 100 ℃,其最大推力就可以提升 15%。因此,为了提高涡轮前温度,各种新型的高温合金以及抗氧化的涂层(如特种陶瓷)被不断开发出来。同样,航天器的质量每减少 1 kg,则可使运载火箭减轻 50 kg。此外,减轻导弹壳的质量也有利于提高导弹的性能,导弹壳的质量每减轻 1 kg,则导弹的射程平均提高 12 km。与全金属材料导弹相比,使用全碳/碳复合材料(碳纤维增强体与碳基体组成的复合材料,其密度是金属的三分之一至四分之一、陶瓷的二分之一)可使导弹的射程增加近千米。在航天和卫星领域所使用的材料,除了要具有高比强度和高比刚度之外,还需要具有耐超高温、抗辐射、耐氧侵蚀等性能。例如,航天器在经过大气层返回地面的时候,会与大气摩擦导致机体表面温度急剧升高,为使航天器克服"热障"安全返回,科学家们在航天器上使用了先进烧蚀放热材料,这种材料可借助自身分解、蒸发、升华等变化带走大量的热,从而达到耐高温的目的。

**4. 隐身材料与技术**

飞行器在飞行中具有不被敌方雷达和红外探测器发现的能力称为隐身能力。外形设计和隐身材料的配合使用是保证飞机隐身的关键技术。目前主要使用的隐身材料是雷达吸波复合材料和表面的吸波涂料,在结构件方面减少铝合金和钛合金等金属的使用量,同时飞机蒙皮也采用树脂基复合材料和导电塑料,在无法取代的铝合金材料表面喷涂铁氧体涂料,或者粘贴含有铁氧体的吸波薄板。除了吸波材料外,结构设计也是保证隐身能力的关键。目前,隐身复合材料已逐渐发展为多层结构,外表为耗损层,内部还含有蜂窝结构的夹层。

被称为幽灵轰炸机的 B-2 美军飞机,就是一种典型的隐形飞机,红外线、声学装置、电磁及雷达都监测不到它。主要有两方面原因:一方面,在外观设计上采用翼身融合、无尾翼的飞翼构形,机翼前沿交接于机头处,机翼后沿呈锯齿形;另一方面,机身机翼大量采用石墨/碳纤维复合材料的蜂窝状结构,表面有吸波涂层。这种独特的外形设计和吸波材料能有效地躲避雷达等方式的探测,从而达到良好的隐形效果。

隐身术是一个神话,但科学的发展使得神话变为现实,而实现这一神话的关键就是隐身材料。近些年来,人们发明了一种被称为"隐形斗篷"或者"隐身衣"的技术。在正常情况下,光照到物体后,光线就会弹离物体的表面,反射到人眼,从而令物体可见。而光的偏斜就像流水一样绕过物体,令观者看到物体后方,因而令物体隐形。这种技术的关键就是材料的设计,把具有两种不同折射率的介质有机结合在一起,迫使光线持续地改变方向。目前能够制造出来的"大块超材料",最多也就是几个平方毫米大小,还没有办法做出面积更大的可见光超材料。要实现真正的"隐身",理论上需要对所有可见光波段实现负折射,而科学家目前还无法完全做到这一点。尽管这方面的研究还处在探索阶段,但其巨大的应用前景令人期待。

## 1.4 无机材料合成中的气体

在无机材料合成中常遇到气体的使用问题。这些气体或参与反应,或作为惰性气体用于吹洗、载气或保护气氛。气体的来源不同,纯度也各异。有些实验对气体纯度要求甚高,即使有万分之一或更少的杂质,也会对所研究体系产生不良影响。因此,在使用前要将气体净化到所需要的纯度。

在实验室中,气体的来源主要由工厂供给,并分装在钢瓶中。一般常用气体如 $N_2$、$O_2$、$CO_2$、$NH_3$、$H_2$、$He$、$Cl_2$ 等都用钢瓶供应。每种气体的钢瓶和瓶身字体都有特定的颜色,由此即可知道钢瓶中装的是何种气体,表 1.3 中列出了常见气体及其钢瓶和瓶身字体颜色。

表 1.3 常见气体的钢瓶和瓶身字体颜色

| 气体 | 钢瓶颜色 | 字体颜色 |
| --- | --- | --- |
| $O_2$ | 天蓝 | 黑 |
| $H_2$ | 深绿 | 红 |
| $N_2$ | 黑 | 黄 |
| He | 棕 | 白 |
| $NH_3$ | 黄 | 黑 |
| $CO_2$ | 铝白 | 黑 |
| $Cl_2$ | 草绿 | 白 |
| Ar | 银灰 | 绿 |
| 压缩空气 | 黑 | 白 |

使用钢瓶应注意以下几点:

① 必须进行定期检查,一般气瓶每 3 年检查 1 次,充腐蚀性气体的钢瓶每 2 年检查 1 次。

② 在运输气瓶时,气瓶阀门必须加保护罩。

③ 使用易燃气体、氧气时,与明火距离一般不小于 10 cm。若难达到时,距离明火也应保证不小于 5 cm。氢气要放在远离实验室的地方,用专用导管引入,并加防回火装置。

④ 使用氧气瓶时,严防油脂玷污。

⑤ 开闭气瓶时,应站在气阀接管的侧面,慢开慢关。

⑥ 气瓶内的气体不应全部用尽,应保留 98 kPa 的压力,以核对气体。

一些非常见气体可以在实验室直接制备,但是使用前一般要进行干燥和净化。钢瓶中的气体也应根据使用情况采取合适的净化方式净化。气体的净化主要包括下面三个方面。

(1) 除去液雾和固体颗粒

通常让气体通过一个盛玻璃毛的容器就可以除去液雾和固体颗粒。

(2) 除去水分(主要使用干燥剂)

气体干燥剂分两种类型:一类为吸附剂,即把气体中的水吸收掉,如分子筛;另一类干燥剂可以与气体中的水发生反应,如 $P_2O_5$。在选择干燥剂时,应综合考虑各种影响因素,如干燥剂的吸附容量、吸附速率、吸附平衡后残留的水蒸气气压、再生等。

对于一个待干燥的样品,首先选择便宜且脱水量大的干燥剂进行粗脱,然后选择残留水蒸气气压低的干燥剂进行细脱,再进一步地让气体经过冷阱,让水蒸气冷冻下来。

(3) 除氧

粗除:让气体通过灼热的铜丝或铜屑(360~400 ℃),反应为 $2Cu + O_2 \longrightarrow 2CuO$,通过焦性没食子酸(1,3,5-三羟基苯)的碱性水溶液。

细除:通过载有活性铜载体的柱子或通过 105 型分子筛除氧。

## 1.5 无机材料合成中的溶剂

### 1.5.1 溶剂效应及其分类

在无机材料合成中,很多反应是在溶剂的参与下完成的,溶剂对无机合成的影响主要表现为溶剂效应。溶剂效应是指在液相反应中,溶剂的物理和化学性质影响反应平衡和反应速率的效应。溶剂化本质主要是静电作用,对中性溶质分子而言,共价键的异裂将引起电荷的分离,故增加溶剂的极性,对溶质影响较大,能降低过渡态的能量,结果使反应的活化能减小,反应速率大幅度增加。了解溶剂效应有助于研究反应物的溶解状况和反应历程。

不同的溶剂可以通过影响反应速率,甚至改变反应进程和机理,得到不同的产物。溶剂对反应速率的影响十分复杂,包括反应介质中的离解作用、传能和传质、介电效应等物理作用和化学作用,溶剂可以参与催化或直接参与反应,所以,溶剂不仅具有提供反应场所的功能,而且在某些意义上也会起到像催化剂一样的作用。通过选择溶剂可使反应朝着人们所希望的方向进行。

溶剂可分为下面三类。

(1) 质子性溶剂

能自身电离,这种电离是通过溶剂的一个分子把一个质子转移到另一个分子上而进行的,结果形成一个溶剂化的质子和一个去质子的阴离子。

这类溶剂主要是一些酸碱,由于它们的酸性和碱性不同,所以溶质质子化和去质子化的能力也不同,如 $H_2O$、$NH_3$、$H_2SO_4$、$C_2H_5OH$、$CH_3OH$。

$$2H_2O \rightleftharpoons H_3O^+ + OH^-$$

$$2NH_3 \rightleftharpoons NH_4^+ + NH_2^-$$

(2) 非质子性溶剂(惰性溶剂)

它本身可以电离,它的盐溶液可以导电,但不含有氢。根据其极性,又分为三类:①不溶剂化,不自身电离,如 $CCl_4$、$C_6H_{12}$;②极性高,但电离程度不大,如 $CH_3CN$、$(CH_3)_2SO$、DMF;③极性强,能自身电离,如 $BrF_3$。

$$2BrF_3 \rightleftharpoons BrF_2^+ + BrF_4^-$$

$$Sb_2O_5 \xrightarrow{BrF_3} [BrF_2^+][SbF_6^-]$$

(3) 熔盐

以离子键成键的熔盐,如 NaCl;以共价键为主的熔盐,如 $HgX_2$。

$$2HgX_2 \rightleftharpoons HgX^+ + HgX_3^-$$

### 1.5.2 溶剂的选择

**1. 使反应物在溶剂中充分溶解形成均相溶液**

溶剂的作用应是使反应物充分接触,这就要求参加反应的物质必须充分溶解在溶剂里形成均相溶液。溶液反应的最大优点是它对反应条件的敏感性减弱,即具有稳定性的特征。

在溶解过程中,溶质和溶剂的相互作用是比较复杂的。目前,化合物在不同溶剂中的溶解度大小可根据"相似相溶"原理和规则溶液理论来判断。

"相似相溶"原理是一个经验性规则,指的是对于两种液体,如果它们结构相似,分子间的作用力类型和大小也会差不多,因而可互溶;对于固体溶于液体来说,固体的熔点越低,溶解度越大。例如,极性溶剂(如水、乙醇)易溶解极性物质(离子晶体、分子晶体中的极性物质,如强酸等);非极性溶剂(如苯、汽油、四氯化碳等)能溶解非极性物质(大多数有机物、$Br_2$、$I_2$ 等);含有相同官能团的物质可以互溶,如水中含羟基(—OH)能溶解含有羟基的醇、酚、羧酸。

规则溶液理论是指一种溶液,它偏离理想溶液有一个有限的混合热,但它的熵值与理想溶液相同。其中,理想溶液指的是两种液体的混合热为零,混合物中的分子处于完全无序的状态。由规则溶液理论可推出液体的溶解度公式:

$$\ln S = \frac{V_2 \phi_1^2}{RT}(\delta_1 - \delta_2)^2$$

固体的溶解度公式:

$$\ln S = \frac{V_2 \phi_1^2}{RT}(\delta_1 - \delta_2)^2 - \frac{\Delta H_{fus}}{RT} + \frac{\Delta H_{fus}}{RT_{mp}}$$

式中,$V$ 是摩尔体积;$\phi$ 是体积分数;$\delta$ 是溶解度参数;下标 1 和 2 分别表示溶剂和溶质;$\Delta H_{fus}$ 为熔化热;$T_{mp}$ 为固体绝对熔化温度。

从上面两个公式可以看出,两种物质的溶解度参数 $\delta$ 值越接近,它们形成的溶液就越理想,因而,它们的相互溶解度也越大。表 1.4 给出了不同溶剂的溶解度参数值。

表1.4 溶解度参数值表

| 溶剂 | $\delta/(J \cdot cm^{-3})$ | 溶剂 | $\delta/(J \cdot cm^{-3})$ |
| --- | --- | --- | --- |
| 水 | 23.4 | 二恶烷 | 9.9 |
| N-甲基甲酰胺 | 16.1 | 二氯乙烯 | 9.8 |
| 碳酸乙烯酯 | 14.7 | 1,1,2,2-四氯乙烯 | 9.7 |
| 甲醇 | 14.5 | 二氯甲烷 | 9.7 |
| 乙二醇 | 14.2 | 氯苯 | 9.5 |
| 碳酸丙烯酯 | 13.3 | 氯仿 | 9.3 |
| 二甲基亚砜 | 12.8 | 苯 | 9.2 |
| 乙醇 | 12.7 | 四氢呋喃 | 9.1 |
| 硝基甲烷 | 12.7 | 乙酸乙酯 | 9.1 |
| 二甲基甲酰胺 | 12.1 | 甲苯 | 8.9 |
| 正丙醇 | 11.9 | 二甲苯 | 8.8 |
| 乙腈 | 11.9 | 四氯化碳 | 8.6 |
| 异丙醇 | 11.5 | 苯基腈 | 8.4 |
| 硝基苯 | 10.9 | 环己烷 | 8.2 |
| 吡啶 | 10.7 | 正辛烷 | 7.6 |

续表

| 溶剂 | $\delta/(J\cdot cm^{-3})$ | 溶剂 | $\delta/(J\cdot cm^{-3})$ |
| --- | --- | --- | --- |
| 叔丁醇 | 10.6 | 正庚烷 | 7.4 |
| 醋酸酐 | 10.3 | 乙醚 | 7.4 |
| 二硫化碳 | 10.0 | 正己烷 | 7.3 |
| 丙酮 | 10.0 | 四甲基硅烷 | 6.2 |
| 异戊醇 | 10.0 | 全氟庚烷 | 5.8 |
| 二甲基碳酸酯 | 9.9 | 硅酮 | 5.5 |

当用溶解度参数估算溶解度时,应注意这个理论仅适用于不发生化学反应和溶剂化效应的混合物,事实上后一点是很难做到的,因而会出现某些不相符的情况,例如,水和吡啶有相当不同的溶解度参数,但它们却是无限互溶的。对于饱和烃的溶解度倾向完全可以用溶解度参数来判断,如环己烷($\delta=8.2$)与水($\delta=23.4$)、乙二醇($\delta=14.2$)不互溶,与乙腈($\delta=11.9$)部分互溶,与异戊醇($\delta=10$)和$6<\delta<10$的所有液体互溶。

此外,选择溶剂也要考虑溶剂的介电常数、熔点和沸点等物理量,溶剂的熔点和沸点决定了它的液态温度范围,因而也决定了它能进行化学操作的范围。

至于介电常数($\varepsilon$),它是一个很有用的物理量。溶液中离子之间的库仑引力与溶剂的介电常数之间有如下关系:

$$F = \frac{Q_1 Q_2}{4\pi\varepsilon r} = \frac{Q_1 Q_2}{4\pi\varepsilon_0 \varepsilon_r r^2}$$

式中,$Q_1$和$Q_2$为两个点电荷的电荷量;$r$为两电荷之间的距离;$\varepsilon$为溶剂的介电常数;$\varepsilon_0$为自由空间(或真空中)的介电常数(等于$8.854\times10^{-12}$ F/m);$\varepsilon_r=\varepsilon/\varepsilon_0$,如在真空中,$\varepsilon_r=1$。由此可看出,溶剂的介电常数越大,两个点电荷之间的作用力就越小。它代表两个带电体(如两种带相反电荷离子)在一种溶剂中的静电作用比在真空中的静电作用减小的倍数。通常分子极性较大的溶剂,其介电常数也较大。

高介电常数的溶剂可以大大降低离子晶体中正、负离子间的吸引力,因而,离子型物质一般易溶于高介电常数的溶剂,而难溶于低介电常数的溶剂,例如,水的介电常数为81.7,表明一对阴阳离子在真空中的离子间引力是在水中引力的81.7倍,这样一来,NaCl晶体的结合力被削弱了,$Na^+$和$Cl^-$很容易脱离晶格,从而使NaCl溶于水。

**2. 反应产物不能同溶剂作用**

如果一个反应在没有溶剂时是剧烈反应,那么,选择合适的溶剂,可使这个反应

的反应速率得到控制,但是反应物不能同溶剂作用。例如,氟和氯都能和水作用,用适当的熔融卤化物可以避免这个问题:

$$KHF_2 \xrightarrow{\text{电解}} \frac{1}{2}F_2 + \frac{1}{2}H_2 + KF$$

$$NaCl \xrightarrow{\text{电解}} \frac{1}{2}Cl_2 + Na$$

又如,Gridnard 试剂的制备:

$$RX + Mg \xrightarrow{\text{无水乙醚}} RMgX$$

因为 RMgX 是强碱($R-Mg^{2+}X^-$),其中一个碳原子带有负电荷,很容易从水中接受质子使其分解,因此,制备 Gridnard 试剂应在无水乙醚中进行。

**3. 使副反应最少**

如 Gridnard 试剂,不仅可以与水反应,还可以与氧和二氧化碳反应,因此,在制备过程中,应尽量减少这些副反应的产生,可采取干燥溶剂乙醚、在惰性气氛下进行反应等措施。

$$2RMgX + O_2 \longrightarrow 2ROMgX$$

$$RMgX + CO_2 \longrightarrow RCO_2MgX$$

**4. 溶剂与产物易于分离**

可利用反应产物和副产物在其中的溶解度的不同选择溶剂,从而使产物和副产物达到分离,如通过结晶沉淀的方法使产物从溶液中结晶或沉淀出来。

总之,选择溶剂是十分重要的,除了上述几点外,还应注意的是,选择的溶剂应有一定的纯度、黏度要小、挥发性要低、易于回收、价廉及安全等。

### 1.5.3 溶剂的提纯

在无机材料合成中,为了避免由于溶剂的不纯所产生的不利反应,在使用溶剂之前,必须对溶剂进行纯化。由于实验中使用的有机溶剂较多,因此这里主要介绍有机溶剂的纯化。对有机溶剂进行纯化主要是除水和除杂质。

**1. 除水(有机溶剂的干燥)**

水往往是有机溶剂的主要杂质,有机溶剂除水的主要方法是使用干燥剂。干燥剂通过两种方式除水:一种是通过吸附与水进行可逆反应,使用后的干燥剂可再生;另一种是通过与水进行不可逆反应,使用后的干燥剂不可再生。

选择干燥剂一般要注意:①干燥剂及其水解后的产物不能与所干燥的有机溶剂

发生化学反应；②容易与干燥后的溶剂分离；③干燥效率高。

生成水合物的这类干燥剂脱水后，在蒸馏溶剂前，务必经过过滤处理干净。干燥时，使用大量的干燥剂是不可取的。

常用的干燥剂有下面九种。

(1) 无水氯化钙

无水氯化钙在 30 ℃以下可以形成 7 个结晶水的水合物，吸水量很大，但吸水速度较慢，须放置干燥一定时间。由于易与一些有机物发生配合作用，因此，不适用于醇类、胺类、酚类及有机酸的干燥。

(2) 无水硫酸钠和无水硫酸镁

这类干燥剂是中性化合物，几乎适用于一切溶剂。无水硫酸钠在 33 ℃以下能形成 10 个结晶水的水合物，无水硫酸镁在 48 ℃以下能形成 7 个结晶水的水合物，它们的吸水量都很大，但吸水速度较慢，常用于萃取液的干燥。

(3) 五氧化二磷

五氧化二磷的吸水性极强，是制备无水溶剂的优良干燥剂。因其处理较麻烦，只适用于不活泼的溶剂，如烃类、卤代烷合腈类。不适用于胺类、酮类和醇类溶剂的干燥。不可再生。

(4) 氧化钙(生石灰)

虽然氧化钙的吸水速度慢，但是价格低廉，所以可大量使用。常被用于乙醇的预干燥。

(5) 无水硫酸钙

无水硫酸钙的干燥能力远次于五氧化二磷，一般用于溶剂的预干燥。使用后经灼烧容易再生。

(6) 无水碳酸钾

无水碳酸钾吸水后能生成含两个结晶水的水合物，吸水量大且速度快，常用于干燥酯类、腈类和酮类溶剂，不适用于酸性溶剂的干燥。

(7) 氢氧化钠和氢氧化钾

这类干燥剂常用于干燥胺类溶剂，四氢呋喃和 1,4-二氧六环也常用它们做预干燥。

(8) 金属钠

金属钠主要用于干燥醚类和烃类溶剂，此类溶剂一般先用无水氯化钙进行预干燥。

(9) 合成分子筛(沸石)

分子筛的干燥能力仅次于五氧化二磷,几乎可以用于所有溶剂的干燥。再生容易,在空气中于 550 ℃ 加热 2 h 就可再生。

**2. 去除过氧化物**

有些溶剂如四氢呋喃、乙醚等,在空气及可见光的条件下容易形成过氧化物,所以,蒸馏这类溶剂时要防止其过氧化物浓度渐高而导致的爆炸。一般使用时均须检查其中是否有过氧化物,如有,必须除去,如对乙醚,可用新配制的硫酸亚铁溶液与其作用除去过氧化物。

**3. 除氧**

(1) 在惰性气体保护下蒸馏

这是最常用的除掉溶剂中溶解的微量氧的方法。方法很简单,只要把普通蒸馏装置尾端的出气口与气体纯化系统双线管相连,蒸馏之前抽空并充入惰性气体就可以。

(2) 鼓泡法

这是一种用惰性气体置换溶剂中的微量氧的方法,需一定时间,溶剂易挥发损失。

(3) 冷冻法

这种方法是把盛溶剂的装置置于液氮或干冰中,使溶剂冷冻凝固,之后抽空并充以氮气,在氮气保护下,慢慢升至室温,使溶剂融化。

# 思考题

1. 无机材料主要指哪些材料?请举例说明。
2. 请举例说明无机材料合成与制备对某个领域(如微电子、光纤通信、航空、航天等)的发展所起的重要作用。
3. 实验室使用钢瓶气体应注意什么?
4. 溶剂分哪几大类?请分别举例。
5. 选取溶剂应遵循哪几个原则?
6. 请列举几种常见的溶剂干燥剂及其使用范围。

# 第 2 章 高温合成技术

在无机材料合成中,各种特殊实验技术和方法愈来愈广泛地被应用于合成特殊结构、聚集态以及具有特殊性能的无机化合物和无机材料,即很大部分无机化合物和无机材料的合成在特殊实验技术条件下才能完成。

## 2.1 高温的获得

高温技术是无机材料合成的一个重要手段。在合成过程中,虽然不是所有的操作都需要很高的温度,但是,高熔点金属粉末的烧结、难熔化合物的熔化和再结晶、陶瓷体的烧结等就需要在高温下进行。如果要进行高温无机合成,就要熟悉各种能产生高温的设备及其测温、控温方法,并将其灵活运用到实践中。表 2.1 列出了几种获得高温的方法及其能达到的温度。

**表 2.1 几种获得高温的方法及其能达到的温度**

| 方法 | 温度/ K | 方法 | 温度/ K |
| --- | --- | --- | --- |
| 各种高温电阻炉 | 1 273 ~ 3 273 | 激光 | $10^5 \sim 10^6$ |
| 聚焦炉 | 4 000 ~ 6 000 | 原子核的分离和聚变 | $10^6 \sim 10^9$ |
| 闪光放电灯 | 4 273 以上 | 高温粒子 | $10^{10} \sim 10^{14}$ |
| 等离子体电弧 | 20 000 | | |

**1. 电阻炉**

电阻炉是实验室和工业生产中最常用到的加热炉,它的优点是结构简单、使用方便,温度可被精确地控制在很窄的范围内。电阻发热材料是电阻炉的发热元件。在电阻炉中使用不同的电阻发热材料可以达到不同的高温限度。应该注意的是,电阻炉的一般使用温度应低于电阻发热材料的最高工作温度(表2.2),这样可延长电阻发热材料的使用寿命。

表2.2 几种电阻发热材料的最高工作温度

| 材料名称 | 最高工作温度/℃ | 条件 |
| --- | --- | --- |
| 镍铬丝 | 1 060 | — |
| 硅碳棒(SiC) | 1 400 | — |
| 铂丝 | 1 400 | — |
| 铂90%铑10%合金丝 | 1 540 | — |
| 钼丝 | 1 650 | 真空 |
| 硅钼棒($MoSi_2$) | 1 700 | — |
| 钨丝 | 1 700 | 真空 |
| 氧化钍85%氧化铈15% | 1 850 | — |
| 氧化钍95%氧化镧5% | 1 950 | — |
| 钽丝 | 2 000 | 真空 |
| 氧化锆($ZrO_2$) | 2 400 | — |
| 石墨棒 | 2 500 | 真空 |
| 钨管 | 3 000 | 真空 |
| 碳管 | 2 500 | — |

下面介绍几种常用的电阻发热材料(发热体)。

(1)石墨发热体

用石墨作为电阻发热材料,可以在真空条件下达到相当高的温度,但需注意使用条件。如果在氧化或还原气氛条件下加热,石墨上将吸附周围气体并很难去除,使得炉内的真空度不易提高,并且,石墨会与周围气体结合生成挥发性物质,不仅石墨本身会有一定损耗,而且这些挥发性物质会污染需要加热的物料。

(2)金属发热体

一些金属材料如钽、钨、钼等已被证明是在高真空和还原气氛条件下适用于产生高温的电阻发热材料。在金属发热体的电阻炉中加热时,如果采用惰性气氛,则必须使惰性气氛预先经过高度纯化。因为有些惰性气氛在高温条件下会与物料反应,如氮气在高温下能与很多物质反应生成氮化物,所以,如果要合成纯净的化合物,这些影响生成物纯度的因素都应考虑到。

(3)氧化物发热体

在氧化气氛的电阻炉中,氧化物发热体是最理想的电阻发热材料,如$ZrO_2$、$ThO_2$。

起初,在电阻炉中存在一个不易解决的难题,那就是高温发热体(电阻体)和通电导线的连接问题,即在电阻体和通电导线的连接点上常常会因为接触不良产生电弧而导致导线被烧断,或是由于电阻体的工作温度超过导线的熔点而使之熔断。后来,接触体的出现解决了这一问题,并且使用接触体可得到均匀的电导率。常用的接触体的组成往往为氧化物型,如纯度为95%的$ThO_2$和纯度为5%的$La_2O_3$(或$Y_2O_3$)组成的接触体,其工作温度可达1 950 ℃,此外,接触体的组成也可以是纯度为85%的$ZrO_2$和纯度为15%的$La_2O_3$($Y_2O_3$)。接触体的用法是把由纯度为60%的Pt和纯度为40%的Rh组成的导线镶入还未完全烧结的接触体中,在继续加热的过程中接触体收缩,最终和导线形成良好的接触。与电阻体相比,接触体的电导率更高,截面积也大,因而,接触体中每单位质量的发热量就比电阻体低,这个梯度可以使电阻体的温度大大超过导线的熔点而不会导致导线被烧断,其连接示意图如图2.1所示。

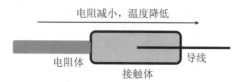

图2.1 电阻体、接触体、导线连接示意图

根据电阻炉外形或发热材料的不同,可将电阻炉分为箱形高温电阻炉、碳化硅电阻炉、碳管电阻炉、钨管电阻炉等。

箱形高温电阻炉(图2.2)的外壳由钢板焊接而成,炉膛由高铝砖砌成长方形,在炉膛与炉体外壳之间砌筑轻质黏土砖和充填保温材料。硅碳棒发热元件安装于炉膛顶部或侧面。为了操作安全,炉门上装有行程开关,当炉门打开时,电阻炉会自动断电,因此,只有在炉门关闭时才能加热使用。为了适应电阻

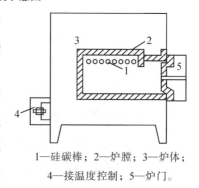

1—硅碳棒;2—炉膛;3—炉体;
4—接温度控制;5—炉门。

图2.2 箱形高温电阻炉结构
示意图

炉发热元件在不同温度下功率的变化和便于控制温度,电阻炉配有控制器,控制器内装有温度指示仪、电流表、电压表以及自耦式抽头变压器,以适应发热元件在不同温度下功率的变化和达到的指标,从而达到调节和控制电阻炉温度的目的。

碳化硅电阻炉(图2.3)是用碳化硅作发热元件的。这类炉子的发热体是硅碳棒或硅碳管。这种棒(管)可加热到1 350 ℃。碳化硅发热元件两端需有良好的接触体。此外,由于碳化硅是一种非金属导体,它的电阻在加热时比在冷却时小,因此,需用调压变压器与电流表将炉子慢慢加热,当温度升高到需要值时应立即降低电压,以免电流超过容许值。最好是在电路中串接一个自动保险装置。

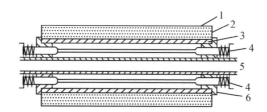

1—外壳(金属板制);2—绝热材料(碎粒水泥、MgO、硅藻土);
3—套管;4—硅碳棒;5—炉心管;6—面板。

图2.3 碳化硅电阻炉结构示意图

**2. 感应炉**

感应炉的主要部件是一个载有交流电的螺旋形线圈,它就像一个变压器的初级线圈,而放在线圈内的、被加热的导体就像变压器的次级线圈,它们之间没有电路连接。当线圈接通交流电时,在被加热的物料内会产生闭合的感应电流,称为涡流。由于导体电阻小,所以涡流很大。又由于交流的线圈产生的磁力线不断改变方向,因此,感应的涡流也不断改变方向,新感应的涡流受到反向涡流的阻滞,就导致电能转换为热能,使物料很快发热并达到高温。这个加热效应主要发生在物料的表面层内,交流电的频率越高,磁场的穿透深度越低,而物料受热部分的深度也越低。

实验室用的感应炉操作起来方便,且十分清洁,可以将坩埚封闭在一根冷却的石英管中,通过感应使之加热,石英管内可以保持高真空或惰性气氛状态。这种炉可以很快地(例如几秒钟之内)加热到3 000 ℃的高温。感应加热主要用于粉末热压烧结和真空熔炼等,常见的坩埚型高频感应炉(图2.4)主要用于各种铸铁、黄铜、青铜、锌等金属的熔炼和保温。

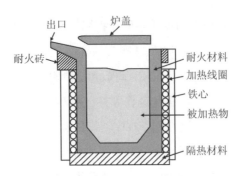

图 2.4 坩埚型高频感应炉结构示意图

**3. 电弧炉**

电弧炉是利用电极电弧产生的高温熔炼矿石和金属的电炉。气体放电形成电弧时的能量很集中，弧区温度在 3 000 ℃ 以上。对于熔炼金属，电弧炉比其他炼钢炉的工艺灵活性大，能有效地除去硫、磷等杂质，炉温容易控制，设备占地面积小，适用于优质合金钢的熔炼。根据工艺要求，电弧炉也可以在氧化或还原气氛、常压或真空等条件下进行加热操作。此外，电弧炉也可用于制备高熔点化合物，如碳化物、硼化物以及低价的氧化物等。

电弧炉按电弧形式可分为三相电弧炉(图 2.5)、自耗电弧炉、单相电弧炉和电阻电弧炉等类型。在熔化过程中，只要注意调节电极的下降速度和电流、电压等，就可使待熔金属全部熔化而得到均匀无孔的金属锭。应尽可能使电极底部和金属锭的上部保持较短的距离，以减少热量的损失，但电弧需要维持一定的长度，以免电极与金属锭之间发生短路。

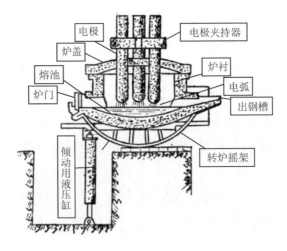

图 2.5 三相电弧炉基本结构示意图

## 2.2 高温测量仪表

测量温度的仪表主要是根据物体的某个物理性质随温度变化的特性对高温加以间接测量。下面是一些测温仪表的主要类型(图2.6)。

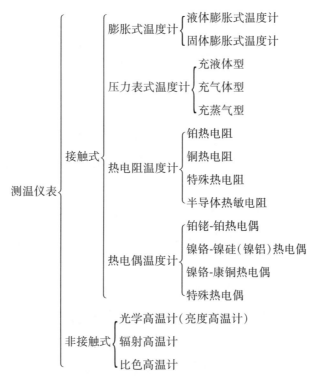

图 2.6 一些测温仪表的主要类型

常见的高温测量仪表主要有热电阻温度计、热电偶温度计和光学高温计,下面介绍其中的两种。

**1. 热电偶温度计**

热电偶温度计是目前高温测量中最常用的一类测温仪表。它的测温原理是依据两种不同金属材料 A 和 B 的逸出功和自由电子数目不同,把它们焊接在一起组成一个闭合回路。图 2.7 所示闭合回路被称为热电偶。

当温度 $t_1 \neq t_2$ 时,在闭合回路中就会有电动势产生,该电动势与 $t_1$ 和 $t_2$ 的温度差

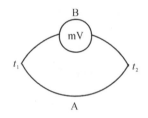

图 2.7 热电偶

成正比,即

$$E_{AB} = f(t_1) - f(t_2)$$

如果 $t_2$ 温度固定,即 $t_2$ 的温度保持不变,则 $f(t_2)$ 为一个常数 $C$,此时的电动势只与 $t_1$ 温度有关,且与其成正比。因此,通过测量回路中的电动势就可以知道温度,这就是热电偶测温原理。

热电偶温度计具有很多优点:

①体积小、质量轻、结构简单、使用方便,易于装配和维护。其主要作用点是由两根导线连成的很小的热接点,两根导线较细,热惯性很小,有良好的热感度。

②能直接与被测物体接触,不会受环境介质如烟雾、尘埃、二氧化碳、水蒸气等的影响而引起新误差,具有较高的准确度,可保证误差值在预期范围以内。

③测温范围较广,一般为室温至 2 000 ℃左右,有些情况可达 3 000 ℃。

④测量信号可远距离传送,并由仪表迅速显示或自动记录,便于集中管理。

综上所述,热电偶温度计被广泛应用于高温的精密测量中。但需注意的是,热电偶要在一个不影响其热稳定性的环境中使用,使用中还应避免受到侵蚀、污染和电磁干扰。例如,有些热电偶不宜用于氧化气氛中,有些又应避免用于还原气氛中。若在不适合的气氛环境中使用热电偶,应先以耐热材料套管将其密封,并用惰性气体加以保护。

热电偶材料有纯金属、合金和非金属半导体等。纯金属的均质性、稳定性和加工性均较优,但热电势并不大;用作热电偶的某些特殊合金的热电势较大,具有适于特定温度范围的测量,但均质性、稳定性通常都次于纯金属;非金属半导体材料的热电势一般都大得多,但制成材料较困难,因而用途有限。纯金属和合金的高温热电偶一般可应用于测量室温至 2 000 ℃左右的高温,某些合金的热电偶测量温度甚至高达 3 000 ℃。常用的高温热电偶材料为 Pt、Rh、Ir、W 等纯金属和含 Rh 较高的铂-铑(Pt-Rh)合金、铱-铑(Ir-Rh)合金和钨-铼(W-Re)合金。表 2.3 给出了国际电工委员会推荐的8种标准热电偶测温范围。

表 2.3 国际电工委员会推荐的 8 种标准热电偶测温范围

| 标准热电偶 | 使用温度范围/ ℃ | 适用条件及特点 |
| --- | --- | --- |
| 铂铑 10-铂(S 型) | 长期为 0～1 300,短期为 0～1 600 | 在氧化气氛中测温,不推荐在还原气氛中使用,短期可用于真空场合 |
| 铂铑 13-铂(R 型) | 同 S 型热电偶 | 同 S 型热电偶 |
| 铂铑 30-铂铑 6(B 型) | 长期为 0～1 600,短期 0～1 800 | 在氧化气氛中测温,主要特点为稳定性好 |
| 镍铬-镍硅(K 型) | 取决于偶丝的直径,一般为 −200～1 200 | 在氧化气氛中测温,不推荐在还原气氛中使用 |
| 镍铬硅-镍硅(N 型) | 0～1 300 | 稳定性好 |
| 镍铬-康铜(E 型) | −200～900 | 在氧化及弱还原气氛中测温 |
| 铁-康铜(J 型) | −40～750 | 适用于氧化及还原气氛中和真空中测温 |
| 铜-康铜(T 型) | −200～400 | 精度高、稳定性好、低温灵敏度高、价格低廉 |

使用热电偶测量温度虽然便捷可靠,但也存在一定的限制,例如,由于热电偶在测量时必须与被测体接触,因此,热电偶受其热电性质和保护管的耐热程度等的限制因而不能长时间用于较高温度的测量。

**2. 光学高温计**

热源不通过实际接触,也不经任何媒介,把热量传递给周围的现象称为热辐射。例如,尽管人们在炉旁与炉子隔开一段距离,但仍会有热浪冲击的感觉。热源以电磁波的形式不断地向四面八方辐射,主要是波长为 0.4～40 μm 的射线(可见光和红外光),如果我们测定其中某一波长($\lambda = 650$ nm)的单波辐射强度,就能得出热源的温度。所以,光学高温计就是利用受热物体的单波辐射强度(物体的单色亮度)随温度升高而增加的原理来进行高温测量的。在具体测温时它是利用亮度平衡的原理:物体由望远镜系统成像在高温计的内附钨丝灯的灯丝平面上,用目视法调节灯丝电流使两者的亮度相同,最后,由灯丝回路中的电流指示出物体的温度。图2.8为光学高温计结构示意图。

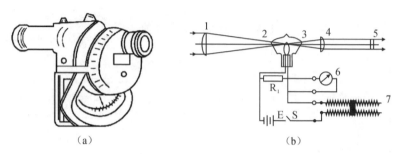

1—物镜;2—吸收玻璃;3—灯泡;4—红色滤波片;5—目镜;6—指示仪器;
7—滑线电阻;E—电源;S—开关;$R_1$—刻线调整电阻。

图2.8 光学高温计结构示意图

光学高温计在测量温度时不需与被测物体接触,因此它不会影响被测物质的温度场,但是它不能用于测量不发光的物体。

## 2.3 高温还原反应

高温还原反应是一类极具实用价值的合成反应。几乎所有金属以及部分非金属均是借助高温进行热还原反应制备得到的。在高温条件下,金属的氧化物、硫化物或卤化物等与还原剂(碳、氢气或活泼金属)发生氧化还原反应,金属从其化合物中被还原出来。还原反应能否进行、进行的程度如何以及反应有什么特点等均与反应物和生成物的热力学性质以及高温下热反应的 $\Delta H_f$、$\Delta G_f$ 等有紧密关系。

**1. 热力学分析**

金属氧化物还原反应需要在高温条件下进行,金属与氧气生成氧化物的反应可表示为:

$$\text{金属}(s) + O_2(g) \rightleftharpoons \text{氧化物}(s)$$

根据标准自由能公式:

$$\Delta_r G_m^\ominus = \Delta_r H_m^\ominus - T \cdot \Delta_r S_m^\ominus$$

在一定范围内，$\Delta_r H_m^{\ominus}$ 可被认为是随温度变化近似不变的常数。这样，以 $\Delta_r H_m^{\ominus}$ 对温度 $T$ 作图就可以得到一条直线，直线的斜率为 $-\Delta_r S_m^{\ominus}$，这样的图被称作 $\Delta_r G_m^{\ominus}$-$T$ 图，也叫 Ellingham（埃林汉姆）图。图 2.9 为常见金属氧化物的 Ellingham 图。

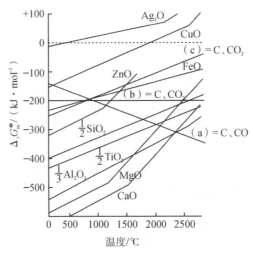

图 2.9　一些氧化物的 Ellingham 图

由上图可以看出：

① 对于金属氧化物，其反应的 $\Delta_r S_m^{\ominus}<0$，所以金属氧化物的 $\Delta_r G_m^{\ominus}$-$T$ 关系图是斜率近似相等且为正的直线。$\Delta_r G_m^{\ominus}$ 值随温度升高而增加，当 $\Delta_r G_m^{\ominus}>0$ 时，氧化物不能稳定存在。

② 有相变时，直线的斜率会发生改变。原因是相变引起熵变，熵变改变斜率。

③ 在标准状况下，凡在 $\Delta_r G_m^{\ominus}$ 为负值的区域内，所有金属都能自发被氧化；在 $\Delta_r G_m^{\ominus}$ 为正值的区域内，生成的金属氧化物是不稳定的，例如 $Ag_2O$ 只需稍许加热就可分解为金属单质。

④ 在图中，一种金属的图线位置越低，则其 $\Delta_r G_m^{\ominus}$ 值越小（负值的绝对值越大），说明该金属对氧的亲和力越大，其氧化物越稳定。因此，在图中较低位置的金属，可将较高位置的金属氧化物还原。Ca 是最强的还原剂，其次是 Mg、Al 等。

⑤ 碳的氧化反应：

$$2C(s)+O_2(g)=\!\!=\!\!=2CO(g) \quad \Delta S>0,\text{斜率为负}$$
$$C(s)+O_2(g)=\!\!=\!\!=CO_2(g) \quad \Delta S=0,\text{斜率为零}$$
$$2CO(g)+O_2(g)=\!\!=\!\!=2CO_2(g) \quad \Delta S<0,\text{斜率为正}$$

在图中，从生成 CO 的直线（a）可以看出，温度升高时 $\Delta_r G_m^{\ominus}$ 值逐渐变小，这对火法冶金有重要意义。它使得几乎所有的金属氧化物的直线在高温下都能与生成 CO 的直线相遇,这意味着许多金属氧化物在高温下能够被碳还原成金属(碳热还原法)。

原则上,Ellingham 图上显示的所有金属的生产都可通过火法冶金(高温还原)完成,即与还原剂一起加热的方法。然而,实际上却存在严格的限制。例如,火法冶炼生产铝的努力(多数在电力昂贵的日本进行)均以失败告终,因为生产过程需要的温度甚高而导致 $Al_2O_3$ 挥发性太强,最终无法得到铝。火法提取金属钛则遇到了另一类困难:反应中生成了碳化钛(TiC)而不是金属钛。实际上,金属的火法提取仅限于镁、铁、钴、镍、锌和各种铁合金。

**2. 工业实例**

实现金属还原提取的工业方法比热力学分析提供的途径更多样,其中一个重要因素是矿物和碳都是固体,两种固体之间的反应速率较慢。而多数采用的方法是利用气/固或液/固非均相反应进行金属还原。确保经济效益、充分利用原料和避免造成环境问题,是当代工业方法采取的策略。

火法炼铜是当今工业生产铜的主要方法,世界上 80% 以上的铜是用火法从硫化铜精矿中提取的。火法炼铜最突出的优点是适应性强、能耗低、生产效率高。然而,近些年人们在努力寻找一种可以避免大量 $SO_2$ 排入大气而带来环境问题的新方法。目前一种有发展前景的方法是铜的湿法冶金提取,这种方法是以 $H_2$ 或铁屑为还原剂还原水溶液中的铜离子来提取铜,被还原的是经酸或细菌作用后从低品位矿中沥取出来的铜离子:

$$Cu^{2+}(aq) + H_2(g) \longrightarrow Cu(s) + 2H^+(aq)$$

如果作为副产物的酸能被循环利用或就地中和,而不是作为污染物排入环境中,该法对环境的危害就会小很多。该法也有利于低品位矿的经济利用。

铁矿还原是碳的火法冶金最重要的应用。鼓风炉仍是生产铁的主要装置,铁矿石($Fe_2O_3$、$Fe_3O_4$)、焦炭(C)和石灰石($CaCO_3$)的混合物通过鼓入的热空气在炉中加热,焦炭燃烧可将温度提高至 2 000 ℃。在鼓风炉较低部位燃烧生成一氧化碳,原料 $Fe_2O_3$ 在炉子顶部遇到由下部上升而来的热的一氧化碳,Fe(Ⅲ)氧化物被还原,先生成 $Fe_3O_4$,然后在 500~700 ℃的温度下生成 FeO,CO 被氧化为 $CO_2$。最后在炉子中部,FeO 于 1 000~1 200 ℃之间被 CO 还原为铁。总反应为:

$$Fe_2O_3(s) + 3CO(g) \longrightarrow 2Fe(l) + 3CO_2(g)$$

其中的碳酸钙受热分解生成石灰(CaO),后者又与矿石中存在的硅酸盐结合,在炉温最高的部位(最下部)生成硅酸钙(炉渣)熔化层。因炉渣密度小于铁熔体而浮于其上,从而可被分离排放。由于含有溶解的碳,因此生成的铁在低于纯金属熔点约 400 ℃ 的温度下熔化。这种含有杂质的铁(密度最大的物相)沉在炉底,排出后固化为"生铁"(其中碳的质量百分数高达4%)。制钢过程涉及一系列减少碳含量并用其他金属与铁形成合金的反应。

从硅的氧化物中提取硅的过程比铁的提取更困难。纯度为 96%~99% 的硅是用高纯度焦炭还原石英岩或砂子($SiO_2$)的方法制备得到的。图2.9 的 Ellingham 图显示,温度约高于 1 700 ℃ 时反应才可进行。如此高的温度是在电弧炉中实现的,炉中存在过量硅石,为的是抑制 SiC 的积累:

$$SiO_2(l) + 2C(s) \xrightarrow{1\,500\,℃} Si(l) + 2CO(g)$$

$$2SiC(s) + SiO_2(l) \longrightarrow 3Si(l) + 2CO(g)$$

由粗硅制备半导体用纯硅时,需要先将其转化为可挥发性化合物,如 $SiCl_4$。后者通过分级蒸馏法提纯,然后用纯氢将其还原成硅。将得到的纯硅加热熔化,然后从熔体的冷表面将其拉成大块单晶,该过程叫 Czochralski 法(直拉单晶制造法)。

用 C 直接还原 $Al_2O_3$ 的反应只有在温度高于 2 400 ℃ 才能进行,经济成本太高,使用任何化石燃料进行加热都是浪费。不过,该还原过程可通过电解法实现。

**3. 氢还原法**

氢还原法是指在高温下用氢将金属氧化物还原以制取金属的方法。与碳还原法相比,产品性质较易控制,纯度也较高。目前氢还原法主要用于钨、钼、钴、铁等金属粉末和锗、硅的生产。反应方程式如下:

$$\frac{1}{y}M_xO_y(s) + H_2(g) \Longleftrightarrow \frac{x}{y}M(s) + H_2O(g)$$

还原反应的平衡常数:

$$K = \frac{p_{H_2O}}{p_{H_2}}$$

式中,$p_{H_2}$ 和 $p_{H_2O}$ 分别表示平衡体系中 $H_2$ 和 $H_2O$ 的分压。

用氢气还原氧化物的特点是,还原剂的利用率不可能为百分之百。进行还原反应时,$H_2$ 中混有气相反应产物——水蒸气,尽管体系中此时仍有游离氢分子存在,但是,只要 $H_2$、$H_2O$ 与氧化物、金属处于平衡时反应便停止。用纯氢还原氧化物时,氢的最高利用率 $y$ 为:

$$y = \frac{p_{H_2O}}{p_{H_2O} + p_{H_2}} \times 100\% = \frac{K}{1+K} \times 100\%$$

常数 $K$ 愈小，$H_2$ 的利用率就愈低。当 $K=1$ 时，$H_2$ 的利用率不超过 50%；当 $K=0.01$ 时，$H_2$ 的利用率小于 1%。

用氢还原金属高价氧化物时会得到一系列含氧较少的低价金属氧化物，如还原氧化铁时，可以连续得到 $Fe_3O_4$、$FeO$ 和 $Fe$。随着氧化物中金属的化合价降低，氧化物的稳定性增大，不容易被还原，例如从五氧化二钒（$V_2O_5$）中还原钒时，依次生成了氧化物 $V_2O_4$、$V_2O_3$、$VO$。在这个过程中，四价氧化物的还原非常容易进行，所以很难分离出纯的 $V_2O_4$，但要还原得到 $VO$ 则必须在 1 700 ℃才行，而要制备金属钒则要更高的温度。

例如，用 $H_2$ 还原 $Nb_2O_5$ 制备 $Nb$，在不同温度下可以得到各种价态的氧化物：

① $Nb_2O_5 + H_2 \xrightarrow{860\ ℃} 2NbO_2 + H_2O$

② $2NbO_2 + H_2 \xrightarrow{1\ 250\ ℃} Nb_2O_3 + H_2O$

③ $Nb_2O_3 + H_2 \xrightarrow{1\ 350\ ℃} 2NbO + H_2O$

④ $2NbO + H_2 \xrightarrow{1\ 350\ ℃} Nb_2O + H_2O$

⑤ $Nb_2O + H_2 \xrightarrow{>1\ 350\ ℃} 2Nb + H_2O$

其中，反应方程式⑤是一种推测，也就是说，如果在更高的温度下，$Nb_2O_5$ 长时间与大量的 $H_2$ 相互作用，反应也是可以进行的。如果 $Nb_2O_5$ 与镍粉相混合，$Nb_2O_5$ 可以比较容易地被还原成金属而得到 $Ni$-$Nb$ 合金。

制得的金属的物理性质和化学性质决定于还原温度。在低温下，制得的金属具有大的比表面积和强的化学反应能力。升高还原温度会使金属的颗粒聚结起来而减少了它们的比表面积，金属颗粒的内部结构变得整齐且更稳定，结果使金属的化学活泼性降低。用氢还原氧化物所得的粉状金属在空气中放置以后，要加热到略高于熔点的温度才能熔化，这是由于在各个金属颗粒的表面上形成了氧化膜。

目前，工业上生产钨就是采用氢还原法。用氢气还原三氧化钨（$WO_3$），大致可分三个阶段：

① $2WO_3 + H_2 = W_2O_5 + H_2O$

② $W_2O_5 + H_2 = 2WO_2 + H_2O$

③ $WO_2 + 2H_2 = W + 2H_2O$

还原所得到的产物性质和成分决定于反应温度,当温度为 700 ℃ 左右时,$WO_3$ 便可被完全还原成金属钨。在管式炉中进行 $H_2$ 还原 $WO_3$ 的反应,如图 2.10 所示。

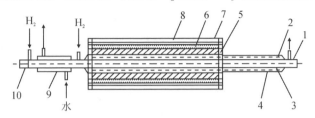

1—铁管;2—涂有耐热的石棉层;3—镍铬电热丝线圈;4—镍铬电热丝线圈四周涂的石棉与耐热混合涂料;5—异形耐热砖;6—熟耐热粒绝缘层;7—铁壳;8—石棉绝缘层;9—冷却器;10—塞子。

图 2.10　用 $H_2$ 还原 $WO_3$ 的管式炉

此炉的加热区长度为 1.5~2 m,通过设计加热线圈使管内温度沿管均匀地上升至 800~900 ℃,铁管的一端装有冷却器。

$H_2$ 以每小时 800~2 000 L 的速度通入还原炉中,这个量已远远超过还原钨的理论用量。将 $WO_3$ 以薄薄的一层撒入镍舟中,逆着 $H_2$ 气流逐渐移动镍舟,使之通过铁管,在通过高温区后落入冷却器中。

送入炉内的 $H_2$ 必须预先很好地除去水分,并清除其中的氧气、碳的氧化物和氢化合物等杂质。为了生产纯的钨粉,最好采用以电解法制得的 $H_2$,因为这种 $H_2$ 中无含碳气体,使用时只需除去其中的氧气和水蒸气即可。

当选择以 $H_2$ 还原 $WO_3$ 的工作条件时,不仅要保证 $WO_3$ 被完全还原,同时还要保证所得钨粉具有合适的粒度。制造钨丝时需要平均粒度为 2~3 μm、颗粒组成为 0.5~6 μm 的深灰色细钨粉。

此外,工业上,氢的另一个重要应用是还原硅的化合物——三氯氢硅($SiHCl_3$),用于制备生产太阳能电池板的超纯多晶硅,反应方程式如下:

$$SiHCl_3 + H_2 \xrightarrow{1\ 050 \sim 1\ 100\ ℃} Si + 3HCl$$

**4. 金属还原法**

金属还原法也叫金属热还原法,是用一种金属还原金属化合物(氧化物、卤化物)的方法,还原的条件是这种金属对非金属的亲和力要大于被还原金属的亲和力。用金属热还原法制备某些易成碳化物的金属是有很大实际意义的,因为生产精密合金必须用到这种含碳量极少的元素。

用作还原剂的金属主要有:Ca、Mg、Al、Na 和 K 等。

用此法可制得的金属有：Li、Rb、Cs、Na、K、Be、Mg、Ca、Sr、Ba、Al、In、Tl、Ge、Ti、Zr、Hf、Th、V、Nb、Ta、Cr、U、Mn、Fe、Co、Ni 及稀土金属等。

稀土金属(简称 RE)的制备常使用金属热还原法。根据使用的还原剂种类可分为钙热还原法、锂热还原法、镧铈还原法，主要用于钇、镝、钆、铒、钐、镱等稀土金属的制备。

稀土化合物与其他金属化合物的稳定性比较：

$$CaO > RE_2O_3 > MgO > Al_2O_3 > SiO_2$$

$$CaF_2 > REF_3 > LiF > MgF_2 > AlF_3$$

$$KCl > NaCl / LiCl / CaCl_2 > RECl_3 > MgCl_2 > AlCl_3$$

例如，稀土氯化物的金属热还原是将稀土无水氯化物与金属还原剂混合均匀，在高真空加热炉中充入惰性气体，在 800～1 100 ℃ 的温度下进行还原反应，就可获得目标产物。也可以采用图 2.11 的装置来制备。稀土氟化物的金属热还原与稀土氯化物类似。

$$RECl_3 + 3Li \xrightarrow{800 \sim 1\,100\ ℃} RE + 3LiCl$$

$$2RECl_3 + 3Ca \xrightarrow{800 \sim 1\,100\ ℃} 2RE + 3CaCl_2$$

$$2REF_3 + 3Ca \xrightarrow{1\,450 \sim 1\,750\ ℃} 2RE + 3CaF_2$$

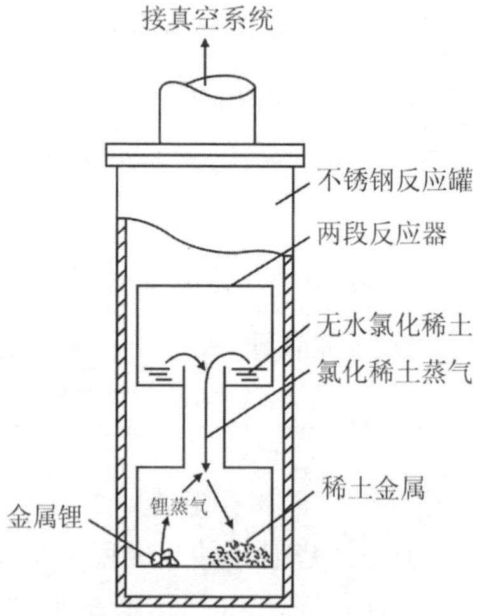

图 2.11 稀土氯化物金属热还原装置

## 2.4 化学转移反应

所谓化学转移反应,是一种固体或液体物质 A 在一定的温度下与一种气体 B 反应,生成气相产物,这个气相产物在另外的温度下发生逆反应后重新得到物质 A。

$$i\text{A}(\text{s 或 l}) + k\text{B}(\text{g}) + \cdots \underset{T_2}{\overset{T_1}{\rightleftharpoons}} j\text{C}(\text{g}) + \cdots$$

其中,气体 B 叫作转移试剂(或传输剂)。

化学转移反应有着广泛的用途,如用来分离提纯物质、生长单晶、合成新化合物以及测定热力学数据,等等。

用于化学转移反应的装置样式很多,可根据具体的反应条件设计。图 2.12 为在温度梯度下固体物质转移的理想化装置。A 是固体物质,气体 B 通过与 A 在温度区($T_1$)进行反应,生成气体物质 C,C 和 B 扩散到管子的另一个温度区($T_2$),经分解后,固体物质 A 又沉积下来。

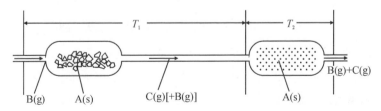

图 2.12 在温度梯度下固体物质转移的理想化装置

例如,在一个密封的石英管中,铝可以通过形成具有挥发性的低价态卤化物而转移:

$$2\text{Al}(\text{s}) + \text{AlCl}_3(\text{g}) \underset{600\ ℃}{\overset{1\ 000\ ℃}{\rightleftharpoons}} 3\text{AlCl}(\text{g})$$

常用的转移试剂有氯化氢、单质碘、一氧化碳等,例如下面这些反应:

$$\text{Fe}(\text{s}) + 2\text{HCl}(\text{g}) \underset{800\ ℃}{\overset{1\ 000\ ℃}{\rightleftharpoons}} \text{FeCl}_2(\text{g}) + \text{H}_2(\text{g})$$

$$\text{Co}(\text{s}) + 2\text{HCl}(\text{g}) \underset{600\ ℃}{\overset{900\ ℃}{\rightleftharpoons}} \text{CoCl}_2(\text{g}) + \text{H}_2(\text{g})$$

$$\text{Zr}(\text{s}) + 2\text{I}_2(\text{g}) \overset{280 \sim 1\ 450\ ℃}{\rightleftharpoons} \text{ZrI}_4(\text{g})$$

$$\text{Ni(s)} + 4\text{CO(g)} \xrightleftharpoons[]{80\sim200\ ℃} \text{Ni(CO)}_4(\text{g})$$

化学转移反应也可以是 $T_2$ 温度高于 $T_1$ 温度,如下面的反应,这也是碘钨灯的使用寿命比一般钨灯使用寿命长的原因:

$$\text{W(s)} + 3\text{I}_2(\text{g}) \xrightleftharpoons[3\ 000\ ℃]{1\ 400\ ℃} \text{WI}_6(\text{g})$$

化学转移反应可以制备一般条件下难以制备的单晶,例如,通过下面的反应可制得四氧化三铁单晶:

$$\text{Fe}_3\text{O}_4(\text{s}) + 8\text{HCl}(\text{g}) \xrightleftharpoons[750\ ℃]{1\ 000\ ℃} \text{FeCl}_2(\text{g}) + 2\text{FeCl}_3(\text{g}) + 4\text{H}_2\text{O}(\text{g})$$

转移试剂在化学转移反应中具有非常重要的作用,它的选择和使用是化学转移反应能够进行以及控制产物质量的关键。例如,通过下面的反应可以得到美丽的钨酸铁晶体:

$$\text{FeO(s)} + \text{WO}_3(\text{s}) \xrightleftharpoons{\text{HCl}} \text{FeWO}_4(\text{s})$$

这个反应必须用 HCl 作转移试剂,因为 FeO 和 $\text{WO}_3$ 都不易挥发,如果没有 HCl,化学转移反应就不会发生。当有 HCl 存在时,生成了 $\text{FeCl}_2$、$\text{WOCl}_4$ 和 $\text{H}_2\text{O}$ 这些挥发性强的化合物,使得转移反应能够进行。

早期的化学转移反应主要用于金属的提取和纯化。后来,随着半导体工业的发展,以化学迁移反应为基础发展起来的化学气相沉积方法获得了广泛的应用。在制备表面复合材料、表面涂层以及制造超细、超纯金属粉末等方面,化学转移反应发挥着更为独特的作用。

## 2.5 高温固相反应的特点

高温下的固相反应是一类重要的高温合成反应,一大批具有特种性能的无机功能材料和化合物,如为数众多的各类复合氧化物、含氧酸盐类、二元或多元金属陶瓷化合物等,都是通过高温下(一般为 1 000~1 500 ℃)固相反应物间直接合成而得到的。这类反应不同于溶液中的反应,有其自身的特点。

高温下的固相反应在常温常压下很难进行。例如,从热力学角度看,MgO(s) 和

$Al_2O_3(s)$反应生成尖晶石$MgAl_2O_4(s)$的反应完全是可以自发进行的。

$$MgO(s) + Al_2O_3(s) \Longrightarrow MgAl_2O_4(s)$$

然而实际上,如果温度在1 200 ℃以下,该反应几乎不能进行;如果在1 500 ℃下,反应也需数天时间才能完成。为什么这类反应对温度的要求如此之高?下面就以该反应为例来说明固相反应的特点。

如图2.13,在一定的高温条件下,MgO 和$Al_2O_3$的晶粒界面间发生反应生成尖晶石结构的$MgAl_2O_4$产物层。第一阶段,在晶粒界面或界面临近的反应物晶格中形成尖晶石$MgAl_2O_4$晶核,这需要界面结构重排,离子键断裂、重组,$Mg^{2+}$和$Al^{3+}$的脱出、扩散和填位;第二阶段,尖晶石$MgAl_2O_4$晶核在高温下长大,这需要$Mg^{2+}$、$Al^{3+}$跨越两个界面到达尖晶石晶核表面发生晶体生长反应,有两个反应界面,即$MgO/MgAl_2O_4$和$MgAl_2O_4/Al_2O_3$;第三阶段,产物层加厚,反应速率随之降低,直至反应终止。不论哪个阶段,都需要

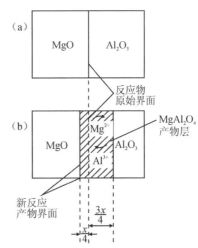

图2.13 固相反应机制示意图

高温,高温有利于$MgAl_2O_4$晶核形成、$Mg^{2+}$和$Al^{3+}$的扩散,从而加快反应速率。

人们对这个固相反应的机理进行了进一步研究,发现决定此反应的控制步骤是晶格中$Mg^{2+}$和$Al^{3+}$的扩散,升高温度有利于晶格中离子的扩散,从而促进反应。另外,随着产物层厚度的增加,反应速率会随之减慢。为使电荷平衡,每当3个$Mg^{2+}$扩散到右边的$MgAl_2O_4/Al_2O_3$界面,就有2个$Al^{3+}$扩散到左边的$MgO/MgAl_2O_4$界面,在理想情况下,在两个界面进行的反应方程式如下:

$MgO/MgAl_2O_4$界面:

$$2Al^{3+} - 3Mg^{2+} + 4MgO \longrightarrow MgAl_2O_4$$

$MgAl_2O_4/Al_2O_3$界面:

$$3Mg^{2+} - 2Al^{3+} + 4Al_2O_3 \longrightarrow 3MgAl_2O_4$$

总反应:

$$4MgO + 4Al_2O_3 \longrightarrow 4MgAl_2O_4$$

可以看出,$MgAl_2O_4/Al_2O_3$界面上生成的产物质量将是$MgO/MgAl_2O_4$界面上的3倍,如图2.13所示的那样,产物层右方界面的增长速度是左方界面的3倍,这一点

已被实验所证实。

曾经有人详细研究过另一种尖晶石结构 $NiAl_2O_4$ 的固相反应动力学关系(图 2.14),也发现 $Ni^{2+}$ 和 $Al^{3+}$ 离子通过 $NiAl_2O_4$ 产物层的内扩散是反应的控速步骤。按一般规律,它应服从下列关系:

$$\frac{dx}{dt} = kx^{-1}$$

$$x = (k't)^{\frac{1}{2}}$$

式中,$x$ 为 $NiAl_2O_4$ 产物层厚度;$k$、$k'$ 为反应速率常数;$t$ 为反应时间。$MgAl_2O_4$ 在不同温度下的反应动力学 $x^2$-$t$ 关系也符合上述规律。

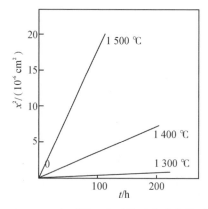

图 2.14 $NiAl_2O_4$ 在不同温度下的反应动力学 $x^2$-$t$ 关系

我们从上面例子的分析得出,影响高温固相反应速率的主要因素有:反应物固体的比表面积和反应物间的接触面积、生成物相的成核速度及相界面间,特别是通过生成物相层的离子扩散速度。

## 2.6 先驱物法

常规的固-固机械性混合高温制备无机功能材料的方法需要较高的温度,存在制备出的材料纯度和均匀性差、难以实现超细微化及粒度分布均匀等缺点。将反应物充分破碎和研磨或通过各种化学途径制备成粒度细、比表面积大、表面具有活性的反应物原料,然后通过加压成片,甚至热压成型,使反应物颗粒间充分均匀接触,或通过化学方法使反应物组分间充分接触制成先驱物(先驱物法),这些方法可使烧结温度大大降低,有利于进一步的固相合成反应。因此,近年来先驱物法已逐渐成为合成大多数无机功能材料的主要手段,而其中的共沉淀法和溶胶-凝胶法又是获得均匀反应先驱物的常用方法。

### 2.6.1 共沉淀法

共沉淀法是利用溶度积原理,先把反应物溶于水,例如两种或两种以上金属盐按一定比例溶于水形成均相溶液,在离子水平上均匀混合,接着加入过量的沉淀剂(如草酸、氢氧化钠等),使溶液中的金属离子发生共沉淀,生成难溶于水的氢氧化物、碳酸盐、硫酸盐、草酸盐等,经过滤、洗涤后,再加热分解制成混合非常均匀的超细粉料。

例如,发红色光的荧光粉 $Y_2O_3$:Eu 的制备。为了使原料均匀混合、降低烧结温度,得到性能优良的荧光粉,最常用的制备方法就是先制备 $Y^{3+}$、$Eu^{3+}$ 的草酸盐共沉淀先驱物(将 $Y^{3+}$、$Eu^{3+}$ 按计量比在离子水平上均匀混合),再过滤、洗涤后烧结(1 000 ℃),就可以得到发光性能优良的荧光粉 $Y_2O_3$:Eu,反应方程式如下:

$$2Y^{3+} + 2Eu^{3+} + 3H_2C_2O_4 + xH_2O \longrightarrow (Y, Eu)_2(C_2O_4)_3 \cdot xH_2O$$

$$(Y, Eu)_2(C_2O_4)_3 \cdot xH_2O \xrightarrow{\triangle} (Y, Eu)_2O_3 + CO_2 + CO + xH_2O$$

共沉淀法可以被成功地用于制备诸如尖晶石类的材料。但它也有一定的局限性,主要原因有:①当两种或两种以上的反应物在水中的溶解度相差很多时,会产生分步沉淀的现象,造成沉淀成分不均匀;②反应物沉淀时的速率不同,也会造成分步沉淀;③反应物在水中溶解后常形成饱和溶液等。因此,要制备高纯度的精确化学计量比的物相,采用单一化合物相先驱物是一个很好的选择。

例如,制备 $NiFe_2O_4$ 尖晶石。可以先制备镍和铁的碱式双醋酸盐和吡啶反应形成中间物 $Ni_3Fe_6(CH_3COO)_{17}O_3OH \cdot 12C_5H_5N$,其中 Ni 和 Fe 的摩尔比为1∶2,并且可以从吡啶中重结晶,这样,可将此吡啶化合物晶体先缓慢加热到 200~300 ℃,以除去其中的有机物质,然后在空气中以 ~1 000 ℃ 的温度加热 2~3 d 得到尖晶石相 $NiFe_2O_4$。

### 2.6.2 溶胶-凝胶(Sol-gel)法

早在几十年前就有人开始用溶胶-凝胶法研制玻璃和陶瓷粉末,但有意识的系统研究还是 20 世纪 70 年代的事。1973 年,美国 H. Dislish 发表了用溶胶-凝胶法制备玻璃薄膜的专利,引起无机材料科学界科学家对溶胶-凝胶法的极大关注。目前,德国、法国、日本、美国和意大利等国家的科技人员对此进行积极研究,发表了大量相关论文。自 1985 年开始,有关溶胶-凝胶法制备玻璃、陶瓷及其他无机固体材料的专题学术讨论会已召开多次。

溶胶-凝胶法就是用含高化学活性组分的化合物作前驱体(如金属醇盐),在液相下将这些原料均匀混合,并进行水解、缩合化学反应,在溶液中形成稳定的透明溶胶体系,溶胶经陈化,胶粒间缓慢聚合形成三维空间网络结构的凝胶,凝胶经过干燥、烧结固化,制备出分子乃至纳米亚结构的材料。其过程如图 2.15 所示:

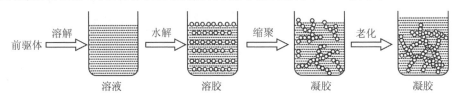

图 2.15 溶胶-凝胶过程

溶胶-凝胶的基本原理是将金属的醇盐或无机盐水解直接形成溶胶,然后使溶质集合胶化制成薄膜、拉成丝状,或直接干燥,热处理去除有机成分,最后得到纳米微粒或块体无机材料。根据前驱体种类的不同,溶胶-凝胶合成可分为以金属无机盐为原料的溶胶-凝胶法和以金属有机醇盐为原料的溶胶-凝胶法。

(1) 以金属无机盐为原料

第一步 金属盐离子溶剂化,同时伴随水解,形成溶胶:

$$M^{n+} + H_2O \longrightarrow M(H_2O)^{n+} \longrightarrow M(OH)^{(n-1)+} + H^+ \longrightarrow MO^{(n-2)+} + 2H^+$$

$$M^{n+} + nH_2O \longrightarrow M(OH)_n + nH^+$$

第二步 凝胶化:

脱水凝胶化:胶粒脱水,扩散层中电解质浓度增加,凝胶化势垒减小。

碱性凝胶化:随 pH 增加,胶粒表面电荷减少,势垒降低。

(2) 以金属有机醇盐为原料

第一步 醇盐水解:—M—OR + H$_2$O ⟶ —M—OH + ROH

第二步 缩聚反应:

失水缩聚:—M—OH + HO—M— ⟶ —M—O—M— + H$_2$O

失醇缩聚:—M—OR + HO—M— ⟶ —M—O—M— + ROH

反应通式:

$$M(OR)_n + mXOH \longrightarrow [M(OR)_{n-m}(OX)_m] + mROH \quad (X = H\ 水解, M\ 缩聚)$$

常见的醇盐有 $Si(OC_2H_5)_4$、$Ti(OC_4H_9)_4$、$Al(O—iC_3H_7)_3$、$Ge(OC_2H_5)_4$ 等。

溶胶-凝胶法多以醇盐为原料,有些时候也采用金属氯化物(如 $TiCl_4$)、金属硝酸盐、金属乙酸盐、金属螯合物为原料。影响溶胶-凝胶制备过程的主要因素有水的加入量、溶液 pH 值、醇盐的滴加速度、反应温度等。不同醇盐的水解速率差别也很大,例如硅醇盐(如正硅酸乙酯)的水解速率较慢,而金属醇盐(如钛酸四丁基酯)的水解速率一般很快,水解反应瞬间就可完成,即使是控制影响体系的各种因素,也不能有效地控制反应,在此情况下,可以加入螯合配体(如乙酰丙酮)来减缓水解反应的速率并使之形成凝胶。

与传统的高温固相粉末直接合成法相比,溶胶-凝胶法具有很多优点:①起始原料纯度高,可以精确控制产物的组成成分,尤其适合用于制备多组分材料;②得到的凝胶或粉末材料组成分布均匀、比表面积大、活性高,可降低烧结温度;③可利用溶胶或凝胶的流变性质通过某种技术(如喷射、浸涂、浸渍等)来制备各种膜、纤维、纳米粉体或多孔材料。这样,一些在过去必须用特殊条件才能制得的特种聚集态(如 $YBa_2Cu_3O_{7-x}$ 超导氧化膜)等用此方法就可获得。近年来,人们用溶胶-凝胶技术制备出了大量具有不同特性的氧化物型薄膜,如 $V_2O_5$、$TiO_2$、$MoO_3$、$WO_3$、$ZrO_2$、$Nb_2O_5$,等等。

超导氧化物可通过很多合成路线制备得到,如传统的高温固相反应合成技术、共沉淀技术、电子束沉积、溅射和激光蒸发等。其中,在高温固相反应合成技术中,为获得颗粒均匀的产物,需先将半成品进行多次反复地研磨和熔结,而如果用其他方法则需在特殊条件下进行。与这些方法相比,溶胶-凝胶法不仅方法简单而且花费较低。用溶胶-凝胶法制备 $YBa_2Cu_3O_{7-x}$ 超导氧化膜可以采用两条不同的原料路线:一条路线是以一定化学计量比的金属硝酸盐 $Y(NO_3)_3·H_2O$、$Ba(NO_3)_2$、$Cu(NO_3)_2·H_2O$ 为起始原料,溶于乙二醇中生成均匀的混合溶液,然后在一定的温度下(如 130~180 ℃)反应蒸发出溶剂,生成的凝胶在高温(950 ℃)氧气气氛下进行灼烧即可获得纯的正交型 $YBa_2Cu_3O_{7-x}$;另一条路线是以一定化学计量比的有机金属化合物 $Y(OC_3H_7)_3$、$Cu(O_2CCH_3)_2·H_2O$ 和 $Ba(OH)_2$ 为起始原料,在加热和猛烈搅拌下将它们溶于乙二醇中,蒸发后得到的凝胶再经高温氧气气氛下灼烧得到 $YBa_2Cu_3O_{7-x}$。如将上述二法制得的凝胶涂在一定的载体如蓝宝石的(110)面、$SrTiO_3$ 单晶的(100)面或 $ZrO_2$ 单晶的(001)面上,然后置于氧气气氛中灼烧,灼烧时用程序升温法先以 2 ℃·$min^{-1}$ 的速度升温至 400 ℃,再以 5 ℃·$min^{-1}$ 的速度继续升温至 950 ℃,最后用程序降温法以 3 ℃·$min^{-1}$ 的速度冷却至室温,将上述步骤重复 2~3 次,最后将膜在温度 800 ℃ 的氧气气氛下退火 12 h,并以 3 ℃·min$^{-1}$ 速度冷却至室温。或者将涂好的膜在空气中、950 ℃下灼烧 10 min,再涂再灼烧,重复数次,以同样的方式退火和冷却。上述方法均可制得 10~100 μm 厚度均匀的 $YBa_2Cu_3O_{7-x}$ 超导薄膜。

## 思考题

1. 如果某种无机非金属材料需要在 1 000 ℃ 的温度下灼烧 10 h,在实验室中应该选用什么加热设备?这类加热设备一般用哪种测温仪表来测温?

2. 什么是化学转移反应?请举例说明。

3. 高温下的还原反应包括哪几类?请分别举例说明。

4. 请从图 2.9 的 Ellingham 图中找出 C 将 ZnO 还原为金属 Zn 的最低温度,并写出该温度下的总反应方程式。

5. 以 $MgO$ 和 $Al_2O_3$ 为原料通过固-固加热合成镁铝尖晶石的化学反应方程式如下:

$$MgO(s) + Al_2O_3(s) \Longrightarrow MgAl_2O_4(s)$$

试写出该反应过程中 $MgO/MgAl_2O_4$ 界面和 $MgAl_2O_4/Al_2O_3$ 界面上的化学反应,并据此讨论固相反应的一般特点。有哪些办法可以加快固相反应的反应速率或者降低固相反应的温度?

6. 什么是溶胶-凝胶法?它在材料合成中有什么优点?

# 第3章 高压合成技术

高温高压作为一种特殊的合成手段,在物理、化学及材料合成方面具有特殊的重要性。这是因为高压作为一种典型的极端物理条件,能够有效地改变物质的原子间距和原子壳层状态,所以,高压经常被用作一种原子间距调制、信息探针和其他特殊的应用手段,几乎渗透到了绝大多数的前沿研究课题中。利用高压手段不仅可以帮助人们从更深的层次去了解常压条件下物质的物理现象和性质,而且可以发现常规条件下难以产生而只在高压环境才能出现的新现象、新规律、新物质、新性能、新材料。

高压合成技术,就是利用外加的高压强,使物质产生多型相转变或发生不同物质间的化合,从而得到新相、新化合物或新材料的一种合成技术。众所周知,当卸掉施加在物质上的高压以后,大多数物质的结构和行为会产生可逆变化,而失去高压状态的结构和性质。因此,通常的高压合成都采用高压和高温两种条件交加的高压高温合成法,目的是寻求经卸压降温以后的高压高温合成产物能够在常压常温下保持其高压高温状态的特殊结构和性能。

美国物理学家 Bridgman 以毕生的精力发展了高压技术,开创了高压下物质的相变和物理性质的研究领域。1946 年,他以发明超高压装置和在高压物理学领域的突出贡献获得第四十六届诺贝尔物理学奖,之后,高压合成新物质、新材料引起了人们的关注。1955 年,Bundy 等人首次利用高压手段人工合成出只有地球内部条件下才能形成的、具有重大应用价值的金刚石,使新物质的高压合成形成研究热潮。接着,Wentorf 借助高压方法又合成出自然界中未曾发现的、与碳具有等电子结构的、硬度仅次于金刚石的立方氮化硼,高压合成自此受到格外重视。

高压合成技术具有以下特点：

① 高压可以加快反应速率，提高产物的转化率，降低合成温度，大大缩短合成时间。例如，在常压，以 $La_2O_3$ 和 $Er_2O_3$ 为起始反应物，在 1 250 ℃ 下焙烧 8 d，仅能获得很少量的 $LaErO_3$，如果在 1 250 ℃、2.9 GPa 的高温高压条件下合成，只需 30 min 即可获得单相样品。

② 高压可以起到增大物质密度、提高晶体对称性和阳离子配位数以及缩短键长的作用。

③ 高压下的合成反应较易获得单相物质，提高物质结晶度。例如，在常压下、1 650 ℃ 的条件下焙烧，方可得到双稀土化合物的纯相，而在压强为 4 GPa、温度为 1 200 ℃ 的条件下，只需 40 min 即可获得纯相，并且结晶度也提高了。

④ 高压能改变一些物质的物理和化学性质。例如，非金属的白磷经过高压处理可变为具有金属性质的黑磷；脆性的陶瓷经过高压处理可以提高其韧性等。

通常，需要高压手段进行合成的有以下几种情况：① 在标准大气压（0.1 MPa）下不能生长出满意的晶体；② 要求有特殊的晶型结构；③ 晶体生长需要有高的蒸气压；④ 生长或合成的物质会在标准大气压或小于其熔点的温度下发生分解；⑤ 在常压条件下不能发生化学反应，只有在高压条件下才能发生化学反应；⑥ 要求在某些高压条件下才能出现的高价态（或低价态）以及其他特殊的电子态；⑦ 要求某些高压条件下才能出现的特殊性能等。针对不同的情况可以采用不同强度范围的压强进行合成。目前的高压固态反应合成通常所采用的压强范围一般是从 1～10 MPa 的低压到几十个吉帕（1 GPa 约为 1 万个标准大气压）的高压。本文中的高压合成是指压强在 1 GPa 以上的合成。

## 3.1 高压高温的产生

**1. 静态高压**

利用外界机械加载方式逐渐施加负荷挤压所研究的物体或试样，当体积缩小时，在其内部就会产生高压强。由于外界加载负荷的速度非常缓慢，通常不会伴随物体的升温，因此所产生的高压强被称为静态高压。

常见的静态高压产生装置有两类。

一类是大腔体压机(腔体体积为 0.1 cm³,甚至数百立方厘米),它利用油压机作为动力,推动高压装置中的高压构件,挤压试样,产生高压(表 3.1)。这类高压装置包括两面顶压机、四面顶压机、六面顶压机,其中,四面顶压机已基本不再使用。

表 3.1 大腔体压机类型

| 类别 | 两面顶 | 四面顶 | 六面顶 |
| --- | --- | --- | --- |
| 型式 | 对顶式<br>年轮式<br>活塞缸式 | 单压源紧凑式<br>多压源脚链式<br>…… | 单压源紧凑式<br>多压源脚链式<br>…… |

年轮式两面顶高压构件如图 3.1 所示,它的优点是:①压力和温度的控制精度较高,最高温度可达 2 000 ℃,最大压强可达 10 GPa;②合成腔体大型化易于实现,适合生产大尺寸产品或单次合成多个产品。缺点是设备运行成本高。国外主要采用年轮式两面顶超高压设备。

六面顶压机(图 3.2) 具有 6 个工作油缸,一级加压可达 8 GPa,如果在其六面体压腔中直接放入二级 6-8 模增压装置,形成八面体压腔,最高压强可达 25 GPa,最高温度可达 2 500 ℃。六面顶超高压设备的优点有:①产生的压力场更接近静水压力;②合成腔内的应力场状态更为合理;③机器工作效率高;④设备造价相对低廉。缺点是合成腔体大型化困难。六面顶压机是国内使用最广泛的大腔体压机,是合成金刚石和立方氮化硼等超硬材料的主要设备。

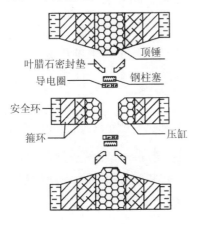

图 3.1 两面顶高压构件图

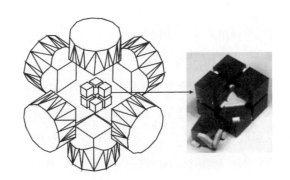

图 3.2 六面顶高压机结构图

另外一类超高压设备是利用天然金刚石作顶锤(压砧)制成的微型金刚石对顶砧高压装置(Diamond Anvil Cell,DAC)。这种装置可以产生几十吉帕到三百多吉帕的高压,还可以与同步辐射光源、X 射线衍射、Raman 散射等测试设备联用,开展高压条件下的物质相变、高压合成的原位测试。但是,如果产物要进行各种表征及其他性能测试,则不宜使用微型金刚石对顶砧装置进行合成,因为微型金刚石对顶砧的腔体太小(约 0.1 mm$^3$),合成的试样量少,难收集。通常,以研究产物为目的的合成都采用具有大腔体的大型高压装置(如两面顶压机、六面顶压机等)进行。还有一种压腔较小但比金刚石对顶砧大很多的装置,压强可达 30 GPa,它也可以和同步辐射及其他测试装置联用,进行一些原位测试。工业生产中使用的工业高压装置的压腔一般比较大,压强可以达到 8 GPa。

在此类高压装置中,一般采用硬度比较大的压砧材料。在大腔体的大型高压装置中,所采用的压砧材料大都是高强度的钢或碳化钨等材料,若是采用自然界中最硬的金刚石作为压砧,所产生的压强就会大大提高。因为天然的金刚石颗粒比较小,所以采用金刚石作为压砧的装置都为微型高压发生装置,一般称之为金刚石对顶砧装置。

**2. 动态高压**

利用爆炸(如核爆炸、火药爆炸等)、强放电等产生的冲击波,在微秒到皮秒的瞬间以很高的速度作用到物体上,可使物体内部压强达到几十吉帕以上,甚至上千吉帕,同时伴随着骤然升温,这种高压就称为动态高压。它也可用来开展新材料的合成研究,但因受条件限制,动态高压材料合成的研究工作开展得并不多。

**3. 高温**

直接加热:①将大电流直接通过试样,可以在试样中产生高达两千多开尔文的高温;②利用激光直接加热试样,可产生$(2\sim5)\times10^3$ K 的高温;③冲击波的作用可在产生高压的同时产生高温。

间接加热:通常可在高压腔内部,试样室外放置一个加热管(如 Pt、Ta、Mo 的耐高温金属管,石墨管等),使外加的大电流通过加热管产生焦耳热,从而使试样升温,一般温度可达 $2\times10^3$ K。这种加热法被称为内加热法。还可以采用在高压腔外部进行加热的外加热法。有时根据情况需要,还可内、外加热法兼用。

## 3.2 高压高温的测量

**1. 高压的测量**

对于超高压的测量,常采用物质相变点定标测压法。利用国际公认的某些物质的相变压强作为定标点,把一些定标点和与之对应的外加负荷联系起来,给出压强定标曲线,就可以对高压腔内试样所受到的压强进行定标。表 3.2 中是室温下压强定标物质的相变压强点,利用这些纯金属或半导体相变时电阻发生跃变的压强值作为定标点。

表 3.2 室温下压强定标物质的相变压强点

| 相变物质 | 压强/GPa | 相变物质 | 压强/GPa | 相变物质 | 压强/GPa |
| --- | --- | --- | --- | --- | --- |
| Bi I→II | 2.55 | Bi III→V | 7.7 | ZnS | 15.5 |
| Bi II→III | 2.69 | ZnTe | 8.9 | GaAs | 18.3 |
| Tl II→III | 3.68 | ZnTe | 12.9 | | |
| ZnTe | 6.6 | Pb | 13.4 | | |

对于微型金刚石对顶砧高压装置,常采用红宝石的荧光 R 线随压强变化红移的效应进行定标测压。把少量红宝石粉末与样品混合在一起放到压力室中,用高强度激光激发红宝石(含 $Cr^{3+}$ 的 $Al_2O_3$)荧光 R 线,并测定其波长,从而得知压强。用此法可测量 $10^{11}$ Pa 以上的高压。

红宝石具有两条分得很开的荧光 $R_1$ 线、$R_2$ 线(图 3.3),二者间距为 29.7 $cm^{-1}$,它们会在高压下随压强变化而红移($R_1$ 线和 $R_2$ 线之间的相对位移也会发生偏移),因此红宝石可以用来测量金刚石压力室的压强。红宝石具有机械强度高、化学稳定性好的优点,在微型金刚石对顶砧高压装置中可进行较准确、方便且连续地测压。也有利用 NaCl 的晶格常数随压强变化来定标的,通过 X 射线测量压力室中 NaCl 粉末的晶格常数 $a$,从而确定样品所受压强。

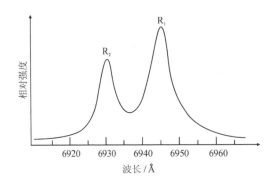

图 3.3　红宝石的荧光 R 线

有关动态高压的测量可参看有关专著,这里不做介绍。

**2. 高温的测量**

在测量静态高压装置中的试样温度时,最常用的方法是热电偶直接测量法。因为是在高压作用下进行高温测量,所以技术上有较大难度,如果技术人员具有一定的测量经验,则可以获得较高的测试成功率和温度精确度。常用的热电偶有双铂铑(Pt 30% Rh-Pt 6% Rh)热电偶、铂铑 10-铂(Pt 10% Rh-Pt)热电偶,以及镍铬-镍铝(NiCr-NiAl)热电偶。其中,双铂铑热电偶的热稳定性和化学稳定性良好,具有很强的抗污染能力,其热电动势对压强的修正值很小,可适用于 1 800 ℃ 以内的高温测量。

对动态高压加载过程中的高压和高温测量,情况比较复杂,很难采取直接测量法,需用一些特殊的专门测算方法,有兴趣的读者可参看有关专著。

## 3.3　高压高温合成法

从高压高温合成产物的状态变化看,其合成产物有两类。一类是某种物质经过高压高温作用后,其产物的组成(成分)保持不变,但发生了晶体结构的多型相转变形成的新相物质;另一类是某种物质体系,经过高压高温作用后,发生了元素间或不同物质间的化合形成的新化合物、新物质。人们可以利用多种高压高温合成方法来获得新相物质、新化合物和新材料。

根据高压高温的产生方式和使用设备,可将高压高温合成法划分成很多种类型。

**1. 静态高压高温合成法**

(1) 超高压激光加热合成法

利用微型金刚石对顶砧高压装置,配合激光直接加热方法,压强可达 100 GPa 以上,温度可达 $(2\sim5)\times10^3$ K 以上。合成温度和压强范围很宽,加上 DAC 可同时与多种测试装置联用进行原位测试,这对新物质合成的研究和探索有重要作用。

(2) 静态高压高温(大腔体)合成法

实验室和工业生产中常用的静态高压高温合成,是利用具有较大尺寸的高压腔体和试样的两面顶和六面顶高压设备来进行的。按照合成路线和合成组装的不同,这类方法又可细分成许多种,如静高压高温直接转变合成法,即在合成中,在不加催化剂的情况下,将起始材料在高压高温作用下直接转变(或化合)成新物质;静高压高温催化剂合成法,即在起始材料中加入催化剂然后再进行合成,这样可以大大降低合成中所需的压强、温度,缩短合成时间;非晶晶化合成法,即以非晶材料为起始材料,在高压高温作用下,使之晶化成结晶良好的新材料,与此相反,也可将结晶良好的材料作起始材料,经高压高温作用转变为非晶材料;前驱物高压转变合成法,即通过一些方法将不易转变或不适于转变成所需合成物的起始材料,预先制成前驱物,然后再进行高压高温合成反应;还有与此类似的混合型合成法,即将起始材料在常压高温,或其他包括高压在内的极端条件下进行预处理,然后再进行高压高温合成;高压熔态淬火方法,即将起始材料施加高压,然后加高温,直至材料全部熔化,保温保压,最后在固定压强下实行淬火,迅速冻结材料在高压高温状态的结构,这种方法可以获得准晶、非晶、纳米晶,特别是对于截获各种中间亚稳相而言,这是一种行之有效的方法。

为了实际应用,有时常需把粉末状物质压制成具有一定机械强度和不同形状的大尺寸块状材料,即粉末材料的成形制备,这时也可以采用高压高温手段进行。

**2. 动态高压合成法**

利用爆炸等方法产生的冲击波,在物质中引起瞬间的高压高温来合成新材料的动态高压合成法,也被称为冲击波合成法或爆炸合成法。至今,利用这种方法已合成出人造金刚石和闪锌矿型氮化硼($c$-BN)以及纤锌矿型氮化硼($w$-BN)微粉,还有一些其他的新相、新化合物。

## 3.4 高压合成技术的应用

**1. 金刚石和立方氮化硼的合成**

1962年,人们将质地柔软、具有六角晶体结构的层状石墨作起始材料,在不加催化剂和压强约12.5 GPa、温度为3 000 K的条件下,使石墨直接转变成了具有立方结构的金刚石。金刚石是至今自然界已知的最硬的材料。由于石墨和金刚石都是由碳元素构成的,高压高温作用使它发生了同素异形相转变,金刚石是石墨的高压高温新相物质,合成时没有催化剂的参与,这是一种静高压高温直接转变合成法。如果在反应时添加金属催化剂,则在较低的压强5.0~6.0 GPa和温度1 300~2 000 K条件下,就可以实现由石墨到金刚石的转变。这是一个静高压高温催化剂合成法应用的典型例子。金刚石合成相图(图3.4)给出了这两种方法所需的压强和温度范围。

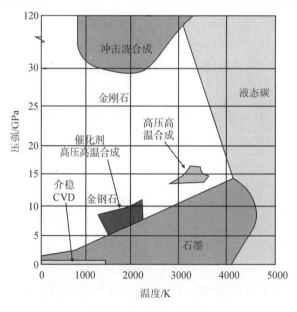

图3.4 金刚石合成相图

这种典型的静高压高温催化剂合成法工艺如下:先加压、加温到所用催化剂生成金刚石的最低压强和温度,保温几分钟到十几分钟,然后降温升压或保温升压到选定的压强,并快速加热到该压强值对应的平衡温度(金刚石稳定相区),保温几分钟,随即降温降压,也可降温到生成金刚石的最低限附近,保温一段时间后,再降到常温常压。

用静压法合成大颗粒金刚石多晶体。细粒金刚石先用有机溶剂清洗,再用乙醇清洗,经净化干燥后置于容器中,在真空度达 $1.33 \times 10^{-3}$ Pa、温度为 $500 \sim 700$ ℃ 的条件下处理 0.5 h(也可用正离子轰击进行处理),以清除金刚石表面的吸附物。这种方法处理后的金刚石掺入适量的过渡金属(如钛、铌、钽、铁、铬、钴、镍等)和非金属(如硼、硅等),混合后装进碳管或钽管、钽-铟管,抽真空,使真空度低于 $1.33 \times 10^{-3}$ Pa,最后将合成棒在超高压 7.0 GPa 左右和高温 $1\ 600 \sim 2\ 000$ ℃ 下保持几秒到几分钟,就可以得到一定形状的大颗粒多晶金刚石。

石墨转化为金刚石的驱动力。在没有催化剂存在时,石墨向金刚石转化的驱动力与过剩压成正比。在有金属催化剂存在时(图 3.5),由于在一定温度下石墨和金刚石的溶解度不同,与石墨相邻的熔融金属(溶剂)溶解了溶解度超过金刚石的碳素,相对于金刚石产生了过饱和度。这一过饱和度成为金刚石晶体析出的直接驱动力。由于金刚石晶体的析出,降低了其周围碳素的浓度,从石

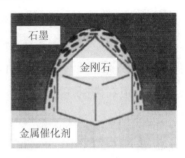

图 3.5 金属催化生成金刚石机理

墨附近向金刚石出现浓度梯度,溶解的碳素因此得以输运,而输运走的碳素由石墨表面的继续溶解得以补充,这也被称为膜生长法(FGM)。

1957 年,R. H. Wentorf 等人将类似于石墨结构的六角氮化硼作起始材料,添加金属催化剂(如镁等),在 6.2 GPa 和 1 650 K 的高压高温条件下,合成出与碳具有等电子结构的立方氮化硼。它是一种由静高压高温催化剂合成法合成出来的与金刚石有相同结构的新相物质。若采用不用催化剂的直接转变合成法,需在 11.5 GPa、2 000 K 的条件下完成。

**2. 柯石英和斯石英的合成**

另一个典型的高压高温多型相转变的例子是在 1953 年,Coes 以 $\alpha$-$SiO_2$ 为原料在矿化剂的参与下,利用 3.5 GPa、2 050 K、15 h 的条件,将 $\alpha$-$SiO_2$ 转变成了具有更高密度的柯石英(Coesite),它是 Si 原子成 4 配位的 $SiO_2$ 各同质多相中结构最紧密的一种变体。之后,Stishov 等人又在 16 GPa 和 $1\ 500 \sim 1\ 700$ K 的条件下,使柯石英转变成了密度更高的斯石英(Stishovite),它是金红石型结构,是 $SiO_2$ 的所有同质多相中硅原

子具有 6 配位的唯一变体。

### 3. 复合双稀土氧化物的合成

以两种稀土倍半氧化物混合料为起始材料,不加催化剂,合成装置高压腔的高压组装件如图 3.6 所示,在 2.0~6.0 GPa、1 100~1 750 K 的高压高温条件下,可直接合成出复合双稀土氧化物 $LnLn'O_3(Ln = RE)$ 的新相物质。

对于 $La_2O_3 + Er_2O_3$ 系统,在常压、1 550 K 下保持 192 h 后,主要获得的产物仍是 $c\text{-}(La,Er)O_{1.5}$ 固溶体,只含有少量的 $LaErO_3$,而在 2.9 GPa、小于 1 550 K 的条件下,仅用 30 min 就可获得纯的 $LaErO_3$。有的稀土倍半氧化物混合料在常压、高温 1 950 K 下经上百小时也不反应,但在高压高温条件下可迅速合成,如 $NdYO_3$。对于氧化物 $La_2O_3$,在高压高温下只需 5~10 min 即可合成。高压高温条件可使常压高温条件下难以

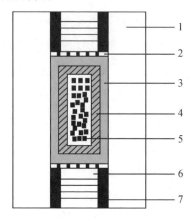

1—叶腊石;2—钼片;3—石磨坩埚;4—氮化硼坩埚;
5—试样;6—叶腊石;7—钢圈。

图 3.6　高压腔高压组装件

合成的双稀土氧化物变得容易合成。高压高温合成还可以获得常压高温等常规条件未能合成的、自然界尚未发现的新物质,如 $EuTbO_3$、$PrTbO_3$、$PrTmO_3$ 等,以及 $LnEuO_3$($Ln$ = 轻稀土)、$EuLnO_3$($Ln$ = 重稀土)的系列单相产物。

### 4. 一些其他高压合成的例子

(1)高价态和低价态氧化物的合成

在高压高温合成中,在试样室周围造成的高氧压环境,可使产物变成高价态的化合物。$CuO$ 和 $La_2O_3$ 在常压高温(1 300 K)下先合成 $La_2CuO_4$,然后再将它和 $CuO$ 混合作起始材料,周围放置氧化剂 $CrO_3$,中间用 $PbO$ 片隔开,整体装入 $Cu$ 锅中,加压加温,造成 5~6 GPa 的高氧压和 1 200 K 的高温,可得到具有高价态 $Cu(Ⅲ)$ 的 $LaCuO_3$ 化合物。

(2)翡翠宝石的合成

以非晶物质作起始材料,经高压高温作用,晶化成有用材料的高压晶化法,也是常用的一种高压合成法。以 $Na_2CO_3$、$Al_2O_3$、$SiO_2$ 按一定比例混合均匀,在 1 650~1 850 K 灼烧后淬火,得到具有翡翠成分 $NaAlSi_2O_6$ 的透明非晶玻璃,以此作起始材

料,在 2.0~4.5 GPa、1 200~1 750 K 条件下保持 30 min 以上,可完成由非晶态到晶态的转变,最后获得具有良好编织结构、尺寸达到 $\varnothing(6\times3)$ mm~$\varnothing(12\times5)$ mm 的宝石级翡翠。

(3) 人造金刚石和立方氮化硼聚晶的制备

利用 NiMnFe + B 的含硼催化剂与石墨(或以含硼石墨与 NiMnFe 等催化剂)作起始材料,在 5.0~6.0 GPa、1 800 K 条件下保持 5~8 min,可合成出含硼的、体色是黑色的金刚石单晶。这种含硼黑金刚石单晶比不含硼的黄色金刚石单晶的磨耗比高,并有更好的耐热性(高 200~300 K)和化学惰性。之后,有人又以含硼黑金刚石单晶为原料,添加 Ni、Si 等黏结剂,在 6.0~8.0 GPa、1 600~1 850 K 条件下保持 30~60 s,制备出 $\varnothing(6\times6)$ mm 的含硼黑金刚石聚晶,并用来制作车刀和石油钻头。

制备含硼黑金刚石聚晶必须以含硼黑金刚石单晶为原料,而后者又必须以人造金刚石专用的含硼催化剂或含硼石墨为原料,再经高压高温合成才能得到。因为此合成反应对原材料的要求较高、所需工艺流程很长,所以,有人又用普通工厂生产的、不含硼的黄金刚石单晶作原料,经表面加硼处理或在黏结剂中加入少量硼,在 6.0~7.0 GPa、1 600~1 850 K 条件下保持 40 s,成功合成出大颗粒硼皮金刚石聚晶。这种硼皮金刚石聚晶可被制成石油取心钻头、车刀和馒刀。

(4) 金属氢的制备

在高压作用下,物质会发生结构形态的改变,如原为液态的物质会凝固结晶;原为晶态的物质可能发生晶体结构或电子结构的变化;在很高的压强下,半导体、绝缘体甚至一些分子固体都可能进入金属态。对金属氢的研究热潮起源于对其超导特性的预言。1968 年,康奈尔大学 Aschcroft 教授的理论研究指出,金属氢可能是一种室温超导体。假定有足够的压强把氢原子非常紧密地挤在一起,以致各个原子都被 8 个、10 个甚至 12 个近邻原子所包围。于是,即使原子核有异常强的吸引力,每个氢原子的单个电子也可能从一个相邻原子滑到另一个相邻原子,这样就会得到金属氢。从理论上来看,在超高压下得到金属氢是确实可能的。该理论研究者推断,金属氢是一种高温超导体,是高密度、高储能材料。2017 年,哈佛大学的科学家报道了金属氢的合成,他们将氢气样本冷却到了略高于绝对零度的温度,在比地球中心还高的极高压下,用金刚石压力装置对固体氢进行压缩,成功获得了一小块金属氢。

## 3.5 高温高压下新化合物的生成原因

一般来说,在高压或超高压下某些无机化合物往往由于下列原因导致相变,生成新结构的化合物或物相。

**1. 阳离子配位数发生变化**

晶体中离子的配位数和配位态与离子的半径比 $r_+/r_-$ 关系密切。然而在高压下,阳离子的配位数和配位态往往不遵守这种关系,其配位数会变大,如常压下,锗酸根中 $r_{Ge^{4+}}/r_{O^{2-}} =0.386$,$Ge^{4+}$ 对 $O^{2-}$ 的配位数应该是 4,而在高压条件下,$Ge^{4+}$ 对 $O^{2-}$ 的配位数变成了 6。高压相的体积往往因阳离子配位数的增加而明显减小(一般 > 10%)。

**2. 在阳离子配位数不变的情况下结构排列发生变化**

在高压下,一级基本结构单元如四面体、八面体等一般保持不变,只是连接的方式发生变化,结果导致高密度、高压相的生成,已知有相当数量的 $ABO_3$ 型复合氧化物具有此类现象。因为 $ABO_3$ 复合氧化物都是由密堆积的 $AO_3$ 层和层间 $BO_6$ 八面体构成的不同交替层排列而成的。排列方式的不同导致大量的多型体存在。所谓多型体是指在结晶学上相似,而晶胞大小(通常是晶胞参数)不同的物质,如在高压下,$Ba_{1-x}Sr_xRuO_3$ 的多型体结构由六方密堆积变为立方密堆积,其中,Ba、Sr、Ru 的配位数并不发生变化,只是排列方式的改变导致了多型体结构变化。

**3. 结构中,电子结构的变化和电荷的转移**

在高压或超高压条件下,某些化合物的电子结构会发生明显的变化,甚至产生组成元素间的电荷转移导致另一种类型化合物的生成。例如,根据电学和磁学性能的研究,在 RETe 系列化合物的高压相中,仅 EuTe(或 SmTe)被证实具有 $R^{2+}Te^{2-}$ 结构,而其他相应的稀土化合物 RETe 则具有 "$RE^{3+}Te^{2-} + e^-$" 结构。

## 思考题

1. 高压合成具有哪些特点？
2. 为什么高压合成通常是指高温高压合成？
3. 高压主要有哪些测量方法？请简单描述。
4. 从碳的相图上指出无催化剂和有催化剂条件下石墨转化为金刚石的温度和压强各是多少？为什么金属催化剂可以降低转化压强？
5. 高温高压下新化合物的生成原因有哪几种？

# 第 4 章 低温和真空合成技术

## 4.1 低温合成技术

### 4.1.1 低温的获得

通常获得低温的途径有相变致冷、热电致冷、等焓与等熵绝热膨胀等,用绝热去磁等方法可获得极低温的状态。一般半导体致冷可达 150 K 左右的低温,气体节流可达 4.2 K 左右的温度。实验室常用的低温源有下面四种。

(1) 冰盐共熔体系

将冰块和盐类尽量研细并充分混合,可以达到比较低的温度,例如下面一些冰盐(酸)混合物可达到不同的低温:

$$3 \text{ 份冰} + 1 \text{ 份 NaCl} \quad -21\ ℃$$
$$3 \text{ 份冰} + 3 \text{ 份 CaCl}_2 \quad -40\ ℃$$
$$2 \text{ 份冰} + 1 \text{ 份浓 HNO}_3 \quad -56\ ℃$$

(2) 干冰浴(固态 $CO_2$)

干冰浴也是经常用的一种低温浴,它的升华温度为 $-78.3\ ℃$,用时常加一些惰性溶剂,如丙酮、醇、氯仿等,以使它的导热性更好。

(3) 液氮

$N_2$ 液化的温度是 -195.8 ℃,它是在合成反应与物化性能实验中经常用到的一种低温浴。当用作冷浴时,使用温度最低可达 -205 ℃(减压过冷液氮浴)。

(4) 相变致冷浴

可以利用一些常温常压下的液态溶剂的固液平衡点温度做低温浴,这种低温浴可以恒定温度。常用的低温浴的相变温度见表4.1。

表4.1 一些常用低温浴的相变温度

| 低温浴 | 温度/℃ | 低温浴 | 温度/℃ |
| --- | --- | --- | --- |
| 冰+水 | 0 | 甲苯 | -95 |
| 四氯化碳 | -22.8 | 二硫化碳 | -111.6 |
| 液氨 | -33 ~ -45 | 甲基环己烷 | -126.3 |
| 氯苯 | -45.2 | 正戊烷 | -130 |
| 氯仿 | -63.5 | 异戊烷 | -160.5 |
| 干冰 | -78.5 | 液氧 | -183 |
| 乙酸乙酯 | -83.6 | 液氮 | -196 |

例如,液氨也是一种常用的冷浴,它的正常沸点是 -33.4 ℃。一般来说,它的使用温度可远低于它的沸点,达到 -45 ℃ 时也没有问题(利用节流膨胀制冷)。需要注意的是,必须在一个具有良好通风设备的房间或装置下使用。

### 4.1.2 低温的测量

低温的测量有其特殊的测量方法。不仅选用的温度计与测量常温时有所不同,而且在不同低温温区也有相对应的测温温度计。这些低温温度计的测温原理是根据物质的物理参数与温度之间存在的一定关系,通过测定这些物质的某些物理参量就可以得到相应的温度值。常用的低温温度计有下面三种。

(1) 低温热电偶

与测量高温用的热电偶的测温原理一样,也是通过热电偶中热电势与温度之间的关系来测温的。不过,低温热电偶所使用的材质不同,为了降低热损失,低温热电偶选择的线材更细,焊接方式上要求能够承受低温。表4.2 为几种低温热电偶及其测温范围。

表4.2 几种常用低温热电偶及其测温范围

| 名称 | 测温范围/K |
|---|---|
| 铜-康铜(60%铜+40%镍) | 75~300 |
| 镍铬-康铜 | 20~300 |
| 镍铬(9:10)-金铁(金+0.03%或0.07%原子铁) | 2~300 |
| 镍铬-铜铁(铜+0.02%或0.5%原子铁) | 2~300 |

(2)电阻温度计

电阻温度计是利用感温元件的电阻与温度之间存在一定的关系而制成的。制作电阻温度计时,应选用电阻比较大、性能稳定、物理及金属复制性能好的材料,最好选用电阻与温度间具有线性关系的材料。常用的电阻温度计有铂电阻温度计、锗电阻温度计、碳电阻温度计、铑铁电阻温度计等。

选择温度计时应考虑测温范围、要求精度、稳定性、热循环的重复性和对磁场的敏感性,同时还要考虑到布线和读出设备等费用,最好是用某种温度计测量它本身的最佳适用温度。几乎所有的温度计都必须提供一个恒定的电流,因此,就需要考虑寄生热负载的影响,如沿着导线的热传递和在读出期间的焦耳热。充分考虑这些影响因素之后选择的温度计,就应是很好的低温温度计了。表4.3列出了一些低温电阻温度计的特性。

表4.3 一些低温电阻温度计的特性

| 温度计类型 | 测量范围/K | 精度 | 稳定性 | 热循环 | 磁场影响 |
|---|---|---|---|---|---|
| 铂电阻 | 20~30 | 0.2~0.5 | <0.1 | <0.4 | — |
| CLTS | 2.4~270 | 1.0~3.0 | <0.1 | <0.5 | — |
| 碳玻璃电阻 | 1.5~300 | <0.02 | <1.0 | <5 | 小 |
| 碳电阻 | 1.5~30 | <0.05 | <1.0 | 大 | 小 |
| 锗电阻 | 4.0~100 | <0.01 | <0.5 | <1.0 | 大 |

注:CLTS(Cryogenic Linear Temperature Sensor)为低温线性温度传感器。

(3)蒸气压温度计

液体的蒸气压随温度的变化而变化,因此,通过测量蒸气压就可以知道其温度。理论上,液体的蒸气压可以从克劳修斯-克拉伯龙方程积分得出:

$$\frac{\mathrm{d}p}{\mathrm{d}T} = \frac{\Delta S}{\Delta V} = \frac{L}{T\Delta V} \tag{4-1}$$

此处，$\Delta V$ 为液体蒸发时的体积变化；$L$ 为汽化热，一般可以看作常数。因为是气液平衡，液体的体积 $V_l$ 和气体的体积 $V_g$ 相比可以忽略不计，再假定蒸气是理想气体，则式(4-1)可进一步简化

$$\frac{\mathrm{d}p}{\mathrm{d}T} = \frac{L}{T(V_g - V_l)} = \frac{L}{TV} = \frac{1}{T\frac{RT}{p}} = \frac{L}{RT^2} \cdot p$$

移项得

$$\frac{\mathrm{d}\ln p}{\mathrm{d}T} = \frac{L}{RT^2}$$

积分

$$\int \mathrm{d}\ln p = \int \frac{L}{RT^2}\mathrm{d}T$$

$$\ln p = \frac{L}{RT} + c$$

或写作

$$\lg p = \frac{L}{2.303RT} + c \tag{4-2}$$

式(4-2)最初是经验公式，这里已得到了理论证明。这个方程式与蒸气压的实验数据很接近，但更方便的还是将 $p$ 值和 $T$ 值做出对照表，用这个表可以从蒸气压 $p$ 的测量值直接得出温度 $T$。一些液体蒸气压与温度的对照表可参阅相关书籍。

蒸气压温度计是利用与液体呈热平衡状态的饱和蒸气压来指示温度。其优点是装置简单，在可使用的温度区间内的测温灵敏度很高，尤其是在沸点附近；其缺点是可使用的温度范围窄。低沸点液体的饱和蒸气压与温度呈对数递增的关系，因为这个关系是非线性的，所以蒸气压式温度计的标尺刻度是不均匀的，自标尺上限到下限的刻度越来越密。

### 4.1.3 低温的控制

低温的控制，简单说来有两种方法，一种是用恒温冷浴，另一种是用低温恒温器。

恒温冷浴往往用相变致冷来实现。除了冰水浴外，其他用泥浴（相变致冷浴）进行的合成反应都是在通风橱里进行的，将液氮慢慢地加到预先装有调制泥浴的某种液体的杜瓦瓶里并搅拌，当泥浴液相呈一种稠的牛奶状时，就表明泥浴液已成了液-固平衡物。注意液氮不要加过量。干冰浴也是经常使用的恒温冷浴。

低温恒温器通常是指这样的一类实验装置：它利用低温流体或其他方法，使试样

处在恒定的或按所需方式变化的低温温度下,并能对试样进行某种化学反应或某种物理量的测量。大多数低温实验工作是在盛有低温液体的实验杜瓦容器中进行的。低温恒温器是实验杜瓦容器和容器内部装置的总称。

按照所需温度范围,低温恒温器大体可以分成两大类:第一类是所需温度在液体正常沸点及以下温度范围,可通过把试样或实验装置浸没在低温液体中,改变液体上方蒸气压强来改变温度以获得所需温度,如减压降温恒温器;第二类是所需温度在液体正常沸点以上的温度范围,例如 4.2 ~ 77 K、77 ~ 300 K 等,一般称作中间温度。可以用两种办法获得中间温度:一种是使试样或装置与液池完全绝热或部分绝热,然后用电加热来升高温度;另一种是用冷气流、制冷机等控制供冷速率,以得到所需温度。

在实验工作中,经常要使试样或实验装置在所要求的温度上稳定一定的时间,进行工作后再改变到另一温度。在减压降温恒温器中,要用恒压的方法稳定温度;在连续流恒温器中,则要用调节冷剂的流量来稳定温度。

一种简单的液体浴低温恒温器如图 4.1 所示,它可以用于保持 -70 ℃ 以下的温度。它的制冷是通过一根铜棒来进行的,铜棒作为冷源,它的一端同液氮接触,可借铜棒浸入液氮的深度来调节温度,目的是使冷浴温度比我们所要求的温度低 5 ℃ 左右,另外有一个控制加热器的开关,经冷热调节可使温度保持在恒定温度( ±0.1 ℃ )。

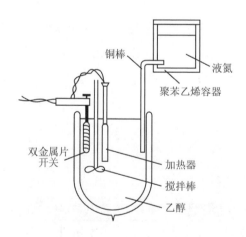

图 4.1　简单的液体浴低温恒温器结构示意图

## 4.2 真空合成技术

低温合成的反应体系常伴有一定的真空度,这节介绍真空合成技术。

### 4.2.1 真空的获得

真空状态下气体的稀薄程度通常以压强值(单位为 Pa)表示,习惯上称作真空度。根据目前国际上推荐的国际单位制(SI),Torr 与国际单位 Pa 的换算关系为:

$$1 \text{ Torr} = 1 \text{ mmHg} = 133.322 \text{ Pa}$$

为实用上便利起见,人们把气体空间的物理特性、常用真空泵和真空规的有效使用范围及真空技术应用特点这三方面比较相近的真空度定性地划分为几个区段:

粗真空:$10^5 \sim 10^3$ Pa

低真空:$10^3 \sim 10^{-1}$ Pa

高真空:$10^{-1} \sim 10^{-6}$ Pa

超高真空:$10^{-6} \sim 10^{-12}$ Pa

极高真空:$< 10^{-12}$ Pa

产生真空的过程称为抽真空。用于产生真空的装置称为真空泵,如水泵、机械泵、扩散泵、冷凝泵、吸气剂离子泵和涡轮分子泵等。由于真空包括 $10^5 \sim 10^{-12}$ Pa 共 17 个数量级的压强范围,通常不能仅用一种泵来获得,而是使用多种泵的组合。一般实验室常用的是机械泵、扩散泵和各种冷凝泵。表 4.4 列出了常用的真空泵及其适用真空度范围。

表4.4 常用的真空泵及其适用真空度范围

| 主要真空泵 | 真空度范围/ Pa |
|---|---|
| 水泵、机械泵、各种粗真空泵 | $10^5 \sim 10^3$ |
| 机械泵、油或机械增压泵、冷凝泵 | $10^3 \sim 10^{-1}$ |
| 扩散泵、吸气剂离子泵 | $10^{-1} \sim 10^{-6}$ |
| 扩散泵加阱、涡轮分子泵、吸气剂离子泵 | $10^{-6} \sim 10^{-12}$ |
| 深冷泵、扩散泵加冷冻升华阱 | $< 10^{-12}$ |

通常用下面 4 个参量来表征真空泵的工作特性:

① 起始压强,真空泵开始工作的压强。

② 临界反压强,真空泵排气口一边所能达到的最大反压强。

③ 极限压强,又称极限真空,指在真空系统不漏气和不放气的情况下,长时间抽真空后,给定真空泵所能达到的最小压强。

④ 抽气速率,在一定的压强和温度下,单位时间内泵从容器中抽除气体的体积。

了解这 4 个参量是重要的,如机械泵的起始压强为 101.3 MPa、极限压强一般为 0.1 Pa,而扩散泵的起始压强为 10 Pa。因此,在使用扩散泵之前应先用机械泵将容器的压强抽至 10 Pa 以下。我们常把机械泵称为前级泵,而将扩散泵称为次级泵。下面介绍几种真空泵。

**1. 旋片式机械泵**

旋片式机械泵主要由泵腔、转子、旋片、排气阀和进气口等几个部件构成。这些部件全部浸在泵壳所盛的机械油中。机械泵的抽气原理是基于变容作用。单级旋片式机械泵的工作原理如图 4.2 所示。两个旋片小翼 S 和 S′模嵌在转子圆柱体的直径上,被夹在它们中间的一根弹簧压紧。S 和 S′将转子和定子之间的空间分隔成三部分。当在图 4.2(a)的位置时,空气由待抽真空的容器经过管 C 进入空间 A;当 S 随转子转动离开的时候(b),区域 A 增大,气体经过 C 而被吸入;当转子继续运动时(c),S′将空间 A 与管 C 隔断;此后

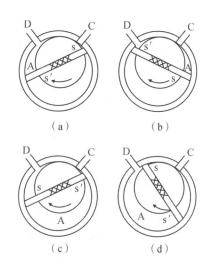

图 4.2 旋片式机械泵工作原理

S′又开始将空间 A 内的气体经过活门口而向外排出(d)。转子的不断转动使这些过程不断重复,从而达到抽气的目的。

一般单级泵的极限真空为 1 Pa 左右,而将两个单级泵串联为双级泵,其极限真空可达 $10^{-2}$ Pa。若要抽走水汽或其他可凝性蒸气,则需使用气镇式真空泵。气镇式真空泵是在普通机械泵的定子上适当的地方开一个小孔,目的是使大气在转子转动至某个位置时抽入部分空气,使空气和蒸气的压缩比例变成 10∶1 以下。这样就使大部分蒸气不凝结而被驱出。

**2. 油扩散泵**

油扩散泵是获得高真空度的主要工具,其工作原理是基于被抽气体分子向定向

蒸气气流中的扩散。图 4.3 是金属三级油扩散泵示意图。扩散泵的工作介质通常用具有低蒸气压的油类。

在前级泵不断抽气的情况下,油被加热蒸发,沿导管上升至喷嘴处。由于喷嘴处的环形截面突然变小而受到压缩形成密集的蒸气流,并以极高的速度(200～300 m·s$^{-1}$)从喷嘴向下喷出。在蒸气流上部空间被抽气体的压强大于蒸气流中该气体的分压强,气体分子便迅速向蒸气流中扩散。由于蒸气的相对分子质量为 450～550,比空气的相对分子质量大 15～18 倍,故动能较大,与气体分子碰撞时,本身的运动方向基本不受影

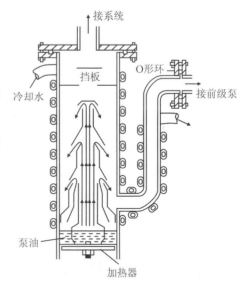

图 4.3　金属三级油扩散泵示意图

响,气体分子则被约束于蒸气流内,而且速度越来越快地顺蒸气流喷射方向飞行。这样,被抽气体分子就被蒸气流不断压缩至扩散泵出气口,密度变大,压强变高,而喷嘴上部空间即扩散泵进气口的被抽气体压强则不断降低。但扩散泵本身并不能将堆积在出气口附近的气体分子排出泵外,因而,必须借助前级机械泵将它们抽走。完成传输任务的蒸气分子受到泵壁的冷却,又重新凝为液体返回蒸发器中,如此循环不已,由于扩散作用一直存在,故被抽容器真空度也得以不断提高。

除金属油扩散泵外,实验室中常用的还有玻璃油扩散泵,它们的抽真空原理是相同的。一般扩散泵的临界反压强为 10 Pa 左右,因此,需要与机械泵配合使用。扩散泵的极限真空由于使用不同的扩散泵油和扩散泵自身的容积不同而稍有差别,一般可达 10$^{-5}$ Pa。较好的工作压强范围为 10$^{-2}$～10$^{-4}$ Pa。

**3. 无油真空泵**

要获得超高真空度必须使用那些工作介质不是油的真空泵。这类泵按照机械运动、蒸气流和吸附作用的抽真空方式分为三种类型。

(1) 分子泵

分子泵是通过机械高速旋转(～60 000 r·min$^{-1}$),以很高的抽速使真空度达到 10$^{-6}$ Pa 的超高真空设备,其极限真空度在 10$^{-7}$～10$^{-9}$ Pa。它的定子和转子都是装有多层带斜槽的涡轮叶片型结构,转片和定片槽的方向相反,每一个转片处于两个定片

之间。分子泵工作时转子高速旋转,给气体分子以定向动量和压缩,迫使气体分子通过斜槽从泵的中央流向两端,从而产生抽气作用。泵两端气体被前级泵抽走。目前发展的复合分子泵可不用前级泵而直接将系统抽至超高真空状态。

(2) 分子筛吸附泵

利用分子筛物理吸附气体的可逆性质,可制成分子筛吸附泵。通常多把分子筛吸附泵与钛泵组成排气系统,用它作前级泵构成无油系统。吸附泵需在预冷条件下使用,通常用液氮冷却。吸附泵的极限真空主要取决于系统中惰性气体的含量,一般可达 $10^{-7}$ Pa。使用的分子筛类型有 3A、5A、10X、13X 等,多用 5A 和 13X 型分子筛。

(3) 钛升华泵

钛升华泵是一种吸气剂泵。其工作过程是将钛加热到足够高的温度,钛不断升华而沉积在泵壁上,形成一层层新鲜钛膜。气体分子与新鲜钛膜相碰而化合成固相化合物,即相当于气体被抽走。泵中必须要有一个钛升华器来连续升华钛,根据不同的升华方式而要求不同的升华电源。为了降低吸气泵壁的温度,往往要在泵壁上附有水冷装置。钛升华泵具有理想的抽气速度,极限真空可达 $10^{-10}$ Pa。但由于不能吸收惰性气体,因此常与低温吸附泵联用。此外,溅射离子泵、弹道式钛泵等均可用于无油系统产生超高真空。

### 4.2.2 真空度的测量

测量真空度的量具称为真空计或真空规。真空规分绝对真空规和相对真空规两类,前者可直接测量压强;后者是测量与压强有关的物理量,它的压强刻度需要用绝对真空规进行校正。常用真空规及其适用真空度范围见表 4.5。

表 4.5 常用真空规及其适用真空度范围

| 主要真空规 | 真空度范围/Pa |
| --- | --- |
| U 型压力计、薄膜压力计、火花检漏器 | $10^5 \sim 10^3$ |
| 压缩式真空计、热传导真空规 | $10^3 \sim 10$ |
| 热阴极电离规、冷阴极电离规 | $10 \sim 10^{-6}$ |
| 各种改进型的热阴极电离规、磁控规 | $10^{-6} \sim 10^{-12}$ |
| 冷阴极或热阴极磁控规 | $< 10^{-12}$ |

**1. 麦氏真空规**

在绝对真空规中,麦氏真空规是应用最广泛的一种压缩真空规。它既能测量低真空度又能测量高真空度。麦氏真空规的构造如图4.4所示。

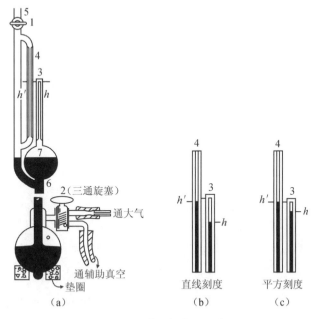

图4.4 麦氏真空规构造示意图

麦氏真空规通过旋塞1和真空系统相连。玻璃球7上端接有内径均匀的封口毛细管3(称为测量毛细管)，自6处以上，玻璃球7的容积(包括毛细管3)经准确测定为$V$。4为比较毛细管，且和毛细管3平行，二者内径也相等，用以消除毛细作用影响，减少汞平面读数误差。2是三通旋塞，可控制汞平面的升降。测量系统的真空度时，利用旋塞2使汞面降至6以下，使玻璃球7与系统相通，压强达平衡后，再通过2缓慢地使汞面上升。当汞面升到6位置时，汞将球7与系统刚好隔开，玻璃球7内气体体积为$V$，压强为$P$(即系统的真空度)。使汞平面继续上升，汞将进入测量毛细管3和比较毛细管4。7内的气体被压缩到3中，其体积$V' = \frac{1}{4}\pi d^2 h$($d$为管3内径，已准确测定)。3、4两管中的气体压强不同，因而产生的汞平面高度差为$(h-h')$，见图4.4(b)和(c)。根据玻义耳定律：

$$pV = (h-h')V' \qquad (4-3)$$

即

$$p = \frac{V'}{V}(h-h')$$

由于$V'$、$V$已知，可测出$h$、$h'$，根据式(4-3)可算出体系真空度$p$。

如果在测量时,每次都使测量毛细管中的汞平面停留在一个固定位置 $h$ 处,见图 4.4(b),则

$$p = \frac{\pi d^2}{4V}h(h-h') = c(h-h')$$

其中,$c$ 为常数。按 $p$ 与 $(h-h')$ 成直线关系来刻度的方法称为直线刻度法。如果测量时,每次都使比较毛细管中汞平面上升到与测量毛细管顶端一样高,见图 4.4(c),即 $h'=0$,则

$$p = \frac{\pi d^2}{4V}h \cdot h = c'h^2$$

其中,$c'$ 为常数。按压强 $p$ 与 $h^2$ 成正比来刻度的,则称为平方刻度法。

从理论上讲,只要改变玻璃球的体积和毛细管的直径,就可以制成具有不同压强测量范围的麦氏真空规。但实际上,当 $d < 0.08$ mm 时,汞柱升降会出现中断,因汞的相对密度大,玻璃球又不能做得过大,否则玻璃球易破裂。因此,麦氏真空规的测量范围一般为 $10 \sim 10^{-4}$ Pa。另外,麦氏真空规不能测量经压缩发生凝结的气体。

**2. 热偶真空规**

热偶真空规是热传导真空规的一种,是测量低真空度($10^2 \sim 10^{-2}$ Pa)常用的工具。它是利用低压强下气体的热传导与压强有关的特性来间接测量真空度的。

热偶真空规是用一个热电偶来测量热丝的温度从而得到压强值的真空计(图 4.5)。热电偶丝的热电势由加热丝的温度决定。热偶规管和真空系统相连,如果维持加热丝电流恒定,则热电偶的热电势将由其周围的气体压强决定。这是因为当压强降低时,气体的导热率减小,当压强低于某一定值,气体导热系数与压强成正比。从而,可以找出热电势和压强的关系,直接读出真空度值。

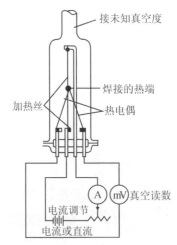

图 4.5 热偶真空规

**3. 热阴极电离真空规**

热阴极电离真空规是测量 $10^{-1} \sim 10^{-5}$ Pa 压强的另一种相对规,简称电离规。普通电离规管的结构如图 4.6 所示。

它是一支三极管,其收集极相对于阴极为 $-30$ V,而栅极上具有正电位 220 V。如果设法使阴极发射的电流和栅压稳定,阴极发射的电子在栅极作用下,以高速运动

与气体分子碰撞,使气体分子电离成离子。正离子将被带负电位的收集极吸收而形成离子流。所形成的离子流与电离规管中气体分子的浓度成正比:

$$I_+ = kpI_e$$

式中,$I_+$为离子流强度(单位为 A);$I_e$ 为规管工作时的发射电流(单位为 A);$p$ 为规管内空气压强(单位为 Pa);$k$ 为规管灵敏度,它与规管几何尺寸及各电极的工作电压有关,在一定压强范围内可视为常数。因此,从离子电流大小,即可知相应的气体压强。

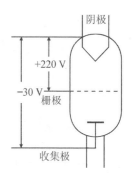

图 4.6　热阴极电离真空规管

热偶规和电离规要配合使用。压强在 $10 \sim 10^{-1}$ Pa 时用热偶规,系统压强小于 $10^{-1}$ Pa 时才能使用电离规,否则电离规管将被烧毁。

更高真空度的测量仪器有冷阴极磁控规,测量真空度范围在 $10^{-3} \sim 10^{-12}$ Pa。

### 4.2.3　实验室常用的真空操作技术

一套实验室使用的真空装置包括三个部分:真空泵、真空测量装置和按照具体实验要求设计的管路或仪器。

真空装置中的活塞(或阀门)是必不可少的,它的选择和配置对系统真空度有直接的影响。真空活塞是真空系统中用以调节气体流量和切断气流通路的元件,目前有许多种不同材料、不同结构和不同用途的真空活塞。真空系统中常装有阱,作用是减少油蒸气、水蒸气、汞蒸气及其他腐蚀性气体对系统的影响,也用于物质的分离或提高系统的真空度。

特殊的真空管路或仪器主要是为了操作那些易挥发或与空气、水汽易起反应的物质用的,这类物质在无机合成中是很常见的,如某些金属卤化物、配合物、中间价态或低价态化合物和某些有机试剂等。

**1. 真空活塞**

正确选择和保养活塞十分重要,因为它是真空或惰性气氛体系产生泄漏的主要部件。玻璃活塞(玻璃旋塞)是使用最早和最方便的活塞,它具有易清洗、易制造、化学稳定性好、绝缘性好、便于检漏等优点。图 4.7 是几种玻璃二通和三通旋塞的结构图。使用这类磨口旋塞时,要在旋塞的表面(注意不要在孔处)涂一薄层真空封脂,然后来回转动旋塞使封脂完全分布均匀并不再有空气泡存在,再整圈地转动。开闭玻璃真空旋塞时应轻轻地转动它,防止油膜出现撕开的情况而漏气。真空封脂是密封和润滑用的。常用的真空封脂的饱和蒸气压均低于 $10^{-4}$ Pa,使用温度依照型号的不同而不同,在实验中可根据需要选择适合的真空封脂。

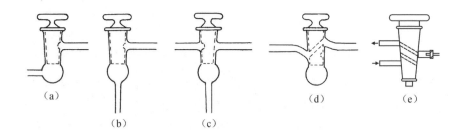

图 4.7　几种玻璃二通和三通旋塞的结构图

图 4.7 中,(a)、(b)、(c)三种空心旋塞在减压条件下能稳固地吸紧;(d)的空心塞中部有一斜孔,塞子转动 180°时可将下部的真空杯抽空,以后只需要每过一段时间将真空杯抽空一次即可;(e)是斜双孔三通旋塞。

此外,根据合成情况,还会用到一些其他类型的阀,如玻璃针形阀、金属镓铟合金无油活栓、击破活门、金属气动闸阀等。在此不做详细介绍,有兴趣的读者可以翻阅有关书籍。

**2. 阱**

阱的主要类型有冷凝阱、机械阱、热电阱、离子阱和吸附阱等。

冷凝阱也叫冷阱,是一种置于真空容器和泵之间、用于吸附气体或捕集油蒸气的装置。它能提供一个非常低温的表面,在此表面上,分子能够凝聚,并能使系统真空度提高 1~2 个数量级。冷阱是在冷却的表面上以凝结方式捕集气体的阱。把一支 U 形管放在冷冻液中,当气体通过 U 形管时,熔点高的物质变成液体,熔点低的物质通过 U 形管,由此起到分离两种物质的作用。

机械阱加冷凝装置后可用来阻止扩散泵油蒸气的返流并阻止油蒸气进入前级泵。通常,扩散泵油在冰点温度的蒸气压约为 $10^{-6}$ Pa。因此,有必要用阱来消除油蒸气以获得 $10^{-8}$ Pa 的真空度。冷凝阱常用液氮作冷凝剂获得 -196 ℃ 的低温,可使系统内各种有害杂质的蒸气压大大降低,从而获得较高的极限真空。

根据实验要求,冷凝剂还可用自来水、低温盐水、干冰、氟里昂、液氦等。图 4.8 是一些冷阱的结构示意图。

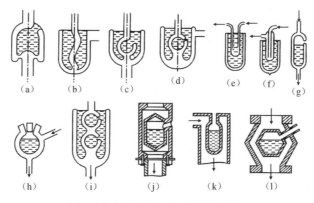

(a)~(i)玻璃冷阱；(j)~(l)金属冷阱

图4.8 一些冷阱的结构示意图

有一种热吸附阱是利用碳氢化合物在加热板上分解出气体（如氢气、一氧化碳等）和固态碳，用碳吸收蒸气。把它放置在扩散泵与机械泵之间，可防止机械泵低沸点油汽的返流。利用多孔性吸附材料可制成各类吸附阱。这类阱对一般冷阱不能消除的惰性气体特别有效，它们既可清洁系统又可降低系统的分压强，如分子筛阱、活性氧化铝阱和活性炭阱等，用它们可获得超高真空。

在真空条件下的合成实验中，常用阱（通常是冷阱）来贮存常温下易挥发物料或使挥发组分冷凝在反应器中，同时用于挥发性化合物的分离，如分凝等。

**3. 真空线技术**

希莱克技术（Schlenk line）是实验室经常使用的真空线技术，它是通过抽真空和充惰性气体严格排除装置中的空气的一种技术，主要用于对空气和潮湿敏感化合物的合成。实现 Schlenk 技术最常见的是双排管方式，即两根平行玻璃管同时与斜双孔三通旋塞连接组成双排管换气装置（图4.9）。使用时，双排管的一路接真空系统，一路接惰性气体。三通旋塞下面接反应系统，通过旋转三通旋塞，可以对反应体系抽真空或进行惰性气氛保护。因而，这种技术也被称作双排管操作技术。

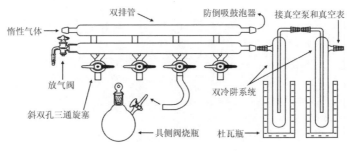

图4.9 双排管真空换气装置示意图

对于无水无氧条件下的回流、蒸馏、过滤等操作,应用 Schlenk 仪器比较方便。Schlenk 仪器是为便于抽真空、充惰性气体而设计的带活塞支管的普通玻璃仪器或装置,如图 4.10 中,各个瓶子都属于 Schlenk 仪器,瓶上的活塞支管用来抽真空或充放惰性气体,保证反应体系能达到无水无氧状态。图 4.11 是惰性气体保护下溶剂的处理装置,可用于常用溶剂如四氢呋喃、甲苯、环己烷、乙醚等的除水、除氧。

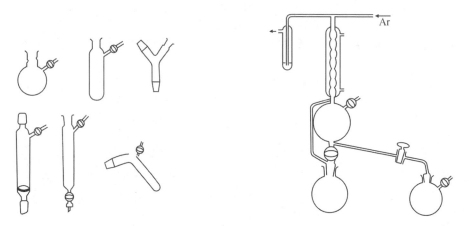

图 4.10　常用的 Schlenk 仪器　　　图 4.11　惰性气体保护下溶剂回流和蒸出接收装置

真空线技术装置较为复杂,除了双排管反应体系,还包括真空泵、真空规、阀门、冷阱等,图 4.12 是一个紧密真空系统装置示意图。

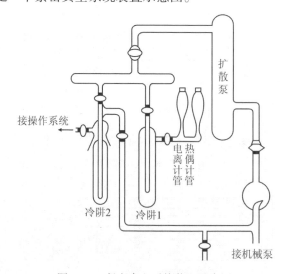

图 4.12　紧密真空系统装置示意图

**4. 惰性气体箱**

常用的惰性气体箱为手套箱(图 4.13),由主箱体和过渡室组成,也称真空手套箱、惰性气体保护箱。它是将高纯惰性气体充入箱体内,并循环过滤掉其中的活性物质的实验室设备。它被广泛应用于无水、无氧、无尘的超纯环境,如锂离子电池及材料、半导体、超级电容等方面的操作环境。

图 4.13　手套箱

## 4.3　低温真空技术的应用

**1. 稀有气体化合物的合成**

稀有气体是指元素周期表中 0 族元素,有 He、Ne、Ar、Kr、Xe、Rn,它们在一般条件下反应活性很低,旧称"惰性元素",但是在低温下,它们可以和其他一些元素结合成化合物即稀有气体化合物。

稀有气体化合物的合成主要采用低温合成方法,主要有低温下放电、低温下水解和低温下光化学合成等。1963 年,Kirschenbaum 等人用放电法制备 $XeF_4$ 并获得成功。反应器的直径为 6.5 cm,电极表面的直径为 2 cm,相距 7.5 cm,将反应器浸入 $-78$ ℃ 的冷却槽中,然后将常温常压下的 Xe 和 $F_2$ 以 1∶2 的体积比通入反应器中,气体流速为 136 $cm^3 \cdot h^{-1}$,放电条件为 1 100 V、31 mA 至 2 800 V、12 mA。经过 3 h,消耗 14.2 mmol 的 $F_2$ 和 7.1 mmol 的 Xe,生成了 7.07 mmol(1.465 g)的 $XeF_4$,说明此反应为定量反应。反应方程式如下:

$$Xe + 2F_2 \xrightarrow[-78\ ℃]{\text{放电}} XeF_4$$

在低温下，$XeF_4$ 可与过量 $O_2F_2$ 反应，进一步生成 $XeF_6$：

$$XeF_4 + O_2F_2 \xrightarrow{-133 \sim -78\ ℃} XeF_6 + O_2$$

目前，Xe 的氧化物尚不能由单质 Xe 和 $O_2$ 直接化合而成，只能由氟化氙转化而来，例如，$XeF_6$ 水解可以得到 $XeO_3$：

$$XeF_6 + 3H_2O =\!=\!= XeO_3 + 6HF$$

1975 年，Slivnik 在液氮温度下（-196 ℃），在 100 mL 的硬质玻璃反应器内，用紫外线照射 Kr、$F_2$ 混合液体 48 h，获得了 4.7 g 的 $KrF_2$。实验证明，温度对反应的影响很显著，若温度稍高（如 -78 ℃），就不能合成 $KrF_2$，反应方程式如下：

$$Kr + F_2 \xrightarrow[\text{紫外线照射}]{-196\ ℃} KrF_2$$

人们已经看到了稀有气体化合物实际应用的广阔前景，如在精炼合金时，加入固体的二氟化氙、四氟化氙，有助于除去金属或合金中所含的气体和非金属夹杂物；又如，在宇航飞行器从外层空间返回地球时，外壳与大气摩擦产生高温，需要用到消融剂，消融剂的主要作用是吸热降温和结合等离子体火焰中的电子而使其猝灭，稀有气体的氟化物可作为猝灭消融剂的组分，在高温下，它们分解出电子亲和力极强的 $XeF^+$、$KrF^+$，通过它们与等离子体中的电子结合而起到猝灭剂的作用；又如，在铀-235 作核燃料的原子反应堆中，过去人们对如何处理具有放射性的氪和氙的裂变产物感到困难，现在可以利用氟化的办法，使它们转为固态的氟化氪和氟化氙，并利用它们氟化能力的不同做进一步的分离。在铀矿的开采中，氡是一种有害的强放射性气体，也可以通过氟化处理而消除。三氧化氙和四氧化氙对震动、加热都极为敏感，在潮湿的空气中有很强的爆炸力，人们试图探讨将它们用作火箭推进剂的可能性。稀有气体卤化物还可以作为大功率激光器的工作物质，例如，一氟化氙激光器可发射出波长为 351.1 nm 和 353.1 nm 的激光束。

**2. 金属蒸气合成——金属与不饱和烃的反应**

将高温下产生的金属蒸气与其他气体分子或溶液（共凝反应物分子）在低温下进行化学反应的合成方法称为金属蒸气合成（Metal Vapor Synthesis, MVS）。这里的其他气体分子或溶液指的是有机不饱和烃，包括单烯烃、多烯烃、芳香族烯烃和杂环烯烃等，反应可生成各种金属有机化合物。

蒸气金属原子可在没有动力学势垒的条件下与不饱和烃发生配位加成反应，因此，无论从动力学角度还是从热力学角度看，金属蒸气合成反应相对于固态金属参加的反应都是有利的。应用这种合成方法可得到新的金属有机化合物,或者较方便地获得已知化合物,同时还可以对合成的不稳定化合物进行现场光谱分析。例如,气态的铬或钛原子与苯反应生成二苯基铬或二苯基钛,二者的产率分别为 60% 和 40%。而如果采用通常的固态金属来合成则得不到上述产物。

金属蒸气合成方法的基本条件是将获得的金属原子带到反应位置,在该位置与共凝反应物分子(如有机不饱和烃分子)反应,然后取走产物并加以鉴定。因此,在这种合成方法中,金属原子源、反应位置和共凝反应物单体源是三个重要方面。

金属原子源由真空系统中金属蒸发容器内的炉子提供。当将盛有金属的炉子加热至需要的蒸发温度时,在压强低于 $10^{-1} \sim 10^{-2}$ Pa 的条件下,金属原子将按照无碰撞路程从炉子扩散到反应位置。

反应位置通常是真空系统中的金属蒸发容器的器壁。由于反应位置的温度远比炉子的温度低,所以,金属原子可能在反应位置(器壁上)自身聚合成金属晶格。为了尽可能抑制金属原子间的作用,需要大过量的共凝反应物分子与反应位置上的金属原子接触混合,使金属原子处于共凝反应物分子的包围之中。通常共凝反应物分子需过量 10~100 倍。为了维持产生金属原子的低压条件,在理想状态下共凝反应物分子的蒸气压必须小于 $10^{-2}$ Pa。对于大多数共凝反应物来说,要达到这种蒸气压所需要的温度区间为 $-78$ ℃(固态 $CO_2$)~ $-196$ ℃(液态 $N_2$)。因此,反应位置即容器壁需要冷却,这就是低温实验合成中的核心问题。对于一些有利的合成反应,则不需要很低的温度,有时甚至室温也可以进行,如金属原子 Ni 可以凝聚在 0 ℃硅油冷却条件下的 $PPh_3$ 溶液中形成 $Ni(PPh_3)_3$,然而,如果产物是对热不稳定的 $Ni(PH_3)_2(PF_3)_2$,就需要低温条件。

共凝反应物单体源在原则上是以大过量的分子与金属原子混合以创造有利的反应条件。较常用的技术是将共凝反应物以蒸气束方式通过喷嘴连续地引入到反应位置。通过反应容器的旋转提供较大表面作为反应位置也是一种有效的方法。对于非挥发性共凝反应物,可将金属原子束直接凝聚到搅拌下的冷溶液中,最好的方法是应用喷雾的方法使非挥发性共凝反应物与金属原子反应。

用于金属蒸气合成的真空系统如图 4.14 所示。图 4.15 是一种简单的金属蒸发装置。金属蒸发合成实验的成功关键在于含有高温蒸发炉的真空系统高真空度的维持($10^{-2} \sim 10^{-3}$ Pa)。失去真空就会造成蒸发过程停止,通常将终止实验。抽气系统包括三段:首先是初级机械泵,然后是油扩散泵,最后是低温泵(冷阱)。使用泵的大小主要取决于真空容器的大小和工作条件。

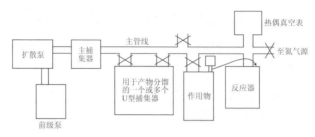

图4.14 用于金属蒸气合成的真空系统示意图

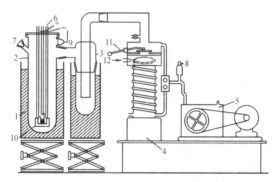

1—冷浴;2—蒸发器,5~10 L;3—冷阱;4—扩散泵;5—机械泵;6—热源和共凝反应物进口;
7—氩气(或氮气)进口和产物提取口;8—皮拉尼真空计;9—电离真空计;
10—坩埚和水冷辐射屏;11—碟形阀;12—冷却水。

图4.15 一种简单的金属蒸发装置示意图

金属蒸发容器的大小应按照泵的抽空效率并考虑到平均自由路程(MFP)来设计。MFP应大于或等于加热源与器壁之间的距离,以便尽可能达到给定熔体在单位凝结面积上的金属原子分散度,以及获得最大的冷却凝结效率。给定共凝反应物的蒸气压取决于冷浴的温度和冷浴与容器间的接触程度。共凝反应物的凝结速率和来自蒸发源的辐射能吸收速率决定了凝结表面与冷浴间的温度梯度。因此,薄层玻璃或钢制真空蒸发器对蒸发源具有较好的屏蔽作用。冷却通常用液氮。

在无氧条件下提取产品是金属蒸气合成的一个重要方面。通常在金属基质熔化开始时,移去冷浴之后(-160~0 ℃)提取产品。被提取物经迅速过滤除去金属聚集物,然后用备好的真空管直接与金属蒸发装置连接以便分离产物并加以鉴定。图4.16是一种动态的金属蒸气与液态反应物反应的旋转装置。

大多数金属原子与不饱和烃类反应的第一步属于加成反应,配体与金属原子的一侧通过电子重排而形成授受配键。在加成反应之后,可能形成自由基,发生嵌入反应,或者发生电子转移反应。形成的配合物又可能进一步发生与配合物特性相关的其他反应,如配体转移等。由于金属原子的高活性或形成的金属有机化合物的活化作用,在某些反应中会发生重排、加氢、异构化等不饱和烃类的催化反应。

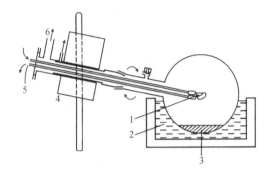

1—蒸发的金属;2—冷浴;3—共凝反应物溶液;4—旋转启动机械;5—水和电源;6—高真空。

图 4.16　金属蒸气与液态反应物反应的旋转装置

金属原子可与多种单烯烃作用。在 10~12 K 的温度下,金属原子与纯乙烯试剂或由介质稀释的乙烯溶液反应形成多种金属与乙烯的配合物,如

$$M + (1\sim3)CH_2CH_2 \longrightarrow M(C_2H_4)_{1\sim3} \quad (M = Co、Rh、Ni、Cu)$$

其次还可形成 $Pd(C_2H_4)_{1\sim2}$、$Pt(C_2H_4)_{2\sim3}$、$Ag(C_2H_4)$ 和 $Au(C_2H_4)$ 等。

金属原子与多烯烃作用,在 77 K 的温度下,金属原子 Mo 或 W 与丁二烯发生共凝反应,然后回热至室温生成 $Mo(C_4H_6)_3$ 或 $W(C_4H_6)_3$,其产率为 50%~60%。

$$M + 3CH_2=CHCH=CH_2 \longrightarrow M(CH_2=CHCH=CH_2)_3 (M = Mo、W)$$

金属原子 Cr 在 77 K 下与丁二烯聚合,在相同温度下通入 CO,然后加热至 -20 ℃,可生成产率为 4% 的 $(C_4H_6)Cr(CO)_4$。此外,众多的金属原子如 Ti、V、Cr、Mn、Fe、Co、Ni、Zr、Nb、Mo 在 $Et_2AlCl$ 和苯的存在下与丁二烯作用,可发生多种丁二烯的转化反应。金属原子与芳香族烯烃和杂环烯烃作用,生成各种金属有机化合物(图 4.17)。

金属蒸气合成法不但可以制备金属原子与有机不饱和烃形成的各种各样的化合物,而且可以制备金属原子与缺电子无机物分子形成的多种化合物。金属原子还可以与 $NO_2$、$CO_2$、惰气和卤素气体反应。由于会发生催化反应或金属原子具有高反应活性,在发生有利反应的同时也可能发生众多副反应,因此,产物的分离和反应选择性的提高是金属蒸气合成中亟待解决的问题。金属蒸气合成方法在技术方面不断发展,特别是对难熔金属如 W、Nb、Ti、Zr 和 Hf 的蒸发技术,同时,产物的现场分析方法也在不断完善。

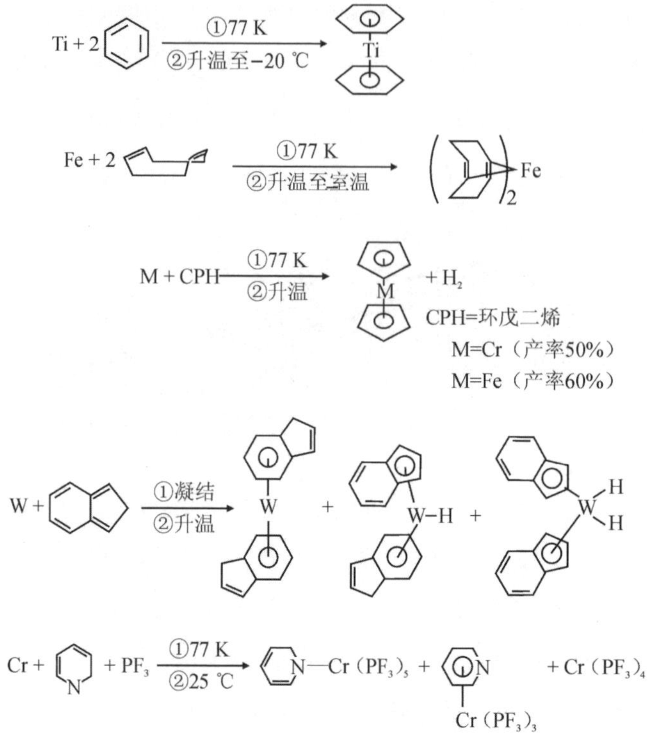

图 4.17　金属原子与烯烃类化合物的反应

# 思考题

1. 实验室有哪些获得低温的方法？请举例说明。
2. 测量低温的仪器有哪些？
3. 粗真空、低真空、高真空所指压强一般分别在什么范围？如何获得？
4. 测量真空度有哪些仪表？请说明各仪表的可测量范围。
5. 实验中，要想获得 $10^{-5}$ Pa 左右的真空度，应使用什么类型的泵？如何操作？常用的测量真空度的真空规有哪几种？
6. 什么是金属蒸气合成？合成中要用到哪些合成技术？主要用于哪类化合物的合成？请一一举例说明。
7. 共凝反应物分子是指什么？合成该物质时需要注意哪些问题？

# 第 5 章　水热/溶剂热合成技术

水热与溶剂热合成(Hydrothermal and solvothermal syntheses)是无机合成化学的一个重要分支。水热合成研究从最初的模拟地矿生成开始,到沸石分子筛和其他晶体材料的合成,已经历了一百多年的历史。自 1982 年 4 月在日本横滨召开第一届国际水热反应专题讨论会,到 2006 年 8 月,该研讨会已经召开了八届;2008 年,国际著名材料学家和溶剂热/水热研究学者、美国宾夕法尼亚州立大学资深教授鲁斯图姆·罗伊(Rustum Roy)和日本东京工业大学资深教授宗宫重行(Shigeyuki Somiya)两人赞助成立了国际溶剂热水热联合会,并以两人名字共同命名设立了 Roy-Somiya 奖章;中国科学技术大学俞书宏教授和清华大学王训教授分别于 2010 年和 2018 年获得了 Roy-Somiya 奖章。

无机晶体材料的溶剂热合成研究是在近二十年发展起来的,主要是指在非水有机溶剂热条件下的合成,用于区别水热合成。水热与溶剂热合成研究工作近百年经久不衰,并逐步衍化出新的研究课题,如水热条件下的生命起源问题以及环境友好的超临界氧化过程。在基础理论研究方面,从整个领域来看,其研究重点仍然是新化合物的合成、新合成方法的开拓和新合成理论的建立。人们开始注意到水热与溶剂热在非平衡条件下的机理问题以及对于高温高压条件下合成反应机理的研究。由于水热与溶剂热合成化学在技术材料领域的广泛应用,特别是高温高压水热与溶剂热合成化学重要性的日益凸显,世界各国都越来越重视对这一领域的研究。

## 5.1 水热合成法

水热合成化学与溶液化学不同,它是研究物质在高温和密闭或高压条件下溶液中的化学行为与规律的化学分支。因为合成反应在高温和高压下进行,所以产生对水热合成化学反应体系的特殊技术要求,如耐高温高压与化学腐蚀的反应釜等(图5.1)。

**图5.1　实验室常用的水热反应釜**

水热合成是指在一定温度(100~1 000 ℃)和压强(1~100 MPa)条件下,利用溶液中物质化学反应所进行的合成。水热合成化学侧重于研究水热合成条件下物质的反应性、合成规律以及合成产物的结构与性质。在水热条件下,水可以作为一种化学组分起作用并参与反应,既是溶剂又是矿化剂,同时还可以作为压强的传递介质。水热合成的总原则是保证反应物料处于高的反应活性状态。从化学反应的热力学可知,使反应物料处于高的活性态,实际上是要尽量增大反应的 $\Delta G$,使该反应物具有更大的反应自由度,从而有机会获得尽可能多的各种热力学介稳态。从反应动力学历程来看,起始反应物的高活性意味着自身处于较高的能态,因而能在反应中克服较小的活化势垒。

水热合成与固相合成研究的差别在于"反应性"不同。这种"反应性"的不同主要表现在反应机理上,固相反应的机理主要以界面扩散为特点,而水热反应主要以液相反应为特点。显然,不同的反应机理可能导致生成不同结构的材料。此外,即使生成相同结构的材料,也有可能是由于最初的生成机理的差异而为合成材料引入不同"基因",如水热合成的液相条件能够生成完美晶体等。水热化学侧重于溶剂热条件下特殊化合物与材料的制备、合成和组装。重要的是,通过水热反应可以制得固相反应无法制得的物相或物种,或者使反应在相对温和的水热条件下进行。

## 5.2 水热合成法的特点

水热合成在相对高温高压条件下,反应体系一般处于非理想非平衡状态。溶剂水处于临界或超临界状态,反应活性提高。物质在水中的物理性质和化学反应性能均有较大改变,因此,水热化学反应不同于常态。近年来,一系列中、高温高压水热反应的开拓及在此基础上开发出来的水热合成,已成为目前多数无机功能材料、特种组成与结构的无机化合物、特种凝聚态材料合成的越来越重要的途径,如超微粒、溶胶与凝胶、非晶态、无机膜、单晶等。

同时,水热合成具有可操作性和可调变性,是衔接合成化学和合成材料的物理性质之间的桥梁。随着水热合成化学研究的深入,被开发的水热合成反应已有多种类型。基于这些反应而发展的水热合成方法与技术具有其他合成方法无法替代的特点。应用水热合成方法可以制备大多数技术领域的材料和晶体,而且制备的材料和晶体的物理性质与化学性质也具有其自身的特异性和优良性,显示出了广阔的发展前景。

水热合成化学有如下特点:

①由于在水热条件下反应物反应性能改变、活性提高,水热合成方法有可能替代固相反应以及难以进行的合成反应,由此产生一系列新的合成方法。

②由于在水热条件下易于生成中间态、介稳态以及特殊物相,因此,能合成与开发出一系列特种介稳结构、特种凝聚态的新产物。

③能够使低熔点化合物、高蒸气压且不能在融体中生成的物质,以及高温分解相在水热与溶剂热的低温条件下晶化。

④水热的低温、等压、溶液条件,有利于生长极少缺陷、取向好的完美晶体,且合成的产物结晶度高,易于控制产物晶体的粒度。

⑤由于易于调节水热与溶剂热条件下的环境气氛,因而有利于低价态、中间价态与特殊价态化合物的生成,并能均匀地进行掺杂。

## 5.3 水热反应的基本类型

**1. 合成反应**

通过数种组分在水热或溶剂热条件下直接化合或经中间态发生化合反应。利用此类反应可合成各种多晶或单晶材料。例如：

$$Nd_2O_3 + 10H_3PO_4 \longrightarrow 2NdP_5O_{14}$$

$$CaO \cdot nAl_2O_3 + H_3PO_4 \longrightarrow Ca_5(PO_4)_3OH + AlPO_4 \quad (n=4、6)$$

$$La_2O_3 + Fe_2O_3 + SrCl_2 \longrightarrow (La,Sr)FeO_3$$

$$FeTiO_3 + KOH \longrightarrow K_2O \cdot TiO_2$$

**2. 热处理反应**

利用水热与溶剂热条件处理一般晶体而得到具有特定性能晶体的反应。例如，人工氟石棉──→人工氟云母。

**3. 转晶反应**

利用水热条件下物质热力学和动力学稳定性差异进行的反应。例如，长石──→高岭石，橄榄石──→蛇纹石，NaA 沸石──→NaS 沸石。

**4. 离子交换反应**

如沸石阳离子交换，硬水的软化，长石中的离子交换，高岭石、白云母、温石棉中 $OH^-$ 交换为 $F^-$ 的反应。

**5. 单晶培育**

在高温高压水热与溶剂热条件下，从籽晶培养大单晶。例如，$SiO_2$ 单晶的生长反应条件是在 $0.5 \text{ mol} \cdot L^{-1}$ NaOH 溶液中、温度梯度 410~300 ℃、压强 120 MPa 下，生长速率为 1~2 $mm \cdot d^{-1}$。

**6. 脱水反应**

在一定温度、一定压强下物质脱水结晶的反应。例如：

$$Mg(OH)_2 + SiO_2 \longrightarrow 温石棉$$

**7. 分解反应**

在水热与溶剂热条件下分解化合物得到晶体的反应。例如：

$$FeTiO_3 \longrightarrow FeO + TiO_2$$
$$ZrSiO_4 + NaOH \longrightarrow ZrO_2 + Na_2SiO_3$$
$$nFeTiO_3 + K_2O \longrightarrow K_2O \cdot nTiO_2 + nFeO \quad (n=4、6)$$

**8. 提取反应**

在水热与溶剂热条件下从化合物(或矿物)中提取金属的反应。例如,钾矿石中钾的水热提取,重灰石中钨的水热提取。

**9. 氧化反应**

金属和高温高压的纯水、水溶液、有机溶剂反应得到新氧化物、配合物、金属有机化合物的反应,超临界有机物种的全氧化反应。例如:

$$2Cr + 3H_2O \longrightarrow Cr_2O_3 + 3H_2$$
$$Zr + 2H_2O \longrightarrow ZrO_2 + 2H_2$$
$$Me + nL \longrightarrow MeL_n \quad (Me = 金属离子,L = 有机配体)$$

**10. 沉淀反应**

水热与溶剂热条件下生成沉淀得到新化合物的反应。例如:

$$KF + MnCl_2 \longrightarrow KMnF_3$$
$$KF + CoCl_2 \longrightarrow KCoF_3$$

**11. 晶化反应**

在水热与溶剂热条件下,使溶胶、凝胶等非晶态物质晶化的反应。例如:

$$CeO_2 \cdot xH_2O \longrightarrow CeO_2$$
$$ZrO_2 \cdot H_2O \longrightarrow m\text{-}ZrO_2 + t\text{-}ZrO_2 \quad (m:单斜,t:四方)$$
$$硅铝酸酸凝胶 \longrightarrow 沸石$$

**12. 水解反应**

在水热与溶剂热条件下进行加水分解的反应,如醇盐水解等。

**13. 烧结反应**

在水热与溶剂热条件下实现烧结的反应,如制备含有 $OH^-$、$F^-$、$S^{2-}$ 等挥发性物质的陶瓷材料。

**14. 反应烧结**

在水热与溶剂热条件下同时进行化学反应和烧结反应,如氧化铬、单斜氧化锆、氧化铝-氧化锆复合体的制备。

**15. 水热热压反应**

在水热热压条件下,材料固化与复合材料的生成反应,例如,放射性废料处理、特殊材料的固化成型、特种复脊材料的制备。

水热与溶剂热反应按反应温度进行分类,则可分为亚临界和超临界合成反应,如多数沸石分子筛晶体的水热合成即为典型的亚临界合成反应。这类亚临界反应温度范围是 100~240 ℃,适用于工业或实验室操作。高温高压水热合成实验温度可高达 1 000 ℃,压强可达 0.3 GPa。它利用作为反应介质的水在超临界状态下的性质和反应物质在高温高压水热条件下的特殊性质进行反应。通过高温高压水热合成方法可得到许多无机物的单晶,值得指出的是,有的单晶是无法用其他方法得到的,例如,$CrO_2$ 的水热合成单晶就是一个典型实例。随着研究工作的深入,水热合成方法也开始用于合成复杂的无机化合物。高温高压水热合成和生长的 $NaZr_2P_3O_{12}$、$AlPO_4$ 等都是应用广泛的非线性光学材料,此外,激光晶体和多功能的 $LiNb_3$、$LiTaO_3$ 等都能通过这种方法来制备。某些具有特殊功能的氧化物晶体,如 $ZnO_2$、$ZrO_2$、$GeO_2$、$CrO_2$,要通过高温高压水热方法来合成。

高温高压水热合成方法适用于制备许多铁电、磁电、光电固体材料,例如 $LaFeO_3$、$LiH_3(SeO_2)_2$。据日本媒体报道,有人在高温高压水热条件下制备出超导固体薄膜 $BaPb_{1-x}BiO_3$。现代许多人工宝石材料,也都是在高温高压水热条件下制备的。1965 年,美国 Linde 公司首次在水热条件下合成出质量为 17 g 的祖母绿宝石 $BeAl_2(SiO_2)_6$。此外,在水热条件下生长的彩色水晶也是重要的装饰材料。

## 5.4　水热下水的性质

高温高压下的水热反应具有三个特征:第一是使离子间的反应加速;第二是使水解反应加剧;第三是使其氧化还原电势发生明显变化。在高温高压水热体系中,水的性质将产生下列变化:①蒸气压变高;②密度变低;③表面张力变低;④黏度变低;⑤离子积变大。化学反应一般可分为离子反应和自由基反应两大类,从像无机化合物复分解反应那样在常温下即能瞬间完成的离子反应到像有机化合物爆炸反应那样的典型自由基反应为两个极端。其他任何反应均可具有其间的某一性质。在有机反应中,正如电子理论说明的那样,具有极性键的有机化合物,其反应往往也具有某种程度的离子性。水是离子反应的主要介质。以水为介质,在密闭加压条件下加热到沸点以上时,离子反应的速率自然会增大,即按 Arrhenius 方程式:$\mathrm{d}\ln k/\mathrm{d}T = E/RT^2$,反应速率常数随温度的增加呈指数函数。因此,在高温高压水热反应条件下,即使是常温下不溶于水的矿物或其他有机物的反应,也能诱发离子反应或促进反应。水热反应加剧的主要原因是水的电离平衡常数随水热反应温度的上升而增加。

在所研究的范围内,水的离子积随 $p$ 和 $T$ 的增加迅速增大。例如,在 1 000 ℃、1 GPa 条件下 $-\lg K_w = 7.85 \pm 0.3$;又如在 1 000 ℃、15~20 GPa 条件下,水的密度为 1.7~1.9 g·cm$^{-3}$,如完全解离成 $H_3O^+$ 和 $OH^-$,则当时的 $H_2O$ 几乎类同于熔融盐。

水的黏度随温度升高而下降。当在 500 ℃、0.1 GPa 下时,水的黏度仅为平常条件下的 10%。因此,在超临界区域内分子和离子的活动性大为增加。

以水为溶剂时,介电常数是一个十分重要的性质。它随温度升高而下降,随压力增加而升高,前者的影响是主要的。根据 Franck 的研究,在超临界区域内介电常数在 10 和 20 到 30 之间。通常情况下,电解质在水溶液中会完全离解,然而随着温度的上升电解质趋向于重新结合。对于大多数物质,这种转变常常在 200~500 ℃ 之间发生。

因此,在此范围内水的离子积急剧增大,这有利于水解反应。例如,在 500 ℃、0.2 GPa 条件下,水的电离平衡常数大约比标准状态下大 9 个数量级。

对于水热合成实验,反应釜的填充度通常在 50%~80% 为宜,压强在 0.02~0.3 GPa。

高温高压水热密闭条件下,物质的化学行为与该条件下水的物理、化学性质有密切关系。因此,有关水的物理、化学性质的基础数据的积累是十分必要的,便于了解高温高压下水及与水共存的气相的性质;确定高温高压水热条件下各相(氧化物、氢氧化物、流体)间相的稳定范围、固溶体等相的关系;寻找并确定合成单晶体的最佳条件;明确水热条件下合成产物的诸性质,以及测定固相在水热条件下的溶解度及稳定性等。

高温高压下水的作用可归纳如下:①有时作为化学组分参与化学反应;②作反应和重排的促进剂;③作压强传递介质;④作溶剂;⑤作低熔点物质;⑥提高物质溶解度;⑦有时会与容器反应;⑧无毒。

## 5.5 水热合成技术的应用

**1. 晶体的合成**

早在1882年,人们就开始了水热法合成晶体的研究,最早获得成功的是合成水晶。20世纪上叶,由于军工产品需求的上升,水热法合成水晶的技术被投入到大批量的生产中。随后,红宝石的水热法合成技术由 Laubengayer 和 Weitz 于1943年首先获得成功,Ervin 和 Osborn 进一步完善了这一技术。祖母绿的水热法合成由澳大利亚的 Johann Lechleitner 在1960年研究成功。到20世纪90年代,苏联科学家合成了海蓝宝石。随后,红色绿柱石等其他颜色绿柱石及合成刚玉也纷纷面市。

(1) 人工水晶的合成

水晶俗称石英,是一种很有实用价值的压电晶体,它是制造无线电晶体元件、有线电话多路通信滤波元件及雷达、声呐发射元件的理想材料,也是理想的光学材料,可以用于制造光学棱镜及检波片等。目前,人工水晶的制备基本都是采用水热法实现的。如果要获得高质量的石英晶体,在具体的制备工艺中,各种条件的控制非常重要。水热法合成石英的高压釜装置如图5.2所示。

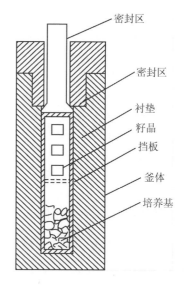

图5.2 水热法合成石英的高压釜装置

培养石英的原料放在高压釜较热的底部,籽晶悬挂在温度较低的上部,高压釜内装填一定程度的溶剂介质。结晶区温度为 330~350 ℃,溶解区温度为 360~380 ℃,压强为 0.1~0.16 GPa,矿化剂为 1.0~1.2 mol·L$^{-1}$ 的 NaOH,添加剂为 LiF、LiNO$_3$ 或 Li$_2$CO$_3$。高压釜的密封结构采用自紧式装置。

用水热法生长单晶常需加一种矿化剂。矿化剂可以是任意的化合物,它能加速结晶。其作用机制是通过生成某些在水中通常是不存在的可溶性物质以增加溶质的溶解度,例如,即使在400 ℃、200 MPa下,石英在水中的溶解度依旧很小,以至于很难进行重结晶。但是，当加入 NaOH 作为矿化剂时，石英在水中的溶解度增加。将石英置于 1.0 mol·L$^{-1}$ 的 NaOH 溶液中，并保持在 400 ℃、170 MPa 下使其部分溶解，通过对流到达反应容器较冷区域。由于石英在水中的溶解度会在较低温度下降低，因此，在较冷区域预先放置的籽晶上沉淀聚集成可达几千克重的大块晶体。用同样的方法还可以制备出许多其他的高质量单晶材料，如刚玉（$Al_2O_3$）和红宝石（用 $Cr^{3+}$ 掺杂 $Al_2O_3$）等。

水热法合成石英的反应过程：

石英在 NaOH 溶液中溶解的产物主要是 $Na_2Si_2O_5$、$Na_2Si_3O_7$，它们经电离和水解，在溶液中产生大量 $NaSi_2O_5^-$、$NaSi_3O_7^-$，因此，石英的合成包含下面两个过程：

① 溶质离子的活化：

$$NaSi_2O_5^- + H_2O \Longrightarrow Si_2O_4 + Na^+ + 2OH^-$$

$$NaSi_3O_7^- + H_2O \Longrightarrow Si_3O_6 + Na^+ + 2OH^-$$

② 活化了的离子受生长体表面活性中心的吸引（静电引力、化学引力和范德华引力），穿过生长表面的扩散层而沉降到石英体表面。

石英有许多重要性质，它被广泛地应用于国防、电子、通信、冶金、化学等领域。石英有正、逆压电效应。压电石英被大量用于制造各种谐振器、滤波器、超声波发生器等。石英谐振器是无线电子设备中非常关键的一个元件，它具有高度的稳定性（即受温度、时间和其他外界因素的影响极小）、敏锐的选择性（即从许多信号与干扰中把有用的信号选出来的能力很强）、灵敏性（即对微弱信号的响应能力强）、相当宽的频率范围（从几百赫兹到几兆赫兹），人造地球卫星、导弹、飞机、电子计算机等均需石英谐振器才能正常工作。石英滤波器比一般电感电容的滤波器体积小，有成本低、质量高等特点。如果在有线电通信中用石英滤波器安装各种载波装置，那么，在载波多路通信装置（载波电话、载波电视等）的一根导线上可以同时使用几对、几百对，甚至几千对电话都互不干扰。因石英具有可以透过红外线、紫外线和具有旋光性等特点，在化学仪器上可被用作各种光学镜头、光谱仪棱镜等。

(2) 祖母绿的合成

祖母绿是一种含铍铝的硅酸盐，组成成分是 $Be_3Al_2(SiO_2)_6$，属六方晶系，其颜色来自掺杂的 $Cr^{3+}$ 离子。晶体单形为六方柱、六方双锥，多呈长方柱状。原料为 $Cr_2O_3$、$Al_2O_3$ 和 BeO 粉末的烧结块，石英碎块为 $SiO_2$ 的来源，国内采用 HCl 作矿化剂，合成装置如图 5.3。将培养原料分别放在装置的顶、底部，两处的物质被溶解、扩散，在中部相遇并发生反应,生成祖母绿的溶液,当祖母绿溶液达到过饱和时便会析出,在中部的种晶上生长。

(3) KTP 晶体的合成

磷酸氧钛钾($KTiOPO_4$,即 KTP)是一种具有优良性能的非线性光学晶体材料,具有倍频系数高、温度稳定性好、强度高、机械和化学性质稳定等优点。它能够满足倍频材料所要求的大多数条件,被公认为是 Nd:YAG 激光器

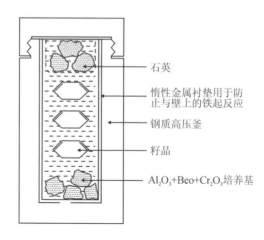

图 5.3 水热法合成祖母绿装置

1 064 nm 的最佳倍频材料,获得了广泛且重要的应用。目前,水热法是生长 KTP 晶体的有效方法之一,其生长工艺如下:①培养料的制备。将高纯试剂 $K_2HPO_4$、$KH_2PO_4$ 和 $TiO_2$ 以准确化学计量比(3.26∶3.64∶1)加入研钵中仔细研磨并混合均匀,之后放入铂坩埚中。将铂坩埚放入电炉中升温至 1 000 ℃,保温 10 h,然后以 5 ℃·$h^{-1}$ 的速度降温到 600 ℃。取出坩埚,将其中的 KTP 晶体清洗干净并烘干,过筛得到培养料。②制备籽晶片。KTP 晶体经 X 射线单晶定向确定(011)晶面后,在内圆切割机上按(011)方向切割成 1 mm 的薄片,薄片在打孔机上打孔,再进行表面研磨、抛光处理,烘干后得到籽晶片。③晶体生长。在高压水热反应釜中进行 KTP 晶体的生长,晶体生长温度为 400~470 ℃,温差为 20~70 ℃,压强为 120~150 MPa,矿化剂溶液为 $K_2HPO_4$、$KH_2PO_4$ 和 $H_2O_2$ 的混合溶液,生长周期为 60 d。生长出的 KTP 晶体尺寸为 24 mm×14 mm×60 mm,无色透明,晶体各方面长势良好。

**2. 沸石分子筛的合成**

沸石分子筛是一类具有规整孔道结构的微孔固体材料,其骨架主要由硅氧四面体和铝氧四面体组成,金属阳离子填充其中平衡骨架电荷,因其有较强的酸性和高的水热稳定性而被广泛应用于催化、吸附和离子交换等领域。沸石的合成可以追溯到 19 世纪中期。最早的合成条件是模仿天然沸石的地质生成条件,使用高温高压(大于 200 ℃和高于 10 MPa)条件,但结果并不理想。20 世纪 30 年代,英国科学家 R. M. Barrer 和 J. Sameshima 开始了沸石的合成研究,并在 1948 年首次合成出了天然不存在的沸石。20 世纪 50 年代,美国联合碳化物公司(United Carbide Company,UCC)的 Milton、Breck 等发展了沸石合成方法,即在温和的水热条件下(大约 100 ℃和自生压

强)成功地合成出了没有天然对应物的 A 型沸石。1961 年,Barrer 和 Denny 首次将有机季铵盐阳离子引入合成体系,有机阳离子的引入允许合成高硅铝比的沸石,甚至全硅分子筛,此后在有机物(模板剂)存在的合成体系中得到了许多新沸石和分子筛。

通常,沸石合成的起始物是非均相的硅铝酸盐凝胶,最典型的凝胶是由活性硅源、铝源、碱和水混合而成。这种高碱性的硅铝凝胶主要用于合成富铝沸石,如 A 型沸石、X 或 Y 型沸石。如果要合成富硅沸石(如 ZSM-5),需要加入有机模板剂。传统的沸石合成反应物组成一般用氧化物来表示,即使该氧化物不是所使用的原料,甚至有些氧化物根本不存在,例如,$w\text{M}_2\text{O}$ : $\text{Al}_2\text{O}_3$ : $x\text{SiO}_2$ : $y$ 模板剂 : $z\text{H}_2\text{O}$。几种常见的沸石结构如图 5.4 所示。

A型沸石

X、Y型沸石

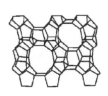
(a) 直筒孔道结构

(b) 直孔道与之字形孔道交叉结构

ZSM-5型沸石

图 5.4 几种常见的沸石结构

下面是三个在温和水热条件下合成沸石的实际例子,由此,大家可以对沸石合成有初步的了解。

(1) A 型沸石(LTA)$\text{Na}_{12}[(\text{AlO}_2)_{12}(\text{SiO}_2)_{12}]\cdot 27\text{H}_2\text{O}$ 的合成

13.5 g 铝酸钠固体(约含 40% $\text{Al}_2\text{O}_3$、33% $\text{Na}_2\text{O}$ 和 27% $\text{H}_2\text{O}$)和 25 g 氢氧化钠在电磁搅拌下被溶解在 300 mL 水中,适当加热可以加速溶解。在剧烈搅拌下,将铝酸钠溶液加入到热的硅酸钠溶液(14.2 g $\text{Na}_2\text{SiO}_3\cdot 9\text{H}_2\text{O}$ 溶解在 200 mL 水中)中,将整个溶液加热至约 90 ℃,并在此温度下继续搅拌至反应完成(需搅拌 2~5 h),如停止搅拌固体立即沉降下来则表明反应完成。然后过滤、水洗、干燥,得到 A 型沸石原粉。纯度由 X 射线衍射来测定。由此方法得到的沸石为白色粉末,晶体尺寸为 1~2 μm。

(2) Y 型沸石(FAU)$\text{Na}_{56}[(\text{AlO}_2)_{56}(\text{SiO}_2)_{136}]\cdot 250\text{H}_2\text{O}$ 的合成

13.5 g 铝酸钠固体(约含 40% $\text{Al}_2\text{O}_3$、33% $\text{Na}_2\text{O}$ 和 27% $\text{H}_2\text{O}$)和 10 g 氢氧化钠在电磁搅拌下被溶解在 70 mL 水中,适当加热可以加速溶解。在剧烈搅拌下,将铝酸钠溶液加入到盛有 100 g 硅溶胶(含 30% 的 $\text{SiO}_2$)的聚丙烯塑料瓶中,至此,反应混合物具有如下物质的量比：$n(SiO_2):n(Al_2O_3)=10$，$n(H_2O):n(SiO_2)=16$，$n(Na^+):n(SiO_2)=0.8$。在室温下陈化 1~2 d，然后在 95 ℃下晶化 2~3 d。经过滤、水洗、干燥，得到 Y 型沸石原粉。

(3) ZSM-5 型沸石(MFI)的合成

将铝酸钠溶液(0.9 g 铝酸钠固体和 5.9 g NaOH 溶解在 50 g 水中)和模板剂溶液(8 g 四丙基溴化铵 TPABr 和 6.2 g 96%的硫酸溶解在 100 g 水中)同时加入到盛有 60 g 硅溶胶(含 30%的 $SiO_2$)聚丙烯塑料瓶中，之后立即盖上瓶盖，剧烈摇动使得凝胶均匀。至此，反应混合物具有如下物质的量比：$n(SiO_2):n(Al_2O_3)=85$，$n(H_2O):n(SiO_2)=45$，$n(Na^+):n(SiO_2)=0.5$，$n(TPA^+):n(SiO_2)=0.1$。在 95 ℃下晶化 10~14 d。经过滤、水洗、干燥，得到 ZSM-5 沸石原粉。如果反应混合物被放入不锈钢反应釜中在高温(140~180 ℃)下晶化，反应时间将缩短为 1 d 左右。产物中的有机模板剂能通过高温(如 500 ℃)焙烧除去。

需要说明的是，以上三个例子并不是合成这些沸石的唯一混合物组成和反应条件。沸石合成时，实验人员应该对所使用的化学试剂的性质和设备的性能有一定了解。反应釜的聚四氟乙烯衬里和密封垫圈在高温下会变软，若高于 200 ℃则不能使用。沸石晶化通常在自生压强下进行(温度在 200 ℃以下)，水所产生的自生压强可达到 $1.5 \times 10^6$ Pa，如使用有机胺作模板剂，则压强可能非常高。为避免产生过高的压强，反应釜的填充度应该低于 75%。反应之后一定要在反应釜彻底冷却下来之后再打开，以免压力突然释放，热液体溅出，发生危险。如果反应釜或它们的衬里需要重复使用，则必须将它们仔细地处理干净，避免给下次合成实验提供晶种。

多数沸石产物是微米级的晶体，很容易通过过滤与母液分开，母液中含有过量的碱、硅酸盐、模板剂等。非常细小的沸石产物需要离心分离。尽管多数沸石产物对水是稳定的，但长时间的洗涤能够改变它们的组成。水解可以使 $H_3O^+$ 替换阳离子，沸石中盐或模板剂的量也会降低，因此有人使用稀碱(如极稀的 NaOH)溶液而不是用纯水洗涤沸石产物。总的来说，必须把洗涤条件考虑为合成的一部分。

产物纯度可以使用 X 射线衍射测量，但是，要注意较小杂质的谱峰和无定形的存在。化学分析不能用来测量纯度，应该综合运用多种技术手段。

实际应用的微孔材料主要是沸石，通常合成的沸石分子筛是粉末，可以根据具体需要，加入黏合剂和合适的水，混合均匀制成条状或球块。最早的人工合成沸石是低硅(或富铝)沸石，A 型沸石和 X 型沸石是最典型的代表，它们的生产工艺简单、原料便宜(母液可以继续使用),因此被广泛用作干燥剂和离子交换剂,A 型沸石被广泛用于洗涤剂的添加剂,替代对环境有害的磷酸钠。合成的 A 型沸石是钠型,一价离子占据八元环的一部分,使得孔径接近 4 Å,因此俗称为 4A 分子筛;钾交换的 A 型沸石孔径接近 3 Å(钾离子比钠离子大),称为 3A 分子筛;钙交换的 A 型沸石(5A 分子筛)孔径最大,为 5 Å,因为二价离子占据六元环空出八元环主孔道。虽然不同阳离子引起的孔径变化看起来很小,但从分子水平来看是非常重要的。X 型沸石的比表面积可达 800 $m^2 \cdot g^{-1}$(氮气吸附法测得),水吸附量高达 30%(质量分数)。典型的中等硅铝比沸石(硅铝比为 2.5 左右)有 Y 型沸石、丝光沸石(MOR)、Ω 沸石(MAZ)。高硅沸石的主要代表有 ZSM-5、ZSM-11(MEL)、$\beta$-沸石(BEA)、ZSM-12(MTW)、ZSM-35(FER)。其中,ZSM-5 最为著名,应用最广,人们对它的研究也最多。

## 5.6 溶剂热法

水热法虽然具有许多优点且被广泛应用,但是,由于它不适用于对水敏感的物质的制备,因此这大大限制了水热法的应用。溶剂热法是在水热法的基础上发展起来的,与水热法相比,它所使用的溶剂不是水而是有机溶剂。与水热法类似,溶剂热法也是在密闭的体系内,以有机物或非水溶媒作为溶剂,在一定的温度和溶液的自生压强下,原始反应物在高压釜内相对较低的温度下进行反应。在溶剂热条件下,溶剂的性质如密度、黏度和分散作用等相互影响,与通常条件下的性质相比发生了很大变化,相应的反应物的溶解、分散及化学反应活性大大提高或增强,使得反应可以在较低的温度下发生。溶剂热法使用有机胺、醇、氨、四氯化碳或苯等有机溶剂或非水溶媒,可以制备许多在水溶液中无法合成、易氧化、易水解或对水敏感的材料,如Ⅲ-Ⅴ族或Ⅱ-Ⅵ族半导体化合物、新型磷(砷)酸盐分子筛三维骨架结构等。

在溶剂热反应中,有机溶剂或非水溶媒不仅可以作为溶剂、媒介起到传递压强和矿化剂的作用,还可以作为一种化学成分参与到反应中。对于同一个化学反应,采用不同的溶剂可获得具有不同物相、大小和形貌的反应产物。可供选择的溶剂有许多,不同溶剂的性质又具有很大的差异,从而使得化学合成有了更多的选择余地。一般来说,溶剂不仅提供了化学反应所需的场所,使反应物完全溶解或部分溶解,而且能够与反应物生成溶剂合物,这个溶剂化过程对反应物活性物种在溶液中的浓度、存在状态以及聚合态的分布发生影响,甚至影响到反应物的反应活性和反应规律,进而有可能影响反应速率甚至改变整个反应进程。因此,选择合适的溶剂是溶剂热反应的关键,在选用溶剂时必须充分考虑溶剂的各种性质,如相对分子质量、密度、熔沸点、蒸发热、介电常数、偶极矩和溶剂极性等。乙二胺和苯是溶剂热反应中应用较多的两种溶剂。在乙二胺体系中,乙二胺除了作为有机溶剂外,还可以作为整合剂,与金属离子生成稳定的配离子,配离子再缓慢地与反应物反应生成产物,有助于一维结构材料的合成。苯具有稳定的共轭结构,可以在相对较高的温度下作为反应溶剂,是一种溶剂热合成的优良溶剂。

与传统水热法相比,溶剂热法具有许多优点:①由于反应是在有机溶剂中进行,可以有效地抑制产物的氧化,防止空气中氧的污染,有利于高纯物质的制备;②在有机溶剂中,反应物可能具有高的反应活性,有可能替代固相反应,实现一些具有特殊光、电、磁学性能的亚稳相物质的软化学合成;③溶剂热法中非水溶剂的采用扩大了可供选择的原料范围,如氟化物、氮化物、硫属化物等均可作为溶剂热法反应的原材料,而且非水溶剂在亚临界或超临界状态下独特的物理化学性质极大地扩大了所能制备的目标产物的范围;④溶剂热法中所用的有机溶剂的沸点一般较低,因此,在同样的条件下,它们可以达到比水热条件下更高的压强,更加有利于产物的晶化;⑤非水溶剂具有非常多的种类,其特性如极性与非极性、配位络合作用、热稳定性等,为从反应热力学和动力学的角度去研究化学反应的实质与晶体生长的特性提供了线索;⑥当合成纳米材料时,以有机溶剂代替水作为反应介质可大大降低固体颗粒表面羟基的存在,从而降低纳米颗粒的团聚程度,这是其他传统的湿化学方法包括共沉淀法、溶胶-凝胶法、金属醇盐水解法、喷雾干燥热解法等无法比拟的。

## 5.7 水热/溶剂热法合成金属有机框架材料

金属有机框架(Metal-Organic Frameworks,简称 MOFs)材料是由有机配体和金属离子或团簇通过配位键自组装形成的具有分子内孔隙的有机-无机杂化材料。在 MOFs 中,有机配体和金属离子或团簇形成延伸、规则的网络结构,从而在晶体晶格中产生具有高度功能化的孔隙空间。MOFs 结构中的金属离子几乎包含了所有过渡金属离子。所用配体通常分为含氮杂环有机配体、含羧基有机配体、含氮杂环与羧酸混合配体三种类型。MOFs 材料兼备有机高分子和无机化合物的优点,具有低密度、高比表面积、结构和功能可设计、孔道尺寸可调等特点,在气体储存分离、催化、荧光、磁性、药物输送、传感及抗菌剂等方面表现出巨大的应用前景。迄今,人们已合成出许多种 MOFs 材料,MOFs 也受到越来越多研究团队的关注。

1995 年,Yaghi 小组在 *Nature* 上报道了第一个命名为金属有机框架的材料,它是由刚性配体均苯三甲酸与过渡金属 Co(Ⅱ)形成的二维配位化合物。1999 年,Yaghi 小组在 *Science* 上报道了以对苯二甲酸和过渡金属 Zn(Ⅱ)合成的具有简单立方结构的三维金属有机框架材料——MOF-5(图 5.5)。

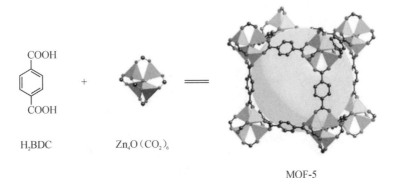

图 5.5 MOF-5 的结构

2002 年,Yaghi 研究组通过拓展有机配体的长度合成了一系列与 MOF-5 具有相同拓扑网络结构的金属有机骨架多孔材料——IRMOF(Isoreticular Metal-Organic Framework)材料:IRMOF-8、-10、-12、-14、-16,这一系列晶态孔材料的合成成为有纳米孔洞金属-有机骨架材料的第二次飞跃。2004 年,Yaghi 研究小组又以三节点有机羧酸配体 $H_3BTB$[1,3,5-三(4-羧基苯基)苯]构筑了 MOFs 材料 MOF-177,相对于传统材料,MOF-177 的大分子骨架和高比表面积使它的应用范围和吸附性大大增加。2005 年,法国 Ferey 研究小组在 *Science* 上报道了具有超大孔特征的类分子筛型 MOFs 材料 MIL-101。2006 年,Yaghi 小组合成出了 12 种类分子筛咪唑骨架(Zeolitic Lmidazolate Frameworks, ZIFs)材料,如图 5.6 所示的 ZIF-8。ZIFs 具有与沸石相似的拓扑结构,它所展现出的永久孔性质和高的热化学稳定性引起了人们的关注,ZIFs 的优越性能使其成为气体分离和储存的一类新型材料。2010 年,Yaghi 小组又在 *Science* 杂志上提出了一个新的概念——多变功能化金属有机骨架(MVT-MOFs)材料,即在同一个晶体结构的孔道表面同时修饰不同种类功能团的 MOFs 材料,并公布了 18 种 MVT-MOF-5 材料。2013 年,Yaghi 研究组对 MOFs 材料的化学性质和应用做了总结。之后,人们将研究重点放在了具有功能性的、稳定的 MOFs 材料的合成上,例如合成了含有卟啉功能基、以稳定锆簇为结点的 PCN-222 MOFs(图 5.7)。

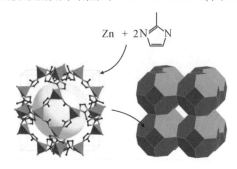

图 5.6　ZIF-8 的结构

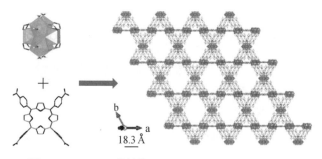

图 5.7　PCN-222 的结构 $Zr_6(\mu_3-O)_8(OH)_8(TCPP)_2$

注:左上为 $Zr_6$ 氧簇,左下为四羧基苯基卟啉 TCPP,通过羧基以八连接形成沿 c 轴方向的三维孔道。

MOFs 材料的合成方法一般有溶剂热法、液相扩散法、溶胶-凝胶法、搅拌合成法、固相合成法,最近几年也出现了一些其他方法,如微波法、超声波法、离子热法等。水热/溶剂热法是 MOFs 材料最重要的合成方法,耗时较短,易于生成高维度 MOFs 材料,具有较好的热稳定性,可以解决室温下反应物难溶解的问题。例如,Yaghi 团队早期合成的 MOF-5 就是利用水热/溶剂热合成法合成的,它是以 $Zn^{2+}$ 和对苯二甲酸构筑的一个以八面体次级结构单元 $Zn_4O(CO_2)_6$ 为六连接点的多孔三维网络结构,去除溶剂二乙基甲酰胺之后,所得到的 MOFs 材料的比表面积高达 $2\,500\ m^2\cdot g^{-1}$,在没有水分的情况下,MOF-5 可以在高达 500 ℃ 的温度下保持热稳定。ZIF-8 最常用的合成方法也是溶剂热法,将一定配比的 2-甲基咪唑和六水硝酸锌溶于 DMF 中,在 140 ℃ 恒温条件下反应 24 h,慢慢冷却到室温,即可得到黄色的 ZIF-8 晶体。

## 5.8 溶剂热法合成氮族和碳族纳米材料

氮族和碳族化合物具有很多优异的性能,在很多领域被广泛应用。例如,Ⅲ-Ⅴ族化合物是良好的半导体材料,作为发展超高速集成电路和光电器件的基础材料而受到广泛重视。所谓Ⅲ-Ⅴ族化合物,是指元素周期表中Ⅲ族的 B、Al、Ga、In 和 Ⅴ族的 N、P、As、Sb 形成的化合物,主要包括 GaAs、InP 和 GaN 等。它们一般具有较大的带隙(室温时大于 1.1 eV),因而,用它们制造的器件一般耐受功率较大、工作温度较高。它们通常具有直接跃迁型能带,因而其光电转换效率高,适合用于制作光电器件,如 LED、LD、太阳能电池等。理论计算表明,Ⅲ-Ⅴ族化合物半导体纳米材料的量子尺寸效应比Ⅱ-Ⅵ族化合物更为显著。但是,由于制备上的困难,Ⅲ-Ⅴ族半导体材料物理性能的研究受到很大的局限。比如,传统制备 InAs 的方法一般需要很高的反应温度或引入复杂的金属有机前驱物,所需的反应条件非常苛刻,操作过程复杂,限制了Ⅲ-Ⅴ族半导体材料的大规模工业生产,而且高温反应一般难以获得纳米级材料。这使得寻求新的低温液相制备Ⅲ-Ⅴ族半导体纳米材料的方法成为必要。

溶剂热合成法是在密闭的条件下实现反应与结晶的,这十分适合于非氧化物Ⅲ-Ⅴ族半导体材料的化学制备。Wells 等人提出在有机溶剂中利用Ⅲ族元素的卤化物和Ⅴ族元素的有机金属化合物之间的反应来制备Ⅲ-Ⅴ半导体纳米粒子,并采用回流的方法首先合成了砷化镓材料。这种方法的优点是金属有机物可溶于许多有机溶剂,因此,用这种方法可以在多种介质中制备纳米材料,通过精馏或结晶方式可制得高纯度的Ⅲ-Ⅴ纳米材料。Collado 等人以液氨为溶剂,在 150 MPa 和 400 ℃、600 ℃、800 ℃下反应 6 h,制得微米级 GaN 晶体。1996 年,Xie 等人以 $GaCl_3$ 和 $Li_3N$ 为反应物,以苯为溶剂,在 280 ℃下用溶剂热法制得了粒径约为 30 nm 的氮化镓纳米晶,极大地降低了氮化镓的合成温度。苯溶剂热制得的 GaN 以六方相为主,还存在少量立方岩盐相。这种稳定的立方岩盐亚稳相一般只在超高压情况下才能出现,而利用溶剂热法可以在产物中直接发现立方岩盐亚稳相的存在。Li 等人以二甲苯为溶剂,以锌粉为还原剂,同时还原氯化铟和氯化砷,在 150 ℃的高压釜中反应 48 h,制备出粒径为 15 nm 的 InAs 纳米晶,这种方法不仅反应温度低,而且所提出的溶剂热共还原法具有广泛适用性。

在碳族材料中,金刚石应该是最著名的。而有关金刚石的人工合成,人们首先想到的是已有几十年历史的石墨高压高温相变合成金刚石的方法。自 20 世纪 80 年代以来,如何在低压下生长出人造金刚石成为世界范围的研究热点之一。1988 年,美国和苏联报道了一种用炸药爆炸制备金刚石粉的方法,利用炸药产生的游离碳转变为金刚石粉,但金刚石粉的质量有待提高。而利用溶剂热法,Li 等人在高压釜中以中温(700 ℃)利用催化热解法使四氯化碳和钠反应制备出金刚石纳米晶,X 射线和 Raman 光谱均验证了金刚石的存在,该研究成果于 1998 年发表在 *Science* 上,被美国《化学与工程新闻》评价为"稻草变黄金"。

氮族和碳族的化合物因其具有高熔点、高硬度、高化学稳定性和抗热震性,而成为很有前途的高温材料。通常,人们需要在无水无氧环境中,在较高的反应温度和压强下才能获得这种材料。例如,单质硅在氮气气氛下需要在 1 200 ~ 1 450 ℃ 的条件下反应生成 $Si_3N_4$,而在溶剂热条件下,如果选择合适的无氧耐温溶剂,则可能在较低反应温度下获得碳化物或氮化物纳米材料。Tang 等人发展了一条新的还原氮化合成路线,在溶剂热条件下,以液态 $SiCl_4$ 和固态 $NaN_3$ 为原料,在 670 ℃ 的高压釜中,获得了 $\alpha\text{-}Si_3N_4$ 和 $\beta\text{-}Si_3N_4$ 纳米晶,所用温度比传统温度低 500 ℃ 以上。

$\beta$-SiC 具有类金刚石结构,也是一种非常重要的半导体材料,在高速器件和高温高能器件研制中具有很大潜力。其合成通常需要很高的温度(1 200 ~ 1 700 ℃),因而,所得产物往往具有微米尺度而不是纳米尺度。为了获得 $\beta$-SiC 纳米棒,采用碳纳米管作为限制模板,在 1 150 ~ 1 750 ℃ 的高温下可以获得一维 $\beta$-SiC 纳米材料。如何能在较低温度下获得 $\beta$-SiC 纳米材料,尤其是一维纳米材料,至今依然是材料学家研究的重点之一。Lu 等人发展了共还原法,提出采用金属 Na 为还原剂同时还原液态 $SiCl_4$ 和 $CCl_4$,在 400 ℃ 高压釜中合成了 SiC 纳米线,大大降低了 SiC 纳米材料的合成温度。可能的反应方程式为:

$$SiCl_4 + CCl_4 + 8Na \xrightarrow{400\ ℃} SiC + 8NaCl$$

SiC 纳米线可能通过自催化 VLS 机制生长,在反应体系中熔化的金属 Na 不仅是还原剂还是吸附高温下气相反应物的催化剂。所得 $\beta$-SiC 纳米线的直径约为 25 nm,长度可达微米级。类似地,这种共还原法还可以被推广用于合成其他高熔点碳化物,例如,在 450 ℃ 的高压釜中反应 8 h,用金属 Na 还原 $TiCl_4$ 和 $CCl_4$ 溶液获得 TiC 纳米颗粒。

## 5.9　水热/溶剂热法在材料合成中的应用展望

材料技术的发展几乎涉及所有的前沿学科,而其应用与推广又渗透到各个学科及技术领域中。无机纳米材料和利用各种非共价键作用构筑的纳米级聚集态单晶体有着非常广阔的应用前景,因此,这类先进材料的合成研究在化学、材料和物理学科领域中的发展比较迅速。水热/溶剂热合成是无机合成化学的重要组成内容,与一般液相合成法相比,它给反应提供了中温高压的特殊环境,因其操作简单、能耗低、节能环保而受到重视,被认为是软溶液工艺和环境友好的功能材料制备技术,已广泛地应用于技术领域和材料领域,成为纳米材料和其他聚集态先进材料制备的有效方法。由于它们在基础科学和应用领域所显示出的巨大潜力,水热/溶剂热合成依然会是未来材料科学研究的一个重要方面。在基础理论研究方面,从整个领域来看,其研究的重点仍是新化合物的合成、新合成方法的开拓和新合成理论的研究。水热/溶剂热合成的研究历年来经久不衰,而且衍化出许多新的课题,如水热条件下的生命起源问题、环境友好的超临界氧化过程等。

当然,水热/溶剂热法也有其缺点和局限性,如反应周期长以及高温高压对生产设备的挑战性等,影响和阻碍了水热/溶剂热法在工业化生产中的广泛应用。目前,绝大多数水热/溶剂热合成纳米材料的技术仍处于理论探索或实验室摸索阶段,很少进入工业化规模生产。因此,急需将化学合成方法引入纳米材料的加工过程中,通过对水热/溶剂热反应宏观条件的控制来实现对产物微结构的调控,为纳米材料的制备和加工及其工业放大提供理论指导和技术保障。在进一步深入研究水热/溶剂热法基本理论的同时,发展对温度和压强依赖性小的合成技术。此外,水热/溶剂热法合成纳米材料的反应机理尚不十分明确,需要更深入的研究,还应把水热/溶剂热反应的制备技术与纳米材料的结构性能联系起来,把传递理论为主的宏观分析方法与分子水平的微观分析方法相结合,建立纳米材料结构和性能与溶剂热制备技术之间的关系。虽然水热/溶剂热法还存在许多悬而未决的问题,但我们相信它在相关领域将起到越来越重要的作用。而且,随着水热和溶剂热条件下的反应机理,包括相平衡和化学平衡热力学、反应动力学、晶化机理等基础理论的深入发展和完善,水热/溶剂热合成方法将得到更广泛、更深入的发展和应用。在功能材料方面,水热/溶剂热法将会在合成具有特定物理、化学性质的新材料和亚稳相、低温生长单晶及制备低维材料等领域优先发展。我们可以预见,随着水热/溶剂热合成研究的不断深入,人们有希望获得既具有均匀尺寸和形貌,又具有优良的光、电、磁等性能的纳米材料的最佳生产途径。随着各种新技术、新设备在溶剂热法中的应用,水热/溶剂热技术将会不断地推陈出新,迎来一个全新的发展时期。

## 思考题

1. 什么是水热合成技术?它有什么特点?请举出两个水热合成应用的例子。
2. 在高温高压水热体系中,水的性质将产生哪些变化?
3. 在水热条件下,水除了作溶剂,还有哪些作用?
4. 请简单描述人工水晶的水热合成过程。
5. 什么是沸石分子筛?请查阅文献,说出一个水热条件下合成 ZSM-5 分子筛的例子。
6. 什么是溶剂热合成?与传统水热合成相比,它有什么特点?
7. 什么是金属有机框架材料?请查阅文献,说出 MOF-5 的溶剂热合成条件,并描述其结构。

# 第6章 电合成技术

电合成是电解合成或电化学合成的简称,是用电化学方法去合成有机或无机化合物的技术。电合成为人类提供了一系列用其他方法难以制得的化合物或材料,如铝、镁的冶炼,铜、镍的精炼,基本化学工业产品如氢、氧、氯、烧碱、氯酸钾、过氧化氢的制备及电镀制品的生产等都有相当大的规模。它为解决目前化学工业给地球环境带来的污染问题,展示出一条有效而又切实可行的道路(图6.1)。

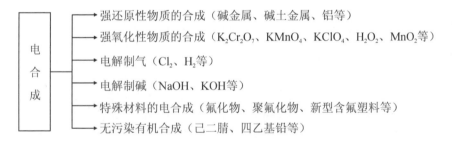

图6.1 电合成的应用领域

在科学研究中,使用电合成法制备具有新功能的有机或无机化合物也变得越来越重要,如导电高聚物、手性化合物及选择性改变 $C_{60}$ 的官能团等的电化学合成研究。用电合成法得到的新材料和新体系也在不断地涌现,例如,C、B、Si、P、S、Se 等二元或多元金属陶瓷型化合物、非金属化合物、混合价态化合物、簇合物、嵌插型化合物及非计量化合物等。

电合成有许多优点:①利用不同的电极材料、介质,通过严格控制电位等方法得到所需要的产品;②利用电位等强有力手段可进行其他方法不易实现的反应,从而得到其他方法不能得到的许多物质和聚集状态;③通过电极进行电子交换,无需另加还原剂或氧化剂,产物容易被分离出来。因此,电合成在无机合成中的作用和地位日益重要,也为有机合成开辟了新的途径。

与此同时,电合成也存在一些不足之处,主要是电能消耗大、电解槽结构复杂、电极活性不易维持及对管理技术要求高等。

## 6.1 电合成的基本概念

**1. 电解定律**

电解时,电极上发生变化的物质的质量与通过的电量成正比,并且每通过 1 F 电量(96 500 C),可析出 1 mol 任何物质。

$$G = \frac{E}{96\ 500} \times Q = \frac{E}{96\ 500} \times It$$

式中,$G$ 为析出物质的质量(g);$E$ 为析出物质的化学当量(g);$Q$ 为电量(C),$I$ 为电流强度(A);$t$ 为电流通过的时间(h);$E/96\ 500$ 是每一库仑电量能析出物质的量,称物质的电化当量,单位为 $g \cdot (A \cdot h)^{-1}$。

**2. 电流效率**

$$\eta = \frac{电流有效部分}{总电量} = \frac{G_{实}}{G_{理}}$$

式中,$\eta$ 为电流效率;$G_{实}$ 为实际析出金属的质量;$G_{理}$ 为按法拉第定律计算应析出的金属的质量。

**3. 电流密度**

电流密度是每单位面积电极上所通过的电流,通常以每平方米电极面积所通过的电流来表示。如某电解槽内悬挂阳极板 21 块、阴极板 20 块,阴极板长 1 m、宽 0.7 m,每槽通过的电流为 6 160 A,则阴极的电流密度为:

$$\frac{6\ 160\ A}{1\ m \times 0.7\ m \times 2 \times 20\ 块} = 220\ A \cdot m^{-2}$$

**4. 标准电极电位和 Nernst 方程**

电极电位是表示某种离子获得电子被还原的趋势。在任何一电解质溶液中浸入同一金属的电极,在金属和溶液间即产生电位差,称为电极电位。如果在规定溶液中金属离子的浓度为 1 mol·L$^{-1}$,在 25 ℃时,金属电极与标准氢电极(电极电位指定为零)之间的电位差,叫作该金属的标准电极电位,它可通过搭建原电池的方法进行测量,例如,$E^{\ominus}(Zn^{2+}, Zn)$标准电极电位的测定可搭建如图 6.2 所示的原电池,电池半反应如下:

$$H^{+}(aq) + e^{-} = \frac{1}{2}H_2(g) \quad E^{\ominus}(H^{+}, H_2) = 0 \text{ V}$$

$$Zn^{2+}(aq) + 2e^{-} = Zn(s) \quad E^{\ominus}(Zn^{2+}, Zn) = -0.76 \text{ V}$$

则原电池的 $E_{cell}^{\ominus}$ 为两个半反应标准电位之差为:

$$2H^{+}(aq) + Zn(s) = Zn^{2+}(aq) + H_2(g) \quad E_{cell}^{\ominus} = +0.76 \text{ V}$$

$E_{cell}^{\ominus}$是原电池的电动势,也称标准电池电位,它是指电池不产生电流且所有物质都处于标准状态时的电位差。

如果相应的标准电极电位是正值,由 $\Delta_r G^{\ominus} = -vFE^{\ominus}$可知,$\Delta_r G^{\ominus}$为负值,即反应为热力学上允许的反应。上述那个例子的 $E^{\ominus} > 0$ ($E^{\ominus} = +0.76$ V),说明锌在标准条件下(水溶液,pH=0,$Zn^{2+}$的活度为 1)还原 $H^{+}$ 的反应是热力学允许的反应,或者说,锌能溶于酸。再如,下面这个氧化还原反应:

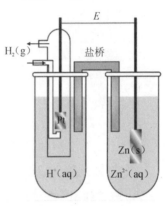

图 6.2 原电池示意图

$$Cu^{2+}(aq) + Zn(s) = Zn^{2+}(aq) + Cu(s)$$

该反应的标准电池电位为:

$E_{cell}^{\ominus} = E^{\ominus}(Cu^{2+}, Cu) - E^{\ominus}(Zn^{2+}, Zn) = +0.34 \text{ V} - (-0.76 \text{V}) = +1.10 \text{ V}$

不同的金属有不同的电极电位值,而且与溶液的浓度有关。Nernst 方程(6-1)表示了电极电位随浓度的变化关系。氧化性物质的浓度愈大或还原性物质的浓度愈小,$E$ 值就愈高;反之,氧化性物质浓度愈小或还原性物质浓度愈大,$E$ 值就愈小。

$$E = E^{\ominus} + \frac{2.3RT}{nF}\lg c \tag{6-1}$$

对于任意氧化还原反应,Nernst 方程可表示为:

$$E_{cell} = E_{cell}^{\ominus} + \frac{2.3RT}{nF}\lg\frac{a_{ox}}{a_{red}}$$

**5. 电解池与原电池的区别**

原电池:将化学能转化为电能的装置。负极(阳极)是电子流出、发生氧化反应的一极,正极(阴极)是电子流入、发生还原反应的一极。

电解池:将电能转化为化学能,是进行电合成的装置。阴极指的是与电源负极相连的电极,得电子发生还原反应。阳极是指与电源正极相连的电极,失电子发生氧化反应。

二者的对比如图6.3所示。

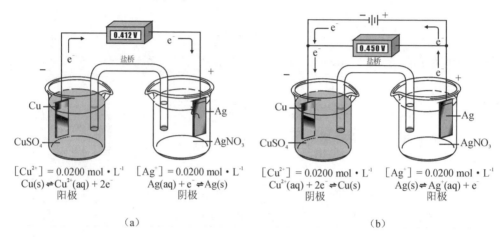

图6.3 原电池(a)和电解池(b)对比示意图

### 6. 电解过程

电解是利用在作为电子导体的电极与作为离子导体的电解质的界面上发生的电化学反应,进行化学品的合成、高纯物质的制造以及材料表面处理的过程。通电时,电解质中的阳离子移向阴极,接收电子,发生还原反应,生成新物质;电解质中的阴离子移向阳极,放出电子,发生氧化反应,生成新物质。下面以电解$0.1\ mol\cdot L^{-1} CuSO_4$水溶液(pH = 1)为例,来看一下所需要外加多大的电压,电解反应才能进行。反应装置如图6.4所示,当电压逐渐增加,达到一定值后,电解池内与电源负极相连的阴极上开始有Cu生成,同时,在与电源正极相连的阳极上有气体放出,电解池反应为:

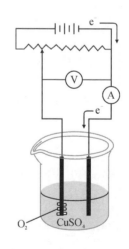

图6.4 电解池装置

阴极:
$$Cu^{2+} + 2e^- = Cu$$

阳极:
$$2H_2O = O_2\uparrow + 4H^+ + 4e^-$$

总反应：
$$2Cu^{2+} + 2H_2O \rightleftharpoons 2Cu + O_2\uparrow + 4H^+$$

由 Nernst 方程，电池电位为：

$$E_{cell} = E^{\ominus}(Cu^{2+}, Cu) - E^{\ominus}(O_2, H_2O) + \frac{0.059}{4}\lg\frac{[Cu^{2+}]^2}{[H^+]^4}$$

$$= 0.337\ V - 1.229\ V + \frac{0.059}{2}\lg\frac{0.1\ mol \cdot L^{-1}}{0.1^2\ mol \cdot L^{-1}} = -0.863\ V$$

也就是说，在电解过程中，电解池两极组成新的原电池，所产生电位方向与通入电解池的电位方向相反，称为反电压。上面的电解池产生的反电压为 0.863 V。因此，电解时，在电解池两极上所加的电压不得小于电解过程中自身产生的反电压，否则电解过程就不能进行。

**7. 分解电压和超电压**

进行电解过程必须在两极上通电，即加一个电压到电解池的两极。引起电解质开始分解的电压叫作分解电压（也叫析出电位）。图 6.5 中的 D 点即为分解电压。理论上，分解电压只要比反电压大一个无限小的数值，电解就可以进行，这时的外加电压称为理论分解电压（图 6.5 中 D′点），从这个意义上讲，理论分解电压在数值上等于反电压。实际开始发生电解反应时的电压要大于理论分解电压，我们把两者的差称为超电压。令外加电位为 $E_{外}$：

$$E_{外} = E_{可逆} + \Delta E_{不可逆} + E_{电阻}$$

式中，$E_{可逆}$ 是电解过程中产生的原电池电动势；$\Delta E_{不可逆}$ 为超电压部分（极化所致）；$E_{电阻}$ 为电解池内溶液电阻产生的电压降（$IR$）。

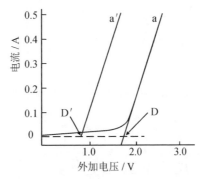

a′—理论计算曲线；a—实测曲线；
D′—理论分解电压；D—实际分解电压。

图 6.5　电解 $Cu^{2+}$ 溶液的电流-电压曲线

例如，电解 0.1 mol·L$^{-1}$ NaOH 溶液，阴极上产生 $H_2$，阳极上产生 $O_2$。由氢电极和氧电极组成新的原电池，计算得原电池电动势为 1.23 V，而溶液的电解电压为 1.7 V，这之间相差 0.47 V，这是由于电极上的超电压所致。超电压包括两部分，即阴极上的超电压 $U_c$ 和阳极上的超电压 $U_a$，实验指出，$|U_a|+|U_c|$ 随电流密度增大而增大，如图 6.6 所示，所以只有在确定的电流密度下超电压才有确定的数值。

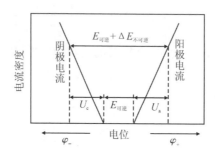

图 6.6　电流密度与过电位关系

电解时，当电极上有净电流流过时，电极电位偏离其平衡电位的现象称作电极极化。电极极化是产生超电压的主要原因，包括下面三点。

(1) 浓差过电位

电解过程中在电极上发生了化学反应，使得电极附近的浓度和远离电极的电解液浓度(本体浓度)发生差别，即电极表面形成浓度梯度，正极电位增大，负极电位减小，这种由浓度差别所引起的过电位称作浓差过电位。例如电解 $CuSO_4$ 水溶液，在阴极上析出 Cu，使阴极附近的 $Cu^{2+}$ 浓度不断降低，而电解液本体中的 $Cu^{2+}$ 扩散到阴极补充的速率抵不上沉积的速率，使阴极附近 $Cu^{2+}$ 浓度低于电解液中 $Cu^{2+}$ 的本体浓度，从而产生浓差过电位。

减小浓差极化的方法有减小电流、增加电极面积、搅拌(有利于扩散)等。

(2) 电阻过电位

电解过程中，在电极表面形成一层氧化物薄膜或其他物质，对电流的通过产生阻力而引起的过电位称为电阻过电位。

(3) 活化过电位

在电极上进行的电化学反应，电极反应速率往往较慢，电极上聚集了一定的电荷，从而导致电极电势偏离可逆电势的现象，称为电化学极化。由电化学极化引起的过电位称为活化过电位。一般有气体(如 $O_2$、$H_2$)生成时，活化过电位更为显著。

以电极(Pt)$H_2$(g)|$H^+$为例。作为阴极发生还原作用时,由于$H^+$变成$H_2$的速率不够快,当有电流通过时到达阴极的电子不能被及时消耗掉,致使电极比可逆情况下带有更多的负电,从而使电极电势变得比可逆电势低,这一较低的电势能促使反应物活化,即加速$H^+$转化成$H_2$。当(Pt)$H_2$(g)|$H^+$作为阳极发生氧化作用时,由于$H_2$变成$H^+$的速率不够快,电极上因有电流通过使缺电子的程度较可逆情况时更为严重,致使电极带有更多的正电,从而电极电势变得比可逆电势高,这一较高的电势有利于促进反应物活化,加速$H_2$变为$H^+$。因此,当有电流通过时,由于电化学反应进行的迟缓性造成电极带电程度与可逆情况时不同,导致电极电势偏离可逆电势,产生电化学极化。

影响过电位的因素主要有下面三点。

(1)电极材料

如图6.7所示,氢在不同的电极材料上的过电位可以相差很大,在镀铂的铂黑电极上氢的过电位很小,若以其他金属作阴极,要析出氢必须使电极电位较理论值更负。

(2)析出物质的形态

一般来说,金属的超电压较小,而气体物质的超电压较大。

(3)电流密度

一般规律是电流密度增大则超电压增大。

### 8. 槽电压

使电解反应能够进行必须外加的电压称为槽电压。槽电压包括电解过程中产生的原电池

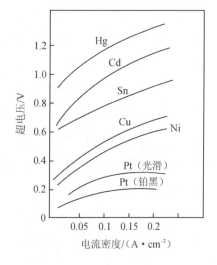

图6.7 氢在不同金属阴极上的过电位

电动势($E_{可逆}$)、电解过程的超电压($\Delta E_{不可逆}$)、反抗电解质电阻所需的电压($IR_1$),以及反抗输送电流金属导体的电阻和反抗接触电阻所需的电压($IR_2$),即

$$E_{槽} = E_{可逆} + \Delta E_{不可逆} + IR_1 + IR_2$$

## 6.2 恒电位电解和恒电流电解

在影响电化学反应的诸多因素中,电极电位起着决定性作用,它决定着电极/溶液界面上发生哪种反应,并以何种速度进行。对电合成过程来说,选择正确的电位进行电解,是控制电极反应方向、保证获得所需产品的数量和质量的关键。恒电位电解正是根据这一需要在近三十余年迅速发展起来的先进技术。

图 6.8 为恒电位电解系统的示意图。所用电解槽含有两室,A 为工作电极室,C 为辅助电极室。电合成反应在 A 室的工作电极 WE 上进行,其电位由参考电极 RE 测定。因系统内含有三个电极,即工作电极 WE、辅助电极 CE 和参考电极 RE,故称为三电极系统。负责实现工作电极的电位控制,并使其在恒电位下进行电解反应的仪器,叫作恒电位仪。

恒电位仪是怎样实现电极电位的恒定控制的呢?图 6.9 是其原理图。调节滑动接触点 M 便可以改变工作电极的电位,数值多少可由高阻抗伏特计 P 读出。当发现其值偏离给定值时,可改变接触点,使之恢复原值,从而实现 WE 的电位控制。这种方法的精度低、调整速度慢,加之手续繁多,目前几乎不再使用,但其反馈调节原理却是现代恒电位仪的设计基础。

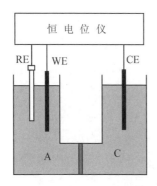

图 6.8　三电极的恒电位电解系统

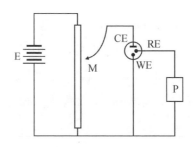

图 6.9　恒电位仪原理

在恒电位电解过程中,电位 $E$ 是恒定的,主反应的电流效率 $\eta$ 也恒定。由于电极附近浓度梯度在降低,故电流逐渐减小。随着电解的进行,底物浓度也在降低。目前,由于恒电位仪制作技术比较复杂,价格较贵,工业上仍然较少采用。

有时候,电合成实验常常要求在电流恒定的情况下进行,特别是在生产应用上,控制电流要比控制电位容易得多,设备也简单,因此,恒电流电解技术是工业上更常使用的技术。可以用一个简单的恒电流线路来说明恒电流技术的原理(图6.10),图中 E 为高压直流电源,R 为可调高阻值电阻,A 为电流表。一般情况下,电解池的电阻总是较小的,若其值远远小于可调电阻 R,电路上的电流便由 R 的数值决定,而和电解池在电解过程中的阻抗变化关系甚微,亦即通过电解池的电流基本上是恒定的,图中 P 为高阻抗伏特计,用来测量工作电极的电位。

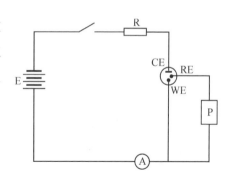

图6.10 简单的恒电流装置原理

在恒电流电解过程中,电流恒定,底物浓度下降,电位不断上升,主反应的电流效率在下降,造成反应选择性降低。为了克服这一缺点,在实际使用中可以使电解液流动来保持底物浓度不变,结果电位也不变,主反应的电流效率便可维持恒定,这就是所谓的恒电流-恒电位电解。

## 6.3 水溶液中金属的电沉积

金属电沉积是指在电场作用下,金属从电解质中以晶体形式在阴极析出的过程。在实验室用水溶液电解法来提纯或提取金属,主要是在以下几个方面:①要获得在市场上难以获得的特殊金属;②要获得比市售品纯度更高的金属;③要获得粉状和其他具有特殊形状和性能的金属;④从实验室或其他废物中回收金属;⑤为工业水法冶金进行重要的基础研究实验。例如,工业上利用电沉积进行铜的电解精炼制备高纯度的铜;也可用电化学还原法从废物中回收少量铂族金属:氧化性条件下用酸处理废弃的含有 Pt(Ⅱ)或其他铂族金属的物质(如废弃催化剂),得到相应的配合物溶液,然后将此溶液进行电化学还原,金属在阴极沉积,这种方法可以提取出陶制催化转化器中80%的铂族金属。

在水溶液中金属的电沉积的方法中,原料的供给有两种方法:①电解提纯法,即以粗金属为原料,作为阳极进行电解,在阴极获得纯金属的过程;②电解提取法,即以金属化合物为原料,以不溶性阳极进行电解的方法。

电解液组成对金属的电沉积有重要影响,一般有以下要求:①含有一定浓度的、稳定的欲沉积金属离子;②电导性能好;③具有适于在阴极析出金属的 pH 值;④能出现金属收率好的电沉积状态;⑤尽可能少地产生有毒和有害气体。一般认为硫酸盐较好用,氯化物也可以用,近年来用磺酸盐也得到良好结果。制取高纯金属时,电解液需用高纯的金属化合物配制。提高欲得金属离子的浓度,可使阴极附近的浓度得到及时补充,可抵消高电流密度造成的不良影响。

除电解液组成和浓度外,电流密度、温度等也影响电沉积金属的性质(如聚集态等)。添加少量的有机物质如糖、樟脑、明胶等往往可使沉积物晶态由粗晶粒变为细晶粒,同时使金属表面光滑,这可能是由于添加剂被晶体表面吸附并覆盖住晶核,抑止了晶核生长而促进新晶核的生成,结果导致细晶粒沉积。

金属离子的配位作用对电沉积也有重要影响,在通常情况下,用简单的金属盐溶液电解时,往往得不到理想的金属沉积物。例如,从 $AgNO_3$ 溶液中电解 Ag 时,其沉积物由大晶体组成,经常黏附不住。当加入 $CN^-$,用 $Ag(CN)_2^-$ 电解时,则沉积物坚固光滑。因此,电解 Au、Cu、Zn、Cd 等时均用含 $CN^-$ 的电解液,其他金属沉积时也往往使用加入配体的方法以改进沉积物状态,如加 $F^-$、$PO_4^{3-}$、酒石酸、柠檬酸盐,等等。

## 6.4 电合成技术的应用

**1. NaCl 水溶液的电解**

NaCl 溶液的电解可以制得氢氧化钠(烧碱)、氢气、氯气、氯酸钠、高氯酸钠等,这些产物在国民经济中具有重要意义,而氯化钠本身来自海水,价廉而取之不尽,这就使氯化钠溶液的电解成为电合成中规模最大、分布最广的一种电化学工业。

我们主要介绍一下 NaCl 溶液电解制烧碱、氯气的电化学工艺,即氯碱工业。

目前,工业上主要有三种电解方法,即早期的隔膜法、汞阴极法和20世纪60年代发展起来的离子交换膜法。

(1)隔膜法

其原理如图 6.11 所示。

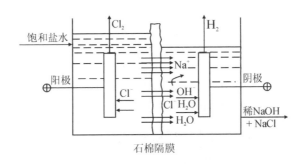

图 6.11　隔膜式电解槽示意图

其电极反应如下：

阳极：　　　　　　　　　$2Cl^- - 2e^- = Cl_2\uparrow \quad E^\ominus = +1.36\ V$

阴极：　　　　　　　　　$2H_2O + 2e^- = H_2 + 2OH^- \quad E^\ominus = -0.84\ V$

总反应：

$$2NaCl + 2H_2O \xrightarrow{\text{通电}} 2NaOH + Cl_2\uparrow + H_2\uparrow$$

阳极放出氯气,还会生成次氯酸钠,并可能还有放氧的副反应,因此,阳极材料应有很高的耐腐蚀性,早期常采用石墨作阳极,其优点是价廉易加工、导电性好,缺点是氯气的过电位高(500 mV),且有氧副反应,寿命较短,需定期更换。目前,阳极采用一种叫 DSA(Dimensionally Stable Anode)的材料,其基体是钛,表面涂镀有氧化钌和氧化钛的混合物。这种阳极材料的氯过电位很低,只有 5～40 mV,而氧过电位则很高,故所得氯气很纯,槽电压也较低。

阴极材料为钢,表面可涂有镍或其他催化剂,以降低氢的过电位。隔膜多半是石棉,可用某些高分子材料加以修饰,以改善其性能。隔膜的厚度只有几毫米,使其离子通透性良好,以此降低电阻率。

在电解槽内,阳极室的液面比阴极室的高,食盐从阳极室流入,穿过隔膜,进入阴极室,以防止阴极所生成的 $OH^-$ 离子进入阳极室,并在那里和氯气发生副反应。所生成的碱液和未电解的氯化钠从阴极流出,成分约为 10% NaOH 和 17% NaCl,经减压蒸发浓缩、结晶、分离后,可得高浓度的烧碱溶液,直至固体碱。

隔膜法工艺成熟,投资成本较低,但是由于石棉隔膜只是一种机械分离器,离子容易穿过,导致产品中含有 NaCl,而且产品的浓度不能太高,否则 $OH^-$ 会扩散迁移进入阳极室,发生副反应。此外,隔膜上的电位降高,使电解槽的槽压高达 3.2~3.8 V。因此,发展了离子交换膜法。

(2)离子交换膜法

离子交换膜法是在隔膜法的基础上发展起来的,是比较先进的电解制碱技术,这一技术在 20 世纪 50 年代开始研究,80 年代开始被用于工业化生产。其电极反应同隔膜法,不同的是用阳离子选择性膜代替石棉作为分离膜,这种膜可选择性让 $Na^+$ 通过,而不让 $Cl^-$ 和 $OH^-$ 通过,因而解决了产品烧碱含 $Cl^-$,以及 $OH^-$ 进入阳极室发生副反应的问题(如图 6.12a)。离子交换膜必须耐腐蚀,一般的高聚物材料不适用。近几十年来,发展出一种全氟高聚物作离子交换膜,美国、日本等国家在这方面发展很快。

离子交换膜法制碱技术具有设备占地面积小、能连续生产、生产能力大、产品质量高、能适应电流波动、能耗低、污染小等优点,是氯碱工业发展的方向。

(3)汞阴极电解法

此法所用的阳极材料(石墨)及其反应同上述两种方法,但以流动的液态汞(可循环使用)作阴极,电解槽由电解室与解汞室两部分组成(如图 6.12b)。

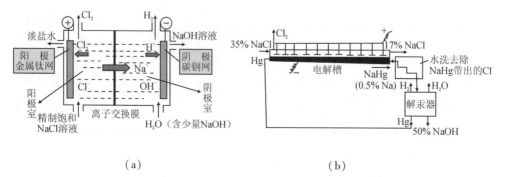

图 6.12 离子交换膜法(a)和汞阴极电解法(b)电解 NaCl 溶液示意图

其电极反应为:

阳极:

$$2Cl^- - 2e^- = Cl_2 \uparrow \quad E^\ominus = +1.36 \text{ V}$$

阴极:

$$Na^+ + nHg + e^- = Na \cdot nHg \quad E^\ominus = -1.89 \text{ V}$$

总反应:

$$2NaCl + 2nHg == Cl_2 \uparrow + 2(Na \cdot nHg)$$

$Na^+$ 在阴极被还原为金属钠,并与汞形成钠汞齐。所得钠汞齐的浓度不能大于 0.7%,否则会出现固相,不利于电解操作。钠汞齐在解汞器中与水反应,制得浓度高、纯度高的氢氧化钠产品,可直接作为商品出售,同时放出氢气,分解出的汞可直接返回阴极重复使用。

汞槽的优点是所得碱液浓度高,可达 50%,可直接作商品出售,且纯度高,几乎不含 $Cl^-$。缺点是汞蒸气有毒、投资大、槽压高、能量消耗大。

**2. 二氧化锰的制备**

自然界有二氧化锰(软锰矿)存在,但其氧化活性较低,电解法生产的二氧化锰活性高,活性约为前者的 4 倍。因此,在电池工业或其他化学工业中,用电解二氧化锰代替天然二氧化锰,已成为提高经济效益的重要措施。电解法生产二氧化锰的原理是:

$$Mn^{2+} + 2H_2O = MnO_2 + 4H^+ + 2e^-$$

实际上,这一反应含有均相反应(歧化和水解),其过程可表示为:

$$Mn^{2+} = Mn^{3+} + e^-$$

$$2Mn^{3+} + 2H_2O \Longrightarrow Mn^{2+} + MnO_2 + 4H^+$$

阴极反应是氢气的析出,故总反应可表示为:

$$MnSO_4 + 2H_2O \Longrightarrow MnO_2 + H_2SO_4 + H_2 \uparrow$$

电解槽所用阳极可以是石墨、铅、钛等,电解液含 $MnSO_4$(0.5 ~ 1.2 $mol \cdot L^{-1}$),$H_2SO_4$(0.5 ~ 1.0 $mol \cdot L^{-1}$),电解时温度为 90 ~ 100 ℃,电流密度只有 7 ~ 12 $mA \cdot cm^{-2}$,槽电压 2.2 ~ 3.0 V,电流效率为 75% ~ 95%。电解是间歇式的,当阳极表面的二氧化锰沉积层达到 20 ~ 30 mm 厚时,就需要取出阳极,用机械方法剥下二氧化锰。

这种方法时空效率低,阳极损耗严重,劳动强度大。其解决办法是改为连续生产,例如,采用压滤式电解槽使电解在流动体系中进行,从阳极液中分离出二氧化锰。另外,采用间接氧化法可使二氧化锰从溶液中析出,即在电解液中加入少许银离子,它在阳极上被氧化:

$$Ag^+ = Ag^{2+} + e^-$$

然后在溶液中进行之后的化学反应,把 $Mn^{2+}$ 氧化为 $Mn^{3+}$,进行歧化和水解反应得到二氧化锰,还原的 $Ag^+$ 重新在电极上被氧化为 $Ag^{2+}$。

### 3. 高锰酸钾的制备

高锰酸钾是广为使用的氧化剂,世界年产量为4万吨左右,完全是电解法生产。起始原料为软锰矿,加入浓氢氧化钾溶液,加热并通入空气,使之氧化为锰酸钾:

$$2MnO_2 + 4KOH + O_2 = 2K_2MnO_4 + 2H_2O$$

将所制成的锰酸钾碱性溶液(含 $K_2MnO_4$ 100~250 g·L$^{-1}$,KOH 1~4 mol·L$^{-1}$)电解,即可得到 $KMnO_4$。其电极反应为:

阳极:

$$MnO_4^{2-} - e^- = MnO_4^-$$

阴极:

$$2H_2O + 2e^- = H_2\uparrow + 2OH^-$$

总反应:

$$2MnO_4^{2-} + 2H_2O = 2MnO_4^- + H_2\uparrow + 2OH^-$$

电解槽的阳极为镍或 Ni/Cu 合金,阴极是铁或钢,电流密度为 5~150 mA·cm$^{-2}$,温度为 60 ℃,由于有氧放出,电流效率为 60%~90%,物质转化率可达 90% 以上。

### 4. 特殊价态的化合物的合成

由于水溶液电解中能提供高电势,使之可以达到普通化学试剂无法具有的特强氧化能力,因而可以通过电化学氧化过程来合成一些含最高价和特殊高价元素的化合物,如下面几类:

①具极强氧化性的物质,如 $O_3$、$OF_2$ 等。

②最高价态化合物。例如,在 KOH 溶液中由电化学氧化获得的 M(Ⅲ)[$IO_6$]$_2^{7-}$(M = Ag、Cu),在这类配位离子中,Ag、Cu 为难得的 +3 价最高价态。再如,高电势下,($ClO_4$)$_2S_2O_8$ 的电氧化合成;在 $H_2SO_4$-$HClO_4$ 混合液中低温电氧化合成($ClO_4$)$_2SO_4$,以及 $NaCuO_2$、$NiCl_3$、$NiF_3$ 的合成等。

③特殊高价元素的化合物。例如,人们熟知的用电氧化 $HSO_4^-$ 合成过二硫酸、过二硫酸盐和 $H_2O_2$,以及 $H_3PO_4$、$HPO_4^{2-}$、$PO_4^{3-}$ 的电氧化合成 $PO_5^{3-}$、$P_2O_3^{4-}$ 的 $K^+$、$NH_4^+$ 盐;过硼酸及其盐类 $BO_3^-$ 的合成;$S_2O_6F_2$ 的合成等,以及金属特殊高价态化合物的合成,如 $NiF_4$、$NbF_6$、$TaF_6$、$AgF_2$、$CoCl_4$ 等。

由于这类电氧化合成反应的产物均为具有很强氧化性的物质,有高的反应活性且不稳定。因而,这类反应往往对电解设备、材质和反应条件有特殊要求。

通过电化学还原也能合成用一般化学方法难以合成的、含中间价态和特殊低价元素的化合物，例如，$HClO$、$HClO_2$、$BrO^-$、$BrO_2^-$、$IO^-$、$H_2S_2O_4$、$H_3PO_3$、$H_4P_2O_6$、$H_3PO_2$、$HCNO$、$HNO_2$、$H_2N_2O_2$ 等一些含中间价态非金属元素的酸或其盐类，Mo 的化合物或配合物很难用其他方法制得纯净的中间价态化合物，而电化学方法可以容易地从水溶液中制得中间价态的 $Mo^{2+}$（如 $[MoOCl_2]^{2-}$、$K_3MoCl_5$）、$Mo^{3+}$（如 $K_2[MoCl_5H_2O]$、$K_3MoCl_6$）、$Mo^{4+}$ [如 $Mo(OH)_4$]、$Mo^{5+}$（如钼酸溶液还原制得 $[MoOCl_5]^{2-}$）等。

**5. 氨的合成**

1998 年，George Msrnellos 与 Michael Stonkides 在 *Science* 上报道了在常压下将氢气和用氦气稀释的氮气分别通入一个加热到 570 ℃ 的电解池中，利用能通过氢离子的多孔陶瓷固体作电解质，氢气和氮气在电极上合成了氨，氢气的转化率达到 78%。这一电解合成反应的基本原理是应用一种固态质子导体作阳极，将氢气通过此阳极时发生下列氧化反应：

$$3H_2 = 6H^+ + 6e^-$$

生成的 $H^+$ 通过固体电解质传输到阴极与氮气发生下列合成反应：

$$N_2 + 6H^+ + 6e^- = 2NH_3$$

电解合成反应是在图 6.13 模型反应器中进行的。图中，1 为封底 SCY 陶瓷管（锶铈镱钙钛矿多孔陶瓷，$SrCe_{0.95}Yb_{0.05}O_3$）质子导体，此陶瓷管置于石英管 2 内，3 与 4 为沉积于 SCY 内外管壁上的多孔多晶体 Pd 膜，分别作为阴极与阳极。整个电解合成反应可用下列电池形式表出：

$$H_2, Pd \mid SCY \mid Pd, N_2, NH_3, He$$

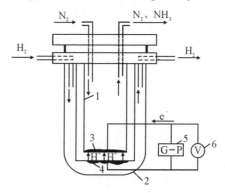

1—SCY陶瓷管（$H^+$导体）；2—石英管；3—阴极（Pd）；
4—阳极（Pd）；5—恒电流电位器；6—伏特计。

图 6.13　电解池模型反应器

## 6. 固体聚合物电解水技术

氢气是一种环境友好型能量载体，清洁、无污染、可再生，作为一种理想的二次能源，氢能是未来能源发展的重要方向。水电解制氢是一种较为方便的制取氢气的方法。在充满电解液的电解槽中通入直流电，水分子在电极上发生电化学反应，分解成氢气和氧气，总反应如下：

$$2H_2O \Longrightarrow 2H_2\uparrow + O_2\uparrow \quad E^{\ominus} = +1.23 \text{ V}$$

理论上，电解水的可逆电压为 1.23 V，在实际电解水过程中，由于存在极化反应和能量损失，电解槽电压在 1.8~2.6 V，能耗较大，这是限制电解水应用的重要原因。

近年来发展起来的固体聚合物电解质（Solid Polymer Electrolyte, SPE）电解水制氢技术，以质子交换膜（全氟磺酸固体聚合物电解质）取代液体电解质，电催化剂颗粒直接附于膜上，形成 SPE 膜-电极组件，具有很高的能量效率。固体聚合物水电解技术在制氢、航天、军事等领域都有重要应用。美国 SPE 电解水技术于 20 世纪 70 年代被用于核潜艇供氧。20 世纪 80 年代，美国国家航空航天局将 SPE 电解水技术应用于空间站，作宇航员生命维持及生产空间站轨道姿态控制的助推剂。随后，欧盟、北美、日本涌现了很多 SPE 电解水设备企业，推动了 SPE 电解水技术的快速发展。

SPE 电解水的阳极一般是 Pt、Ir、Ru，或它们的二元或三元合金；阴极一般是 Pt 或 Pt-Pd 合金的活性炭。SPE 电解水具有电解效率高、性能稳定、气体纯度高、维护量少、制氢成本低、没有腐蚀性液体、对环境无污染等优点。随着燃料电池汽车和空间技术的高速发展，SPE 技术也必将得到快速发展。

SPE 电解水制氢技术的核心是电解槽，电解槽主要由膜电极组件、集电材料、极板、密封垫片等组成，其中膜电极组件是电解槽的核心。膜电极是电化学反应发生的场所，由质子交换膜和析氢、析氧电催化剂组成，发生水、质子、电子、氢气、氧气的转化和传递，如图 6.14 所示。高性能低成本催化剂的研究对降低电解水技术成本，提高催化剂利用率，减少电解水能耗起着极其重要的作用。高活性、高稳定性析氢、析氧电催化剂的制备

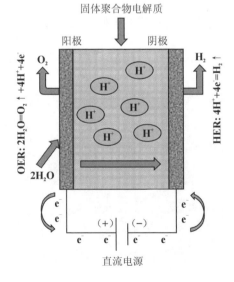

图 6.14 SPE 电解水的工作原理示意图

是加快电解水技术商业化亟待解决的问题,有助于进一步提高电解水性能和效率,降低成本,提高电解槽寿命。

**7. 配合物的合成**

电化学法合成配合物时,可以在水溶液中进行,也可以在非水溶剂或混合溶剂中进行,可用惰性电极(如铂电极),也可用参加反应的金属作为电极。例如,用电解法制备九氯合二钨(Ⅲ)酸钾($K_3[W_2Cl_9]$)的装置如图 6.15 所示。电解在三颈瓶中进行,先加入浓盐酸并冷却至 0 ℃,然后加入钨酸钾($K_2WO_4$)浆液。由管 1 通入氯化氢,从管 4 不断往多孔杯 2 中加水。当阴极 3 周围的溶液开始变红时,将反应液加热到 45 ℃,继续电解到生成棕绿色沉淀为止。将沉淀分离出来后,再用最少量的水将沉淀溶解,在过滤滤液中加入 90% 的乙醇使产物 $K_3[W_2Cl_9]$ 沉淀出来。

目前电合成法用得较多的是有机弱酸和卤化物反应体系。例如,在水和甲醇的混合液中,加入乙酰丙酮和氯化物,用铁作电极(这里的电极就是参加反应的金属),电解后得到浅棕色晶体 $Fe(C_5H_7O_2)_2$。电解结束后,在电解液中通入空气或氧气就得到 $Fe(C_5H_7O_2)_3$(图 6.16)。

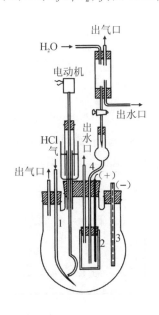

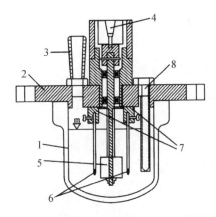

1—容器;2—盖子;3—接口;4、5—搅拌器;
6—电极;7—电极架;8—热电偶。

图 6.15 制备 $K_3[W_2Cl_9]$ 的装置   图 6.16 电解制备 $Fe(C_5H_7O_2)_3$ 装置图

## 6.5 熔盐电解

熔盐电解主要应用于制备一些电正性较高的元素物质,如金属铝、稀土等。

**1. 铝的制备**

现代铝工业生产采用冰晶石($Na_3AlF_6$)-氧化铝熔盐电解法,即以冰晶石为主的氟化盐作为熔剂,氧化铝为熔质组成多相电解质体系,其中 $Na_3AlF_6$-$Al_2O_3$ 二元系和 $Na_3AlF_6$-$AlF_3$-$Al_2O_3$ 三元系是工业电解质的基础。将氧化铝溶于熔化的冰晶石中,熔体在钢为阴极、石墨为阳极的电解槽中进行电解还原,阳极本身参与电化学反应,与放出的氧原子反应生成 $CO_2$。其电极反应如下:

阳极:
$$2O^{2-} + C - 4e^- = CO_2 \uparrow$$

阴极:
$$Al^{3+} + 3e^- = Al$$

总反应:
$$2Al_2O_3 + 3C =\!=\!= 4Al + 3CO_2 \uparrow$$

**2. 稀土(RE)金属的制备**

熔盐电解制取稀土的电解质体系有两类:$RECl_3$-$KCl$ 和 $REF_3$-$LiF$-$RE_2O_3$。制取熔点低于 1 000 ℃的混合稀土和单一稀土金属的电解,通常在高于该金属熔点下进行。金属均呈液态,冷却得到块状产物。在熔盐电解制取钇和重稀土的过程中,有的低熔点金属如镁、锌或镉作液态阴极,电解制成合金,然后蒸馏出低熔点金属就可得到稀土金属。也有从氧化物-氟化物熔体直接制得液态金属的。

稀土金属的活性很强,在其熔盐中的溶解度大,熔盐电解制取稀土金属工艺有其自己的特点:

①熔盐的导电率大,离子扩散速率和化学反应速率快,稀土离子与液态稀土金属的界面间具有大的交换电流,所以,电解稀土金属的阴极电流密度可达 4~10 $A \cdot cm^{-2}$(有的甚至达 30~40 $A \cdot cm^{-2}$),这在电化学冶金中是罕见的。三价稀土阳离子在阴极上析出时没有显著的阴极极化,它的析出电位与其平衡电位(在相应的浓度和温度

下)相近。

②稀土金属离子的析出电位较负,因此,在电解质中如有电位较正的阳离子杂质,则先于稀土析出。这就为原料带来了苛刻的要求,同时也对电解质的选择带来了更多的限制。

③稀土金属的活性很强,在高温下几乎能与所有元素及其化合物反应,电解产生的稀土金属会立即与接触到的熔盐、熔盐中的杂质、电解槽上方气氛中的成分以及电解槽的结构材料相作用,发生所谓的"二次作用",生成稀土氧卤化物、氧化物、碳化物、氮化物等高熔点化合物,这些产物不溶于熔盐而成渣泥,使阴极有效反应面积缩小,使熔盐黏度变大、流动性下降,影响电解正常进行。因此,电解槽和电极材料的选择受到很大的限制,寻找合适的结构材料,改进电解槽的设计,一直是熔盐研究工作的重要课题。

④某些稀土金属,特别是钐、铕等在熔盐电解过程中有多种价态变化,发生不完全放电,使电解电流空耗。因此,氯化稀土中要尽量减小其含量,当其在电解质中积累到一定程度(包括其他杂质),产量和电流效率大大降低时,就要调换电解质而补充新料。

⑤稀土金属在其熔融氯化物中的溶解度比镁要大数十倍。溶解生成低价物如$RECl_2$,后者容易被阳极生成的氯气和空气中的氧所氧化,也容易在阳极上被氧化成高价离子,之后又在阴极上被还原。如此反复,空耗电流。

例如,稀土氯化物的电解,阴极(钼阴极)在不同阴极电位时,发生的反应如下:

① 阴极电位在 $-1.0 \sim -2.6$ V,电位较正的杂质阳离子会在阴极上析出。变价稀土离子如 $Sm^{2+}$ 和 $Eu^{2+}$ 等也会发生不完全放电:$RE^{3+} + e^- = RE^{2+}$。

② 阴极电位在 $-3.0$ V 左右,稀土离子直接还原成金属:$RE^{3+} + 3e^- = RE$。实验表明,稀土金属的析出是在接近于它的平衡电位(相应的浓度和温度)下进行的,并没有明显的过电位。此外,析出的稀土金属发生二次作用,即又溶于稀土氯化物:$RE + 2RECl_3 \rightleftharpoons 3RECl_2$,或者又与碱金属氯化物发生置换反应:$RE + 3MCl \rightleftharpoons RECl_3 + 3M$。电解温度愈高,这些过程进行得愈剧烈,因此,电解温度不宜过高。

③ 阴极电位在 $-3.3 \sim -3.5$ V,发生碱金属离子的还原:$M^+ + e^- = M$。这一反应是在下列条件下进行的:阴极附近的稀土离子浓度逐渐变小,当电流大小增加到它的极限扩散电流值时,阴极极化电位迅速上升,达到了碱金属析出的电位值。因此,为避免这个过程,稀土氯化物的含量必须足够大,阴极电位和电流密度要控制在稀土

金属析出的范围内。

稀土氯化物电解的阳极发生的反应:在正常电解过程中,石墨阳极上生成氯气,反应为 $2Cl^- + 2e^- = Cl_2\uparrow$。

## 思考题

1. 请试述电合成的优缺点。
2. 什么是超电压(或过电位)？有哪几种？影响过电位的因素主要有哪些？
3. 目前氯碱工业生产中有几种电解方法？请写出每种方法的电极上发生的反应、电解槽、隔膜,并指出它们的优缺点。
4. 请写出电解法生产的二氧化锰的电极反应方程式。
5. 高锰酸钾是如何制备的？请写出相关化学和电化学反应方程式。
6. 请简单描述固体聚合物水电解技术原理,画出其工作原理示意图。
7. 熔盐电解制取稀土金属具有哪些特点？

# 第7章 化学气相沉积(CVD)制备技术

化学气相沉积(Chemical Vapor Deposition,CVD)是近几十年迅猛发展起来的通过化学反应制备固体材料的一种重要方法,已经被广泛应用于各种单晶、多晶、外延、非晶态、异质结、超晶格、特定纳米结构形态等无机材料的淀积,也可用于聚合物或复合物薄膜的沉积。这些材料可以是非金属单质(如碳、硅、锗)、金属单质(如铜、铝、钨),也可以是氧化物、硫化物、氮化物、碳化物等,还可以是 II-V、II-IV、IV-IV 族中的二元或多元的元素间化合物。同时,材料的性能可以通过调节工艺参数、掺杂等过程进行精确控制。化学气相沉积法早已从实验室的探索性研究,走向了大规模的工业生产,在半导体工业、光纤通信、光伏产业、光电子、激光、发光二极管、功能涂层等多个领域,取得了令人瞩目的成就。例如,集成电路是 20 世纪最具时代性的发明,计算机、通信、现代制造业、交通系统、国防、航空航天、互联网等,都离不开集成电路的芯片。而在集成电路的制造中,化学气相沉积是场效应晶体管器件制作中最主要的工艺。光纤通信引领了现代电信通信中的一场史无前例的革命,这一技术得以实现的关键是光导纤维的研制成功,而在这一重大突破中,化学气相沉积制备的高纯石英光纤预制棒功不可没。尽管化学气相沉积已取得了辉煌的进展,但它仍处在快速发展中,在一系列新型材料如碳纳米管、石墨烯的合成与制备中发挥着不可替代的作用。

## 7.1 化学气相沉积技术的发展

表 7.1 列出了 CVD 技术的发展史。CVD 技术经历了早期萌芽、逐渐成长、高速发展、广泛应用等几个阶段。可以看出,CVD 技术发展的快速时期主要从 20 世纪 60 年代后开始,人们将 CVD 技术着重于刀具涂层的应用,这方面的发展背景是依附于当时欧洲的机械工业和机械加工业的强大需求。以碳化钨作为基材的硬质合金刀具,用 CVD 技术经过 $Al_2O_3$、TiC 及 TiN 复合涂层处理后切削性能明显提高,使用寿命也成倍增加,取得非常显著的经济效益,因此 CVD 技术得到推广和实际应用。由于金黄色的 TiN 层常常是复合涂层的最外表一层,色泽金黄,因此,复合涂层刀具又常被称为"镀黄刀具"。紧接着,由于半导体和集成电路技术发展和生产的需要,CVD 技术得到了更迅速和更广泛的发展。CVD 技术不仅成为半导体级超纯硅原料——超纯多晶硅生产的唯一方法,而且也是硅单晶外延、砷化镓等Ⅲ-Ⅴ族半导体和Ⅱ-Ⅵ族半导体单晶外延的基本生产方法。在集成电路生产中更广泛地使用 CVD 技术沉积各种掺杂的半导体单晶外延薄膜、多晶硅薄膜、半绝缘的掺氧多晶硅薄膜、绝缘的二氧化硅、氮化硅、磷硅玻璃、硼硅玻璃薄膜以及金属钨薄膜等。在制造各类特种半导体器件中,采用 CVD 技术生长发光器件中的磷砷化镓、氮化镓外延层,硅锗合金外延层及碳化硅外延层等也占有很重要的地位。在集成电路及半导体器件应用的 CVD 技术方面,美国和日本,特别是美国占有较大优势。日本在蓝色发光器件中关键的氮化镓外延生长方面取得突出进展,已实现了批量生产。苏联的 Deryagin、Spitsyn 和 Fedoseev 等在 20 世纪 70 年代引入原子氢,开创了激活低压 CVD 金刚石薄膜生长技术,80 年代在全世界形成了研究热潮,也是 CVD 领域的一项重大突破。我国在 CVD 技术生长高温超导体薄膜和 CVD 基础理论等方面取得一些开创性成果。1987 年,Blocher 在称赞我国的低压 CVD(LPCVD)模拟模型的信中说:"这样的理论模型研究不仅在科学意义上增进了人们对这项工艺技术的基础性了解,而且使其在微电子硅片工艺应用中的生产效率显著提高。"1990 年以来,我国在激活低压 CVD 金刚石生长

热力学方面,根据非平衡热力学原理,开拓了非平衡定态相图及其计算的新领域,第一次真正从理论和实验对比上定量化地证实,反自发方向的反应可以通过热力学反应耦合依靠另一个自发反应提供的能量推动来完成。低压下从石墨转变生成金刚石是一个典型的反自发方向进行的反应,它是依靠自发的氢原子缔合反应的推动来实现的。在生命体中确实存在着大量反自发方向进行的反应,据此可以把激活(即由外界输入能量)条件下金刚石的低压气相生长和生命体中某些现象作类比讨论。因此,这是一项具有较深远学术意义和应用前景的研究。

表 7.1 CVD 技术的发展史

| 阶段 | 时间 | 发展状况 |
| --- | --- | --- |
| 早期发展阶段 | 1880 年 | 用 CVD 工艺在白炽灯丝上沉积碳或金属改进强度 |
| | 1890 年 | 利用 CVD 羰基工艺提纯金属镍 |
| | 1893 年 | $WCl_6$ 被氢气还原沉积钨到碳灯丝上的 CVD 专利 |
| 高熔点金属精炼提纯阶段 | 1890—1940 年 | CVD 主要应用于提炼、纯化难熔金属,如钽、钛、锆,发展了几种经典的 CVD 工艺,如羰基循环(Mond 工艺)、碘化物分解(de Boer-Van Arkel 工艺)和镁还原反应(Kroll 工艺) |
| | 1909 年 | 通过四氯化硅氢还原反应首次实现 CVD 沉积硅 |
| | 第二次世界大战末期 | CVD 显现在沉积功能涂层上的优势 |
| 微电子制造阶段 | 1960 年 | 引入化学气相沉积术语;半导体制造中引入 CVD 技术;用 CVD 在硬质合金刀具表面沉积 TiC 涂层 |
| | 1963 年 | 出现等离子体增强 CVD（PECVD） |
| | 1968 年 | 金属有机化学气相沉积(MOCVD)在蓝宝石上制备外延的Ⅲ-Ⅴ族半导体化合物 |
| | 1969 年 | 浮法玻璃生产线上常压 CVD 在线沉积大面积建筑涂层 |
| | 1970 年—现在 | CVD 广泛应用于集成电路中半导体、导电互连材料、绝缘介电材料、钝化层等的沉积 |

续表

| 阶段 | 时间 | 发展状况 |
| --- | --- | --- |
| 广泛应用阶段 | 1976 年 | CVD 沉积硅单晶太阳能电池,转换效率达 12% |
| | 1977 年 | 光纤通信中 CVD 制备高纯石英玻璃预制棒 |
| | 1982 年 | 热丝 CVD 在非金刚石基片上沉积金刚石涂层 |
| | 1984 年 | GaAs 基太阳能电池成为航天器工作电源 |
| | 1990 年 | CVD 生长的Ⅲ-Ⅴ族半导体二极管激光器占据市场主流 |
| | 1993 年 | 利用 MOCVD 成功制得 GaN 蓝色发光二极管 |
| | 1994 年 | 5~300 GHz 下工作的Ⅲ-Ⅴ族高频器件 |
| | 2000 年 | 流化床催化 CVD 制备碳纳米管 |
| | 2004 年 | 微波等离子体 CVD 生长出宝石尺寸的钻石 |
| | 2006 年 | 三结 GaInP/GaInAs/Ge 聚光太阳能电池,转换效率达 40% |
| | 2007 年 | 多晶镍上 CVD 沉积石墨烯 |

CVD 技术既涉及无机化学、物理化学、结晶化学、固体表面化学、有机化学和固体物理等一系列基础学科,又具有高度的工艺性,任何一个沉积反应均需要通过适当的装置和操作去完成。沉积的均匀性依赖于反应系统的设计,既涉及流体动力学理论,又关乎传热和传质等工程问题,也离不开机械、真空、电路和自动化控制等系统集成。由于化学气相沉积具有优异的可控性、重复性和高产量等优势,受到大规模工业生产特别是微电子工业的青睐,在先进材料制备与性能调控中一直扮演着举足轻重的角色,至今仍然是材料科学与工艺中的一个重要组成部分,保持着旺盛的活力。

## 7.2 化学气相沉积原理

### 7.2.1 定义

化学气相沉积是利用气态或蒸气态的物质在气相或气固界面上反应生成固态沉积物的技术。化学气相沉积的英文词原意是化学蒸气沉积(Chemical Vapor Deposition,CVD)。根据沉积过程中主要依靠物理过程或化学过程划分为物理气相沉积

(Physical Vapor Deposition,PVD)和化学气相沉积两大类,例如,把真空蒸发、溅射、离子镀等通常归属于PVD;而把直接依靠气体反应或依靠等离子体放电增强气体反应的称为CVD或等离子体增强化学气相沉积(Plasma Enhanced Chemical Vapor Deposition,PECVD或PCVD)。实际上,随着科学技术的发展,也出现了不少二者交叉的现象,例如,利用溅射或离子轰击使金属汽化,再通过气相反应生成氧化物或氮化物等,就是物理过程和化学过程相结合的产物,相应地就称之为反应溅射、反应离子镀或化学离子镀等。

CVD是把含有目标材料元素的一种或几种反应物气体或蒸气输运到固体表面,通过发生化学反应生成与原料化学成分不同的材料。通常,薄膜为最主要的沉积形态,单晶、粉末、玻璃(如光纤预制棒)、晶须、三维复杂基体的表面涂层也可通过CVD获得。近二十年来,随着纳米材料合成与制备工艺的发展,各种各样的纳米结构材料,如碳纳米管、硅纳米线、形态各异的氧化锌纳米结构,也已通过特定的CVD生长机制获得。

图7.1为典型CVD系统的示意图。它一般包括源输运、反应炉(室)、泵、尾气处理、生长控制、安全报警与保护六个部分,通常都具备以下功能:①将反应气体及其稀释剂通入反应室,并能进行测量和调节;②对反应室进行加热并能精确控制沉积温度;③将反应室的副产物及未反应的气体抽走,并能安全处理。

CVD工艺一般可分为若干连续的过程,如气相源的输运、固体表面吸附、发生化学反应、生成特定结构及组成的材料。要得到高质量的材料,CVD工艺必须严格控制好几个主要参量,例如反应室的温度、进入反应室的气体或蒸气的量与成分、保温时间及气体流速、压强等。

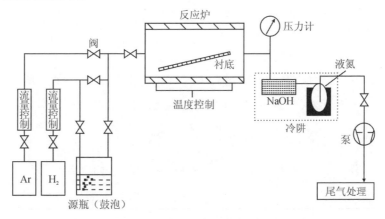

图7.1 典型CVD系统示意图

## 7.2.2 CVD 工艺中的化学反应

化学反应是 CVD 工艺的基础,CVD 工艺中涉及的化学反应主要有三类:热解反应、化学合成反应和化学输运反应。

**1. 热解反应**

热解反应是最简单的沉积反应,是吸热反应,一般是在真空或惰性气氛下加热衬底至所需温度后,导入反应气体使之发生热分解,最后在衬底上沉积出固体材料层。

通常,ⅣB 族、ⅢB 族和ⅡB 族的一些低周期元素的氢化物,例如 $CH_4$、$SiH_4$、$GeH_4$、$B_2H_6$、$PH_3$、$AsH_3$ 等都是气态化合物,而且加热后易分解出相应的元素,因此,很适合在 CVD 技术中用作原料气。其中,$CH_4$、$SiH_4$ 分解后直接沉积出固态的薄膜,$GeH_4$ 也可以混合在 $SiH_4$ 中,热分解后直接得到 Si-Ge 合金膜,例如:

$$CH_4 \xrightarrow{600 \sim 1\,000\ ℃} C + 2H_2$$

$$SiH_4 \xrightarrow{600 \sim 800\ ℃} Si + 2H_2$$

$$0.95SiH_4 + 0.05GeH_4 \xrightarrow{550 \sim 800\ ℃} Ge_{0.05}Si_{0.95}(硅锗合金) + 2H_2$$

也有一些含有机烷氧基的化合物,在高温时不稳定,热分解生成相应元素的氧化物,例如:

$$2Al(OC_3H_7)_3 \xrightarrow{\sim 420\ ℃} Al_2O_3 + 6C_3H_6 + 3H_2O$$

$$Si(OC_2H_5)_4 \xrightarrow{750 \sim 850\ ℃} SiO_2 + 4C_2H_4 + 2H_2O$$

也可以利用氢化物或有机烷基化合物的不稳定性,经过热分解后立即在气相中与其他原料气反应生成固态沉积物,例如:

$$Ga(CH_3)_3 + AsH_3 \xrightarrow{630 \sim 675\ ℃} GaAs + 3CH_4$$

$$Cd(CH_3)_2 + H_2S \xrightarrow{475\ ℃} CdS + 2CH_4$$

此外,还有一些金属的羰基化合物,本身是气态或者很容易挥发成蒸气的液体,经过热分解,沉积出金属薄膜并放出 CO 等,很适合用于 CVD 技术,例如:

$$Ni(CO)_4 \xrightarrow{140 \sim 240\ ℃} Ni + 4CO$$

$$Pt(CO)_2Cl_2 \xrightarrow{600\ ℃} Pt + 2CO + Cl_2$$

**2. 化学合成反应**

此类沉积反应主要以氧化还原反应沉积为主。一些元素的氢化物或有机烷基化合物常常是气态的或者是易于挥发的液体或固体,便于使用在 CVD 技术中。如果同时通入氧气,在反应器中发生氧化反应时就沉积出相应于该元素的氧化物薄膜,例如:

$$SiH_4 + 2O_2 \xrightarrow{325\sim475\ ℃} SiO_2 + 2H_2O$$

$$2SiH_4 + 2B_2H_6 + 15O_2 \xrightarrow{300\sim500\ ℃} 2B_2O_3 \cdot SiO_2 + 10H_2O$$

$$Al_2(CH_3)_6 + 12O_2 \xrightarrow{450\ ℃} Al_2O_3 + 9H_2O + 6CO_2$$

卤素通常是 -1 价,许多卤化物是气态或易挥发的物质,因此,在 CVD 技术中被广泛地用作原料气。要得到相应的该元素的单质薄膜,常常需采用氢还原的方法,例如:

$$WF_6 + 3H_2 \xrightarrow{\sim300\ ℃} W + 6HF$$

$$SiCl_4 + 2H_2 \xrightarrow{1\,150\sim1\,200\ ℃} Si + 4HCl$$

三氯硅烷的氢还原反应是目前工业规模生产半导体级超纯硅( >99.9999999% )的基本方法。

$$SiHCl_3 + H_2 \xrightarrow{1\,100\sim150\ ℃} Si + 3HCl$$

在 CVD 技术中使用最多的反应类型是两种或两种以上的反应原料气在沉积反应器中相互作用合成得到所需要的无机薄膜或其他材料形式,例如:

$$3SiH_4 + 4NH_3 \xrightarrow{750\ ℃} Si_3N_4 + 12H_2$$

$$3SiCl_4 + 4NH_3 \xrightarrow{850\sim900\ ℃} Si_3N_4 + 12HCl$$

$$2TiCl_4 + N_2 + 4H_2 \xrightarrow{1\,200\sim1\,250\ ℃} 2TiN + 8HCl$$

**3. 化学输运反应**

一些物质本身在高温下会汽化分解,然后在沉积反应器稍冷的地方反应沉积生成薄膜、晶体或粉末等形式的产物。例如前面介绍的 HgS 就属于这一类,具体的反应可以写成:

$$2HgS(s) \underset{T_1}{\overset{T_2}{\rightleftharpoons}} 2Hg(g) + S_2(g)$$

有的时候原料物质本身不容易发生分解,而需添加另一种物质(称为传输剂)来促进输运中间气态产物的生成,例如:

$$2ZnS(s) + 2I_2(g) \underset{T_1}{\overset{T_2}{\rightleftharpoons}} 2ZnI_2(g) + S_2(g)$$

这类输运反应中通常是 $T_2 > T_1$，即生成气态化合物的反应温度 $T_2$ 往往比重新反应沉积时的温度 $T_1$ 要高一些。但是，这不是固定不变的，有时候沉积反应反而发生在较高温度的地方。例如，碘钨灯（或溴钨灯）管工作时不断发生的化学输运过程就是由低温向高温方向进行的。为了使碘钨灯（或溴钨灯）灯光的光色接近于日光的光色，就必须提高钨丝的工作温度。提高钨丝的工作温度（2 800～3 000 ℃）就大大加快了钨丝的挥发，挥发出来的钨冷凝在相对低温（～1 400 ℃）的石英管内壁上，使灯管发黑，也相应地缩短了钨丝和灯的寿命。如在灯管中封存少量碘（或溴），灯管工作时气态的碘就会与挥发到石英灯管内壁的钨反应生成六碘化钨。六碘化钨此时是气体，就会在灯管内输运或迁移，遇到高温的钨丝就热分解，把钨沉积在因为挥发而变细的部分，使钨丝恢复原来的粗细。六碘化钨在钨丝上热分解沉积钨的同时也释放出碘，使碘又可以不断地循环工作。由于非常巧妙地利用了化学输运反应沉积原理，碘钨灯的钨丝温度得以显著提高，而且寿命也大幅度地延长。

$$W(s) + 3I_2(g) \underset{\sim 3\,000\ ℃}{\overset{1\,400\ ℃}{\rightleftharpoons}} WI_6(g)$$

### 7.2.3　CVD 中的化学热力学和动力学

CVD 热力学分析的主要目的是预测特定条件下某些 CVD 化学反应的可行性，判断反应的方向和平衡时的反应程度。在温度、压强和反应物浓度给定的条件下，热力学计算能从理论上预测平衡时所有气体的分压和沉积薄膜的产量（即反应物的转化率），但是不能给出沉积速率。热力学分析可作为确定 CVD 工艺参数的参考。通常，CVD 在衬底上沉积薄膜的过程可以描述为如图 7.2 所示的七个阶段。

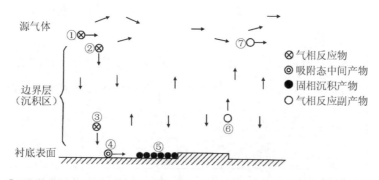

①源气体向沉积区输运；②源气体向衬底表面扩散；③源气体分子被衬底表面吸附；④在衬底表面上发生化学反应，成核、生长；⑤副产物从衬底表面脱附；⑥副产物扩散回主气流；⑦副产物输运出沉积区

图 7.2　CVD 中源的输运和反应过程

在这些过程中,速率最慢的步骤决定了薄膜的生长速率。阶段②⑥⑦是物质输运步骤,通过扩散、对流等物理过程进行。阶段③④⑤为吸附、表面反应和解吸过程。如果表面反应过程相对于质量传输过程进行得更快,则薄膜沉积过程为质量输运控制或质量转移控制;反之,如果质量传输过程很快,而与固体表面吸附、化学反应和脱附相关的过程进行得较慢,则称为表面控制或化学动力学控制。如果温度进一步提高,动力学的因素就变得不重要,整个过程变为热力学控制。

CVD 薄膜生长动力学特性通常可以用阿伦尼乌斯(Arhenius)曲线,即生长速率与温度之间的依赖关系来确定。图 7.3 为 CVD 放热反应和吸热反应中薄膜生长速率随沉积温度的变化曲线。

Ⅰ区为表面反应控制区,对应于较低的生长温度。表面反应的速率远低于质量传输的速率,反应气体能充分地从主气流区输运到衬底表面,在衬底表面的气体边界层不存在反应物的浓度梯度,生长速率只依赖于表面反应的速率,而化学反应的速率通常对温度有强烈的依赖关系,故薄膜沉积速率随着温度的增加呈现指数增加的规律。在化学动力学控制范围,CVD 生长薄膜的厚度通常是比较均匀的。然而也发现在半导体外延生长中,掺杂浓度随晶面取向不同而变化,这是因为表面反应速率(即外延生长速率)与晶面取向有关。如果控制不好,就会导致外延层粗糙不平。

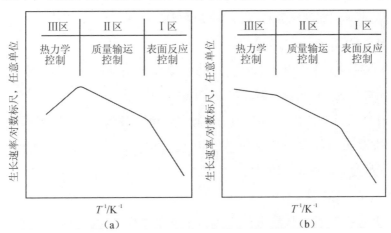

图 7.3 CVD 放热反应(a)和吸热反应(b)中薄膜生长速率对温度的依赖关系

Ⅱ区为质量输运控制区,对应于中温区。表面反应速率较快,薄膜生长受限于反应气体从主流区向衬底表面的质量输运过程,衬底附近的气体边界层存在一个明显的反应物浓度梯度,薄膜生长变为质量输运控制。依据流体力学等相关理论,可以推出此时生长速率与反应物气体分压成正比,生长速率对沉积温度的依赖变得温和。

同时生长速率反比于系统的总压强,质量传输速率可以通过降低反应总压强来提高,这也是很多 CVD 工艺选择低压生长的主要原因,通过减少边界层的厚度,来改进薄膜的生长速率。值得注意的是,在扩散控制模式下,衬底在反应室的几何位置会对沉积速率有影响。

在上面两种动力学控制生长过程中,薄膜的厚度随时间呈线性变化,只是生长速率呈现不同的温度依赖关系。二者之间也可能存在两种机制:表面反应控制和质量输运控制共存的混合区。

Ⅲ区为热力学控制区,对应于较高的生长温度。质量转移和表面反应过程进行得都很快,反应物气流在衬底附近有充分的停留时间,足以跟生长表面达成平衡,整个过程可以认为是进气控制,也称为热力学控制。当反应是放热反应,升高温度使吉布斯自由能 $\Delta G$ 生长驱动力变小,生长速率变慢,在这种情况下,衬底表面有利于形成单晶,如 Ga-AsCl$_3$-H$_2$ 系统的外延生长通常就发生在此区间。如果沉积温度极高,$\Delta G$ 变成正值,则沉积工艺的逆反应将发生,衬底会被反应气体腐蚀,如 Si 在高温下被 HCl 气体腐蚀已被实验证实。当反应是吸热反应,升高温度使 $\Delta G$ 生长驱动力变大,均相反应被明显增强,可能会导致气相中形成粉末,而非在衬底表面形成薄膜。

通常,鉴别控制类型的最有效方法就是实验测定生长参数,如沉积温度、沉积压力、反应物流量和衬底状况等对沉积速率的影响。

### 7.2.4　CVD 的特点和分类

CVD 具有一些独特的优点,使它在不少工业领域成为优选的制备技术。把 CVD 技术用于无机合成和材料制备时具有以下特点:

①CVD 制备是一种相对简单、具有高度灵活性的技术,可沉积各种各样的薄膜,包括金属、非金属、多元化合物、有机聚合物、复合材料等,与半导体工艺兼容。

②沉积的薄膜质量高,具有纯度高、致密性好、残余应力小、结晶良好、表面平滑均匀、辐射损伤小等特点。

③沉积速率高,适合规模化生产,通常不需要高真空,组成调控简单,易于掺杂,可大面积成膜,成本上极具竞争力。

④沉积材料形式多样,除了薄膜,还可制备纤维、单晶、粉末、泡沫以及多种纳米结构。也可沉积在任意形状、任意尺寸的基体上,具有相对较好的三维贴合性能。

当然,CVD 也有其局限性。首先,尽管 CVD 生长温度低于材料的熔点,但反应温度还是太高,应用中受到一定限制。等离子体增强的 CVD 和金属有机化学气相沉积技术的出现,部分解决了这个问题。其次,不少参与沉积的反应源、反应气体和反应副产物易燃、易爆或有毒、有腐蚀性,需要采取有效的环保与安全措施。另外,一些生长材料所需的元素,缺乏具有较高饱和蒸气压的合适前驱体,或是合成与提纯工艺过于复杂,也影响了该制备技术的充分发挥。

多年的发展使 CVD 的种类日益丰富,表 7.2 按照不同工艺参数的特点,对 CVD 进行了分类总结。

表 7.2 CVD 的分类

| 分类方法 | 类别 | 分类方法 | 类别 |
| --- | --- | --- | --- |
| 沉积压力 | 常压 CVD | 沉积温度 | 低温 CVD(200~500 ℃) |
|  | 低压 CVD |  | 高温 CVD(500~1 000 ℃) |
|  | 高真空 CV |  | 超高温 CVD(1 000~1 300 ℃) |
| 气流状态 | 开管式 CVD | 反应器壁 | 热壁 CVD |
|  | 闭管式 CVD |  | 冷壁 CVD |
| 前驱体种类 | 无机 CVD | 前驱体输运方式 | 直接液相输运或闪蒸 MOCVD |
|  | MOCVD |  | 气溶胶辅助 CVD |
| 反应室结构 | 立式 CVD | 反应激活方式 | 热 CVD |
|  | 卧式 CVD |  | 等离子体增强 CVD |
|  | 流化床 CVD |  | 光辅助 CVD |
|  | 转桶 CVD |  | 激光 CVD |
|  | 热丝 CVD |  | 聚焦离子束 CVD |
| 沉积时间 | 连续 CVD |  | 电子束 CVD |
|  | 不连续 CVD |  | 催化 CVD |
|  | 脉冲式 CVD |  | 燃烧 CVD |
| 沉积材料 | 聚合物 CVD | 沉积方式 | 化学气相渗滤 |

下面介绍几种比较重要的化学气相沉积方式。

(1)低压化学气相沉积(LPCVD)

低压化学气相沉积指的是化学气相沉积在低压下进行,通常生长压强在 1 mTorr~1 Torr 之间。低压下气体扩散系数增大,使气态反应物和副产物的质量传输速率加快,薄膜的生长速率增加。LPCVD 设备需配置压力控制和真空系统,这增加了整个设备的复杂性,但也表现出以下优点:①低气压下气态分子的平均自由程度增大,反应室内可以快速达到浓度均一,消除了由气相浓度梯度带来的薄膜不均匀性;②可以使用较低蒸气压的前驱体,在较低的生长温度下成膜;③残余气体和副产物可快速被抽走,抑制有害的寄生反应和气相成核,界面成分锐变;④薄膜质量高,具有良好台阶覆盖率和致密度;⑤沉积速率快,沉积过程大多由表面反应速率控制,对温度变化较为敏感,LPCVD 技术主要控制温度变量,工艺重复性优于常压 CVD;⑥卧式 LPCVD 装片密度高,生产效率高,成本低。

LPCVD 已经被广泛用于沉积掺杂或不掺杂的氧化硅、氮化硅、多晶硅、硅化物薄膜,Ⅲ-Ⅴ族化合物薄膜以及钨、钼、钽、钛等难熔金属薄膜。

(2)金属有机化学气相沉积(MOCVD)

金属有机化学气相沉积是在金属有机气相外延生长(Metal-Organic Vapor-Phase Epitaxy,MOVPE)基础上发展起来的一种新型气相外延生长技术。它是利用金属有机化合物前驱体的热分解反应进行外延生长的方法,是一种特殊类型的 CVD 技术。1968 年,美国罗克威尔公司的 Manasevit 等人用 $Ga(CH_3)_3$ 作 Ga 源,用 $AsH_3$ 作 As 源,用 $H_2$ 作载气,在绝缘衬底($\alpha$-$Al_2O_3$、$MgAl_2O_4$)上成功地气相沉积了 GaAs 外延层,首创 MOCVD 技术。

常用的金属有机源主要包括金属的烷基或芳基衍生物、金属有机环戊二烯化合物、金属 $\beta$-二酮盐、金属羰基化合物等,另外,一些含金属的烷氧基化合物,如三异丙醇铝[$Al(OC_3H_7)_3$],以及一些 $\beta$-丙酮酸(或 $\beta$-二酮)的金属配合物等(它们不属于金属有机化合物),也具有较大的挥发性,也被用于 MOCVD 技术之中。利用 MOCVD,特别是低压 MOCVD,成功制备出了原子级成分锐变、界面平整、无缺陷的化合物半导体异质结和超晶格。目前,MOCVD 主要用于生长各种Ⅲ-Ⅴ族、Ⅱ-Ⅵ族化合物半导体以及它们的多元固溶体的薄层单晶材料,例如,GaN 系半导体材料的外延生长和蓝色、绿色或紫外发光二极管芯片的制造。

MOCVD 在化合物半导体制备上的成功应用得益于其独特的优点:①沉积温度低,减少了自污染,提高了薄膜纯度,有利于降低空位密度和解决自补偿问题;②沉积过程不存在刻蚀反应,沉积速率易于控制;③可通过精确控制各种气体的流量来控制外延层组分、导电类型、载流子浓度、厚度等特性;④气体流速快,切换迅速,从而可以使掺杂浓度分布陡峭,有利于生长异质结和多层结构;⑤薄膜生长速率与 MO 源的供给量成正比,改变流量就可以较大幅度地调整生长速率;⑥可同时生长多片衬底,适合大批量生产;⑦在合适的衬底上几乎可以外延生长所有化合物半导体和合金半导体。

另外,作为一种原子层外延技术,MOCVD 技术不仅能够控制外延的区域(Selected epitaxy;Pattern epitaxy),而且能够在同一原子层上生长不同的物质(Fractional epitaxy)。MOCVD 与分子束外延已经成为制备化合物半导体异质结、量子阱和超晶格材料的主要手段之一。近年来,MOCVD 技术得到进一步发展,不仅能够制备 $TiO_2$、ZnO 等单一氧化物薄膜,还成功地制备出 $Pb(Zr_xTi_{1-x})O_3$、$SrBi_2Ta_2O_9$、$YBa_2Cu_3O_7$ 等组分复杂的铁电薄膜和超导薄膜。值得指出的是,在衬底与生长薄膜晶格不匹配或生长温度太低的情况下,MOCVD 沉积的薄膜也可能是多晶或非晶薄膜。由于 MOCVD 技术与半导体工艺的优异兼容性,这些通过 MOCVD 方法成功制备的薄膜,为其今后大规模商业应用提供了有力保证。

MOCVD 的不足之处是设备昂贵,配套设施以及所需原材料也昂贵无比。不少 MO 源除了价格昂贵,还有毒、易燃、易爆,为 MO 源的制备、储存、运输和使用带来了困难,必须采取严格的防护措施。另外,沉积氧化物材料所需的具有足够高饱和蒸气压的金属有机化合物前驱体如稀土材料的 MO 源,目前还很缺乏,影响了该技术的应用。世界上最大的两家 MOCVD 生产商为德国的 AIXTRON 和美国的 VEECO,日系的 MOCVD 一般只在日本本土占有市场。

(3) 等离子体增强化学气相沉积(PECVD)

等离子体增强化学气相沉积(Plasma Enhanced CVD,PECVD)是指利用辉光放电产生的等离子体来激活化学气相沉积反应的 CVD 技术。它既包括了化学气相沉积过程,又有辉光放电的物理增强作用;既有热化学反应,又有等离子体化学反应,广泛应用于微电子、光电子、光伏等领域。按照产生辉光放电产生等离子体的方式,可以分为几种类型:直流辉光放电 PECVD、射频辉光放电 PECVD、微波 PECVD 和电子回旋共振 PECVD。

等离子体在 CVD 中的作用包括:①将反应物气体分子激活成活性离子,降低反应温度;②加速反应物在表面的扩散作用,提高成膜速率;③对基片和薄膜具有溅射清洗作用,溅射掉结合不牢的粒子,提高了薄膜和基片的附着力;④由于原子、分子、离子和电子相互碰撞,从而改进薄膜的均匀性。

例如,在通常条件下,硅烷和氨气的反应在 850 ℃左右进行,并沉积氮化硅,但是在等离子体增强反应的情况下,只需要 350 ℃左右就可以生成氮化硅。这样就可以拓宽 CVD 技术的应用范围,特别是在集成电路芯片的最后表面钝化工艺中,800 ℃的高温会使有电路的芯片损坏,而在 350 ℃ 左右沉积氮化硅不仅不会损坏芯片,并且会使芯片得到钝化保护,提高了器件的稳定性。由于这些薄膜是低温下沉积的,它们的分子式中原子数量比不是很确定,同时薄膜中也常含有一定量的氢,因此,分子表达式常用 $SiO_x$(或 $SiO_xH_y$)来代表。一些常用的 PECVD 反应有:

$$SiH_4 + xN_2O \xrightarrow{\sim 340 ℃} SiO_x(或 SiO_xH_y) + \cdots$$

$$SiH_4 + xNH_3 \xrightarrow{\sim 350 ℃} SiN_x(或 SiN_xH_y) + \cdots$$

$$SiH_4 \xrightarrow{\sim 350 ℃} \alpha\text{-}Si(H) + 2H_2$$

最后一个硅烷热分解的反应方程式可以用来制造非晶硅太阳能电池。

PECVD 具有如下优点:①低温下成膜(300~350 ℃),避免了高温带来的薄膜微结构和界面的恶化;②低压下成膜,膜厚及成分较均匀,膜致密、内应力小,不易产生裂纹;③扩大了 CVD 的应用范围,特别是在特殊基片(如聚合物柔性衬底)上沉积金属薄膜、非晶态无机薄膜、聚合物、复合物薄膜的能力;④薄膜的附着力大于普通 CVD 薄膜。

当然,PECVD 也有一些缺点:①化学反应过程十分复杂,影响薄膜质量的因素较多;②工作频率、功率、压力、基板温度、反应气体分压、反应器的几何形状、电极空间、电极材料和抽速等相互影响;③参数难以控制;④反应机理、反应动力学、反应过程等还不十分清楚。

(4) 光辅助化学气相沉积(PACVD)

光辅助化学气相沉积(Photo-Assisted CVD,PACVD)是利用光能使气体分解,增加反应气体的化学活性,促进气体之间化学反应,从而实现低温下生长的化学气相沉积技术,具有较强的选择性。典型例子是紫外线诱导和激光诱导的 CVD,前者为有一定光谱分布的紫外线,后者为单一波长的激光。两者都是利用紫外线、激光照射来激活气相前驱体的分解和反应。激光用于 CVD 沉积可以显著降低生长温度,提高生长速率,并有利于单层生长。激光光源种类非常多,如二氧化碳激光器、Nd-YAG 激光器、准分子激光器和氩离子激光器。通过选择合适的波长和能量,利用低的激活能(<5 eV),还可以避免膜损伤。另外,通过激光束的控制,除了可以进行大面积的薄膜沉积,还可以进行微米范围的局部微区沉积,特别是与计算机控制的图形发生系统相结合,可沉积复杂的三维微米和亚微米尺度图案,如三维螺旋状天线等。例如,利用激光制备钨膜,反应如下:

$$W(CO)_6 \xrightarrow{\text{激光束}} W + 6CO$$

通常,这一反应发生在300 ℃左右的衬底表面。采用激光束平行于衬底表面,激光束与衬底面的距离约1 mm,结果处于室温的衬底表面上就会沉积出一层光亮的钨膜。

(5)其他能源辅助化学气相沉积

利用其他各种能源如火焰燃烧法或热丝法,都可以实现增强沉积反应的目的。不过燃烧法主要不是降低温度,而是增强反应速率。利用外界能源输入能量有时还可以改变沉积物的品种和晶体结构。例如,甲烷或有机碳氢化合物蒸气在高温下裂解生成炭黑,炭黑主要是由非晶碳和细小的石墨颗粒组成:

$$CH_4 \xrightarrow{800 \sim 1\,000\,℃} C(\text{炭黑}) + 2H_2$$

将用氢气稀释的1%的甲烷在高温低压下裂解,也会生成石墨和非晶碳。但是,同时利用热丝或等离子体使氢分子解离生成氢原子,那么,就有可能在压强0.1 MPa左右或更低的压强下沉积出金刚石而不是石墨:

$$CH_4 \xrightarrow[800 \sim 1\,000\,℃]{\text{热丝或等子体}} C(\text{金刚石}) + 2H_2$$

甚至在沉积金刚石的同时石墨被腐蚀掉,实现了过去认为不可能实现的在低压下从石墨到金刚石的转变:

$$C(\text{石墨}) + H_2 \xrightarrow[800 \sim 1\,000\,℃]{\text{或等子体}} CH_4 + C_2H_2 + \cdots \xrightarrow[800 \sim 1\,000\,℃]{\text{或等子体}} C(\text{金刚石}) + 2H_2$$

## 7.3　化学气相沉积前驱体

在CVD工艺中,反应前驱体的物理和化学性质在很大程度上决定了沉积反应过程,因而对生长条件、生长层的质量、生长装置乃至生长过程的安全性和成本都有很大影响。一般理想的CVD前驱体应具有如下特征:

①良好的挥发性和较好的化学稳定性。

②适当的分解温度,在源蒸发和热分解间存在合适的温度窗口。

③反应副产物不会妨碍薄膜生长或污染薄膜生长层。

④不与使用的其他源发生预沉积反应或寄生反应。

⑤储存寿命长,对空气和水不敏感。
⑥低毒性、安全。
⑦易于合成和提纯,有可接受的价格。

用于化学气相沉积反应的源根据物质形态可分为三类:

①气态源:室温下为气态的源,如 $H_2$、$N_2$、$CH_4$、$O_2$、$O_3$、$NH_3$、$SiH_4$、$AsH_3$、$PH_3$、$H_2S$、$Cl_2$、$HCl$ 等。气态源对于 CVD 工艺使用最为方便,无需控制温度,只要控制流量,使得沉积系统大为简化,对于控制沉积材料成分也十分有利。

②液态源:室温或使用温度下为液态的源。一般有较高的蒸气压,满足沉积工艺要求,例如 $AsCl_3$、$TiCl_4$、$CH_3CN$、$SiCl_4$、三甲基铝、异丙醇钛、羰基铁等。一般用载气(如 $H_2$、$N_2$、$Ar$)带入反应室,蒸气压与温度为指数关系,故源温控制对保持材料成分恒定很重要。

③固态源:使用温度下为固态的源,一般蒸气压较低,需要在加热条件下(几十到几百摄氏度)才能升华出需要的蒸气量,通过载气携带进入反应室,如 $AlCl_3$、$NbCl_5$、$TaCl_5$、$ZrCl_4$、$WCl_6$、乙酰丙酮铝、四甲基庚二酮镧等。固态源的蒸气压对温度十分敏感,对加热温度和载气流量的控制精度十分严格。

化学气相沉积反应的源又可根据化学结构、组成特点分为卤素、卤化物、氧化物、醇盐、有机金属烷基化合物、有机金属环戊二烯化合物、金属羰基卤化物、金属 $\beta$-二酮盐及其改性化合物、金属烷氨基盐等。表 7.3 总结了一些常用的 CVD 前驱体或 MO 源的特点。

表 7.3 一些常用的 CVD 前驱体或 MO 源的特点

| 种类 | 举例 | 特点 | 应用 | 不足 |
| --- | --- | --- | --- | --- |
| 卤化物 | $HfCl_4(s)$<br>$TiCl_4(l)$<br>$CF_4(g)$ | 固态、不易挥发、热稳定性非常好 | CVD | 卤素污染、尾气有腐蚀性、难纯化 |
| 金属 $\beta$-二酮盐 | $La(thd)_3$<br>$Al(acac)_3$ | 固态、易保存、毒性小 | MOCVD | 高蒸发温度、存在高温下长期热稳定性问题、有碳污染 |
| 金属醇盐 | $Zr(OtBu)_4$<br>$Ti(OiPr)_4$ | 液态、易挥发、热稳定性好 | MOCVD | 对水汽敏感、有碳污染 |

续表

| 种类 | 举例 | 特点 | 应用 | 不足 |
| --- | --- | --- | --- | --- |
| 金属硝酸盐 | $Hf(NO_3)_4$<br>$Zr(NO_3)_4$ | 固态、易挥发、不含C(H)元素、强氧化剂、生长温度低 | CVD | 对水汽敏感、安全 |
| 有机金属烷基化合物 | $Al(Me)_3$<br>$Zn(Et)_3$<br>$Ga(Me)_3$ | 液态、易挥发、热稳定性好 | MOCVD | 对水汽敏感、安全 |
| 有机金属环戊二烯化合物 | $ZrCp_2Me_2$<br>$HfCp_2Me_2$ | 固态、热稳定性好 | MOCVD | 碳污染严重、对水汽敏感 |
| 金属烷氨基盐 | $Hf(NEt_2)_4$<br>$Zr(NMe_2)_4$ | 液态、挥发性和稳定性良好、不含氧、低的生长温度 | MOCVD | 对水汽敏感,残余羟基、氢 |
| 氢化物 | $SiH_4$<br>$AsH_3$<br>$PH_3$ | 气态、易调控 | CVD<br>MOCVD | 大多数有剧毒 |
| 金属羰基化合物 | $Fe(CO)_5(l)$<br>$Mo(CO)_6(s)$ | 挥发性较好 | CVD | 不少羰基源稳定性较差、毒性大 |

注:thd——四甲基庚二酮;acac——乙酰丙酮;Cp——环戊二烯;Me——甲基;Et——乙基;Pr——丙基;Bu——丁基。

实际使用的 CVD 前驱体很难满足理想前驱体的全部条件,只能根据沉积薄膜的要求权衡取舍。金属醇盐、金属烷基化合物、金属 $\beta$-二酮盐等金属有机化合物具有良好的挥发性,是制备金属氧化物常用的前驱体。但金属醇盐和金属烷基化合物对潮湿极为敏感,稳定性较差。金属 $\beta$-二酮盐在空气中较稳定,但挥发性不如前者,且碳含量较高,易引起碳污染。因此,合成化学家一直在不断改进已有的 CVD(含 MO 源)前驱体,例如,在金属醇盐中引入配位基团,提高醇盐中金属离子的配位饱和度,从而改进其稳定性及挥发性。最常用的方法是用 $\beta$-二酮基团取代分子中的部分烷氧基形成 $M(OR)_n(\beta\text{-二酮})_m$ 结构,其中 M = Zr、Ti、Ta、Nb;R = Me、Et、$i$Pr、$t$Bu;$\beta$-二酮 = thd、acac、hfac。这里的 hfac 代表六氟乙酰丙酮。

开发挥发性高、稳定性好、毒性低、易于使用的新型前驱体，也是 CVD 发展中的一个重要任务。一些具有良好挥发性的无水硝酸盐作为新型的、不含碳的金属无机源前驱体，应用于 CVD 工艺沉积金属氧化物薄膜，可有效地解决碳污染问题。另外，利用单源前驱体，即一个前驱体分子里含有 CVD 反应需要的多种金属和非金属元素的前驱体，代替多种 CVD 源，制备复合氧化物薄膜，如铁电薄膜、超导氧化物薄膜，可极大地简化实验过程，减少预反应，改善化学计量比，提高成膜均匀性。例如，一系列复合醇盐 LiTa($O_i$Bu)$_6$、LiNb($O_i$Bu)$_6$ 等已经被合成并应用于铁电薄膜的制备中，并取得了较好的效果。然而，并非所有复合金属醇盐都可以用来制备薄膜材料，如 Sr[Ta(OR)$_6$]$_2$ 在升华过程中发生分解，分别形成 Sr 和 Ta 的醇盐，且中心 Sr$^{2+}$ 配位未饱和，因而对水汽敏感不易保存。在分子内加入供电子配体 dmae(dimethylaminoethoxide，二甲基氨基乙醇盐)，形成化合物 Sr[Ta(OR)$_6$(dmae)]$_2$ 后，可增加 Sr$^{2+}$ 的配位数，同时使双金属醇盐中的 Sr 和 Ta 原子通过分子内桥键连接起来，更有利于形成稳定化学计量比的双金属氧化物薄膜。将 Sr[Ta(OR)$_6$(dmae)]$_2$ 及 Bi($C_6H_5$)$_3$ 作为液态有机源，在镀 Pt 的 Si 衬底上可沉积得到 SrBi$_2$Ta$_2$O$_9$ 的铁电薄膜。

为了改善稳定性和挥发性不太好的 MO 源的输运特性，人们又发展了直接液相输运技术(Direct Liquid Injection，DLI)或闪蒸 MOCVD。图 7.4 为 MOCVD 直接液相输运系统的示意图。

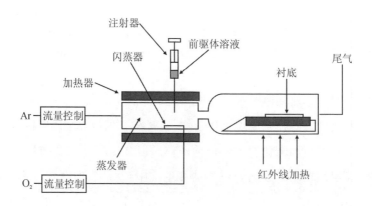

图 7.4　MOCVD 直接液相输运系统示意图

将生长中用到的 MO 源溶解到合适的有机溶剂中，进入反应室正式生长前一直保存在室温中，有效地降低了热稳定性不好的前驱体发生前期热分解的可能性。利用直接液相输运方法，已经成功生长出多种多元氧化物，例如，用金属 $\beta$-二酮源和金属醇盐溶解在四氢呋喃等溶剂里,通过液相输运闪蒸,制备了铁酸锌镍和钽钪酸铅等铁磁、铁电多元氧化物薄膜。另外也发展了针对固态前驱体改进其输运特性的固体输运闪蒸系统。

气溶胶辅助输运系统(Aerosol-assisted delivery)也得到了广泛应用。与液相输运类似,它也依赖闪蒸方法来输运前驱体,只是前驱体溶液是处在气溶胶的状态。通常超细的亚微米尺度气溶胶液滴借助惰性气体或反应载气通过超声方法产生。在气溶胶辅助的CVD(Aerosol Assisted CVD,AACVD)工艺中,前驱体无须一定是具有挥发性的,只要可以溶于某种溶剂产生气溶胶即可。图7.5为气溶胶辅助输运系统的示意图。与传统CVD相比,AACVD具有几个明显的优势:①前驱体的选择性广泛;②通过形成气溶胶,前驱体输运和蒸发系统变得简单有效,易获得精确化学计量比的多组元化合物;③高的沉积速率、灵活的反应环境(低压、常压,甚至敞开的环境)、低成本。不足之处是AACVD沉积中因包含了溶剂和前驱体的雾化、蒸发和气化等过程而变得复杂,气相中可能会产生不需要的颗粒污染物,从而引起沉积材料微结构和性能的恶化。目前,利用气溶胶辅助的输运系统,人们通过AACVD已经成功制备了钇钡铜氧和镧锶锰氧等多元氧化物薄膜。

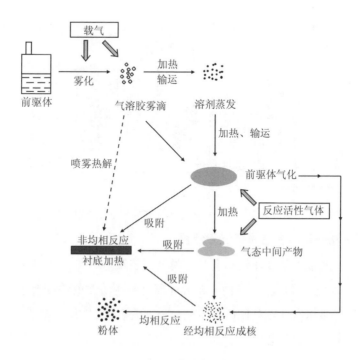

图7.5 气溶胶辅助输运系统示意图

## 7.4 化学气相沉积装置

CVD装置通常可以由气源控制部件、沉积反应室、沉积温控部件、真空排气和压强控制部件等部分组成。对等离子增强型或其他能源激活型CVD装置,还需要增加激励能源控制部件。CVD的沉积反应室内部结构及工作原理变化最大,常常根据不同的反应类型和不同的沉积物要求来专门设计。这里,我们列举几个常见装置。

**1. 半导体超纯多晶硅的沉积生产装置**

图7.6中的沉积反应室是一个钟罩式的常压装置。中间是由三段硅棒搭成的倒U形,从下部接通电源使硅棒保持在1 150 ℃左右。底部中央是一个进气喷口,不断喷入三氯硅烷和氢的混合气体,超纯硅会不断被还原析出并沉积在硅棒上,最后得到很粗的硅锭或硅块用于拉制半导体硅单晶。

$$\text{SiHCl}_3 + \text{H}_2 \xrightarrow{1\,100 \sim 1150\ ℃} \text{Si} + 3\text{HCl}$$

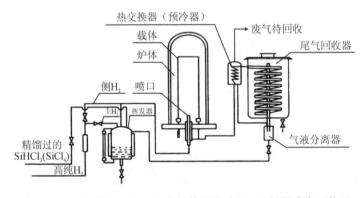

图7.6 三氯硅烷氢还原生产半导体超纯硅的工业钟罩式常压装置

**2. 常压单晶外延和多晶薄膜沉积装置**

图7.7是一些常压单晶外延和多晶薄膜沉积装置示意图。其中,(a)是最简单的卧式反应器,(b)是立式反应器。由于半导体器件在制造时的纯度要求极高,因此,所有这些反应器都是用高纯石英作反应室的容器,用高纯石墨作为基底,易于射频感应加热或红外线加热。这些装置主要用于$\text{SiCl}_4$氢还原在单晶硅片衬底上生长的几微米厚的硅外延层。所谓外延层,就是指与衬底单晶的晶格相同排列方式增加了若干

晶体排列层。也可以用晶格常数相近的其他衬底材料来生长硅外延层，例如，在蓝宝石（$Al_2O_3$）和尖晶石上都可以生长硅的外延层。这样的外延称为异质外延，在半导体工业和其他行业都有应用。图 7.7 的装置不仅可以用于硅外延层生长，还可以较广泛地用于 GaAs、GaPAs、GeSi 合金和 SiC 等其他外延层生长，以及氧化硅、氮化硅、多晶硅及金属等薄膜的沉积。这些都是一些较通用的常压 CVD 装置。(a)装置中可以每次放 3~4 片衬底，(b)装置中可以每次放 6~18 片衬底。

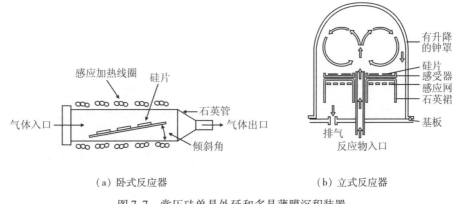

图 7.7 常压硅单晶外延和多晶薄膜沉积装置

**3. 热壁 LPCVD 装置**

在 20 世纪 70 年代末，热壁 LPCVD 装置及相应工艺技术的发展被誉为集成电路制造工艺中的一项重大突破性进展。图 7.8 即为热壁 LPCVD 装置示意图。与常压 CVD 工艺相比，LPCVD 具有三大优点：①每次的装硅片量从几片或几十片增加到 100~200 片；②薄膜的片内均匀性由厚度偏差 ±（10%~20%）改进到 ±（1%~3%）；③成本降低到常压法工艺的十分之一左右。因此，这在当时被称为 3 个数量级的突破，即 3 个分别为 10 倍的改进。这种 LPCVD 装置一直沿用至今，目前被广泛地用于二氧化硅（$SiO_2$）、氮化硅（$Si_3N_4$）和多晶硅薄膜的沉积。热壁 LPCVD 技术可以提高沉积薄膜的质量，使膜层具有均匀性好、缺陷密度低、台阶覆盖性好等优点。沉积时，硅片垂直装入反应器中，间隙紧凑，大大提高了设备的加工能力，有利于降低生产成本、提高经济效益。与水平放置硅片的系统相比，它避免了反应器掉落微粒的玷污。这一工艺中的一个关键因素是必须保证不同位置（即图中炉内的气流前后位置）的衬底上都能得到均匀厚度的沉积层。

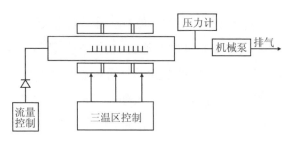

图 7.8 热壁 LPCVD 装置

### 4. PECVD 装置

通过等离子体增强可以使 CVD 技术的沉积温度下降几百摄氏度,甚至有时可以在室温的衬底上得到 CVD 薄膜。图 7.9 展示了几种 PECVD 装置。

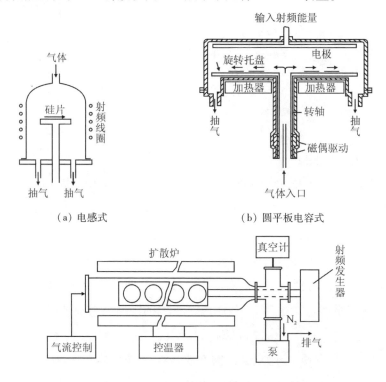

图 7.9 几种 PECVD 装置

其中,(a)是一种最简单的电感耦合产生等离子体的 PECVD 装置,可以在实验室中使用。(b)是一种平行板结构装置。衬底放在具有温控装置的下面平板上,压强通常保持在 133 Pa 左右,射频电压加在上下平行板之间,于是在上下平板间就会出现电容耦合式的气体放电,并产生等离子体。(c)是一种扩散炉,内放置若干平行板、由电容式放电产生等离子体的 PECVD 装置。它的设计主要为了配合工厂生产的需要,增加炉产量。在 PECVD 工艺中,由于等离子体中高速运动的电子撞击到中性的反应气体分子,就会使中性反应气体分子变成碎片或处于激活的状态而容易发生反应。衬底温度通常保持在 350 ℃ 左右就可以得到良好的 $SiO_x$ 或 $SiN_x$ 薄膜,可以作为集成电路最后的钝化保护层,提高集成电路的可靠性。

### 5. 砷化镓(GaAs)外延生长装置

从上面一些装置中可以看出,CVD 装置的种类是多种多样的,往往根据反应、工艺和产物的具体要求而变化。例如,砷化镓(GaAs)的 CVD 外延生长装置就必须根据实际反应中既有气体源又有固体源的情况专门设计,包括反应器各部分的温度分布都有严格的要求,如图 7.10 所示。反应的开始阶段先由三氯化砷($AsCl_3$)和液态的镓作用,在液态镓表面生成固态的砷化镓,再进一步在三氯化砷、副产物 HCl 与其他中间反应物相互作用发生化学迁移和气相沉积反应来实现砷化镓的外延生长。整个装置中的反应是很复杂的,以下列举镓源附近的一些反应:

$$4AsCl_3 + 6H_2 \underset{}{\overset{850\ ℃}{\rightleftharpoons}} As_4 + 12HCl$$

$$4As_4 + 4Ga \underset{}{\overset{850\ ℃}{\rightleftharpoons}} 4GaAs(s)$$

$$4GaAs(s) + 4HCl \underset{750\ ℃}{\overset{850\ ℃}{\rightleftharpoons}} 4GaCl + 2H_2 + As_4$$

$$4As_4 \rightleftharpoons 2As_2$$

$$4GaCl + 2HCl \rightleftharpoons GaCl_3 + H_2$$

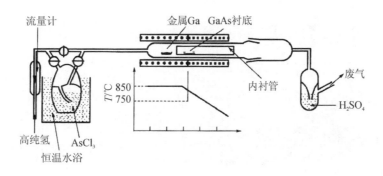

图 7.10　砷化镓(GaAs)外延生长装置

## 思考题

1. 什么是 CVD、PECVD 技术？PECVD 在 CVD 基础上有什么改进和不同？请举例说明。

2. CVD 工艺中涉及的化学反应主要有哪三类？请举例说明。

3. LPCVD 较常压 CVD 有什么特点？

4. 什么是 MOCVD？它有什么优点？

5. 什么是 PECVD？它有什么优点？请举例说明。

6. 理想的 CVD 前驱体应具有什么特征？

7. 请写出分别以 $CH_4$、$SiH_4$、$Al(OC_3H_7)_3$、$Si(OC_2H_5)_4$ 为原料的热分解化学气相沉积的化学方程式。

8. 请写出以 $SiH_4$ 和 $GeH_4$ 为原料，热分解化学气相沉积制备 $Ge_{0.05}Si_{0.95}$（硅锗合金）的反应方程式。

9. 请写出以 $Ga(CH_3)_3$ 和 $AsH_3$ 为原料，热分解化学气相沉积制备 GaAs 的反应方程式。

10. 请写出以 $Cd(CH_3)_2$ 和 $H_2S$ 为原料，热分解化学气相沉积制备 CdS 的反应方程式。

11. 写出下面反应的产物：

$$SiH_4 + O_2 \xrightarrow{325 \sim 475 \ ℃}$$

$$SiHCl_3 + H_2 \xrightarrow{1\,100 \sim 1\,150 \ ℃}$$

$$SiH_4 + NH_3 \xrightarrow{750 \ ℃}$$

$$SiCl_4 + NH_3 \xrightarrow{850 \sim 900 \ ℃}$$

$$TiCl_4 + N_2 + H_2 \xrightarrow{1\,200 \sim 1\,250 \ ℃}$$

12. 碘钨灯的使用寿命为什么较一般钨灯长？这个转移反应是放热反应还是吸热反应？

$$W(s) + 3I_2(g) \xrightleftharpoons[3\,000\,℃]{1\,400\,℃} WI_6(g)$$

13. 根据图 7.10 砷化镓(GaAs)外延生长装置,以 Ga、$AsCl_3$ 和 $H_2$ 为原料,写出制备 GaAs 的主要反应。

14. 过去人们普遍认为,根据热力学的预测,低压条件下是不可能得到人造金刚石的。但是后来经实验证实,低压条件下引入超过平衡浓度的氢原子,从甲烷或从石墨经过热丝或 PECVD 能够生长出金刚石薄膜。请查阅文献,了解 LPCVD 金刚石的反应耦合机理及金刚石气相生长的非平衡定态相图。

# 第8章 微波与等离子体下的无机合成

微波通常是指频率范围为 0.3~300 GHz 的电磁波,是无线电波中一个有限频带的简称,包括波长在 1 m(不包含 1 m)到 1 mm 之间的电磁波,是分米波、厘米波、毫米波和亚毫米波的统称。1~25 cm 波长范围用于雷达,其他的波长范围用于无线电通信。为了不干扰上述这些用途,国际无线电通讯协会(CCIP)规定家用和工业用微波加热设备的微波频率分别是 2 450 MHz(波长 12.2 cm)和 915 MHz(波长 32.8 cm)。

目前,人们在许多化学领域(如无机、有机、高分子、金属有机、材料化学等)运用微波技术进行了很多研究,取得了显著成果。微波作为一种能源,正以比人们预料的要快得多的速度步入化工、新材料及其他高科技领域,如超导材料的合成,沸石分子筛的合成与离子交换,稀土发光材料的制备,超细粉制备,分子筛上金属盐的高度分散型催化剂制备,分析样品的消解与熔解,蛋白质水解,各种类型的有机合成及聚合物合成,金刚石薄膜、太阳能电池、超导薄膜、导电膜的微波等离子体化学气相沉积,半导体芯片的微波等离子体注入和亚微级刻蚀,光导纤维的微波等离子体快速制备等。微波等离子体作为一种强有力的光源在原子发射、原子吸收、原子荧光等光谱分析中应用,并成功用于色谱用微波等离子体离子化检测器、精细陶瓷的快速高温烧结和连接、微波等离子体高效率激发强功率激光等领域,这些应用已经成为 21 世纪最有发展前景的领域。

## 8.1 微波与材料的相互作用

微波与物质相互作用是一个相当大的研究课题,涉及内容也相当广泛。微波照射材料时,可能发生穿透、反射、吸收三种不同的作用:①介电常数小、磁化率低的材料,微波主要是穿透作用,如玻璃、陶瓷、一些种类的塑料;②一定厚度的良导体,如大块金属,对微波主要起反射作用;③吸收微波材料主要通过电损耗(包括导电损耗和介电损耗)、磁损耗吸收微波并将其转化为热能。

介电常数小、磁化率低的材料,在电磁场作用下的极化、磁化都较小,微波与其作用弱,主要为穿透。导电损耗吸波材料是利用微波电场产生感应电流,通过材料本身的电阻发热耗散掉,例如纳米金属粉末、炭黑、纳米石墨、导电高分子等;介电损耗吸波材料是在微波电场作用下,发生交变极化,由于材料分子间或晶格的阻尼作用,产生极化方向落后于外加电场方向的现象,使部分微波能量转化为材料的内能,例如极性液体、极性高分子、某些强极性陶瓷;磁损耗吸波材料是指在微波磁场作用下,材料的磁化方向发生快速改变,由于材料本身对磁化方向改变的阻尼作用,使微波的能量转化为材料的内能,例如纳米铁磁金属粉末、铁氧体材料等。许多时候,材料的微波吸收机理是上述几种作用共同的结果。

介电损耗吸波材料与微波耦合能力常用介电损耗正切(也称介电耗散因子)来表示,它表示在给定频率和温度下,一种物质把电磁能转变成热能的能力,即

$$\tan\delta = \varepsilon''/\varepsilon'$$

其中,$\varepsilon'$ 为介电常数,用来描述分子被电场极化的能力,也可以认为是样品阻止微波能通过能力的量度;$\varepsilon''$ 被称作介电损耗,是指电介质在交变电场中,由于消耗部分电能而使电介质本身发热的现象,是电磁辐射转变为热量效率的量度。

微波加热机制部分地取决于样品的介电耗散因子 $\tan\delta$ 的大小。当微波能进入样品时,样品的耗散因子决定了样品吸收能量的速率。可透射微波的材料(如玻璃、陶瓷、聚四氟乙烯等)或是非极性介质,微波可完全透过,故材料不吸收微波能而发热很少或不发热,这是由于这些材料的分子较大,在交变微波场中不能旋转所致。金属材料可反射微波,其吸收的微波能为零。吸收微波能的物质,其耗散因子是一个确定

值。因为微波通过样品时很快被样品吸收和耗散,样品的耗散因子越大,给定频率的微波穿透越小。穿透深度定义为从样品表面到内部功率衰减到一半的截面的距离,这个参数在设计微波实验时很重要。超过此深度,透入的微波能量就很小,此时的加热主要靠热传导。值得注意的是,在绝缘设计时,必须注意材料的 $\tan\delta$ 值。若 $\tan\delta$ 过大则会引起严重发热,使绝缘材料加速老化,甚至导致热击穿。

微波合成主要是利用微波吸收材料对微波的吸收作用,使反应体系得到能量(主要是内能),从而引发反应并促进反应进行。一些常见的极性分子溶剂(如水、醇类、羧酸类等)吸收微波能后会被迅速加热,而非极性分子溶剂(如正己烷、正庚烷和 $CCl_4$)几乎不吸收微波能,升温很小。有些固体物质(如 $Co_2O_3$、NiO、CuO、$Fe_3O_4$、$PbO_2$、$V_2O_5$、$WO_3$、炭黑等)能强烈吸收微波能而被迅速加热升温,而有些物质(如 CaO、$CeO_2$、$Fe_2O_3$、$La_2O_3$、$TiO_2$ 等)几乎不吸收微波能,升温幅度很小。

## 8.2 微波辐射法的应用

### 8.2.1 微波辐射法合成分子筛

自从 1986 年 Gedye 等人首次把微波辐射技术用于有机合成以来,此种技术在化学的各个领域就得到广泛应用。1988 年,牛津大学的 Baghurst 和 Mingos 等人首次用微波法进行了一些无机化合物及超导陶瓷材料的合成,随后又用于金属有机化合物、配合物和嵌入化合物的合成。Vartull 和 Mingos 等人报道了用微波辐射进行某些沸石分子筛的晶化方法。1992 年,Komarneni 等人报道了 $ABO_3$ 型复合氧化物的微波水热合成方法。目前,微波辐射法在材料的合成中得到了广泛应用。

沸石分子筛一般的合成方法是水热晶化法。此法耗能多、条件苛刻、周期相对比较长、釜垢严重,而微波辐射晶化法是 1988 年才发展起来的新的合成技术。此法具有条件温和、能耗低、反应速率快、粒度均一且小等特点,例如 NaA 沸石,在常压下作用 5~10 min 即可合成出结晶度较高的晶体。因此,这种新的合成方法预计能实现快速、节能和连续生产沸石分子筛的目的。

**1. NaA 沸石的合成**

A 型沸石是目前应用很广泛的吸附剂之一,用于脱水、脱氨等,而且可代替洗衣粉中的三聚磷酸钠得到无磷洗衣粉,从而解决环境污染问题。基于微波辐射晶化法独特的优点,将微波辐射法合成 NaA 沸石的结果总结如下：

微波频率为 2 450 MHz,100% 的微波功率为 650 W,在 10%～50% 微波档下辐射 5～20 min。实验表明：① 在如下原料配比范围：$(1.5～5.0)Na_2O : 1.0Al_2O_3 : (0.5～1.7)SiO_2 : (40～120)H_2O$,能很好地得到 NaA 沸石晶体,扫描电镜照片表明样品粒度很小($\sim 0.3$ μm)。当 $n(H_2O) : n(Al_2O_3) \geq 150$,出现无定形,无 NaA 晶体生成；当 $n(Na_2O) : n(Al_2O_3) \geq 8$,则全部生成羟基方钠石；当 $n(SiO_2) : n(Al_2O_3) = 2$ 时,无 NaA 晶体生成。② 当微波功率较大时,微波作用时间就短一些,反之,亦然。综合来看,在 20% 的微波功率下作用 15～20 min 反应容易控制,能得到较高结晶度的 NaA 沸石；功率较大(如 50%)时易在 NaA 中出现羟基方钠石杂晶。③ 搅拌和陈化时间的长短是合成 NaA 沸石的关键。若搅拌 45 min,不陈化,产物是无定形；如果搅拌 45 min 并静置 12 h,再微波作用,得到的产物有一点 NaA 晶体；如果搅拌 12 h 不陈化,可生成 NaA 晶体,但结晶度不高；如果静置陈化 7 h,可生成 NaA 晶体,大约有 50% 的结晶度；如果静置陈化 12 h,NaA 晶体的结晶度很高,可达 95%,其粉末 X 射线衍射图(XRD)与文献完全一致。这说明搅拌和陈化时间长一些有利于 NaA 晶体的生成。

**2. NaX 沸石的合成**

NaX 是低硅铝比的八面沸石,一般在低温水热条件下合成。因反应混合物的配比不同,以及采用的反应温度不同,晶化时间为数小时至数十小时不等。

用微波辐射法合成 NaX 沸石,以工业水玻璃作硅源,以铝酸钠作铝源,以氢氧化钠调节反应混合物的碱度,具体配比(物质的量的比)为 $n(SiO_2) : n(Al_2O_3) = 2.3$, $n(Na_2O) : n(SiO_2) = 1.4$, $n(H_2O) : n(SiO_2) = 57$。

将反应物料搅拌均匀后,密封在聚四氟乙烯反应釜中,将反应釜置于微波炉中接受辐射。微波炉功率为 650 W,微波频率为 2 450 MHz,在 1～3 档下(相当于总功率的 10%～30%)使用。辐射约 30 min 后,经冷却、过滤、洗涤、干燥,得到 NaX 沸石原粉,其粉末 X 射线衍射图与文献完全一致。用同样配比的反应混合物,采用传统的电烘箱加热方法,在 100 ℃下晶化 17 h 得 NaX 沸石。比较反应的时间,可清楚地看出微波辐射方法的优越性,不仅节省了时间,而且大幅度地降低了能耗。

**3. APO-5 分子筛的合成**

磷酸铝系列分子筛是 20 世纪 80 年代初由美国联合碳化物公司的 Wilson 和

Flanigen 等人开发的一类新型分子筛,在它的骨架结构中,首次不出现硅氧四面体,从而打破了沸石型分子筛由硅氧四面体和铝氧四面体组成的传统观念。这一成果引起了沸石化学家们的极大兴趣。随后,人们对此系列分子筛进行了大量的研究,其中研究最多的是 APO-5 分子筛。APO-5 分子筛的合成一般采用水热晶化法。以 $H_3PO_4$ 作磷源,以氢氧化铝作铝源,以氢氧化四乙基铵(TEAOH)或三乙胺作模板剂,并以盐酸或氨水调节反应混合物的酸碱度。将一定计量的反应物料搅拌均匀后,密封在聚四氟乙烯反应釜中,余下操作步骤与合成 NaX 沸石类似,在 10%~40% 的微波功率下作用 7~25 min,得到 APO-5 原粉,其粉末 X 射线衍射图与文献完全一致。扫描电镜照片表明样品粒度很小(0.05~0.3 μm)且均匀,而用传统烘箱加热水热晶化法制得的样品粒度常常大于 5 μm。一般在 10%~40% 微波功率下,微波辐射时间为 7~25 min 就能合成出 APO-5 分子筛,而传统方法至少需要 5 h。实验还表明,用微波法进行 APO-5 合成,反应混合物配比的范围比传统水热法宽一些,用微波法,在以下配比范围:$(0.7~0.9)(TEA)_2O : (0.3~1.0)Al_2O_3 : 1.1P_2O_5 : (45~50)H_2O$ 或 $(2.560~3.040)$三乙胺$: 1.0Al_2O_3 : (1.260~1.326)P_2O_5 : (50~60)H_2O$,都能得到纯 APO-5,而用传统水热法,在一些配比下并不能得到纯 APO-5。

总之,用微波辐射法合成沸石分子筛具有许多优点,如粒度小且均匀、合成的反应混合物配比范围宽、重现性好、时间短等。预计这种新的合成方法能在快速、节能和连续生产分子筛、超微粒分子筛,以及在用传统方法合成不出的一些分子筛等方面取得突破。

### 8.2.2 微波辐射法在无机固相制备中的应用

在无机固体物质制备中,目前使用的方法有制陶法、高压法、水热法、溶胶-凝胶法、电弧法、熔渣法和化学气相沉积法等。在这些方法中,有的需要高温或高压,有的难以得到均匀的产物,有的制备装置过于复杂、昂贵、反应条件苛刻、反应周期太长。微波辐射法不同于传统的借助热量辐射和传导加热方法,由于微波能可直接穿透样品,内外同时加热,无需传热过程,瞬时可达一定温度。微波加热的热能利用率高(能达到 50%~70%),可大大节约能量,而且调节微波的输出功率,可使样品的加热情况无条件地改变,便于进行自动控制和连续操作。由于微波加热在很短时间内就能将能量转移给样品,使样品本身发热,而微波设备本身不辐射能量,因此可避免环境高温,改善工作环境。此外,微波除了热效应外,还有非热效应,可以有选择地进行加热。

**1. $Pb_3O_4$ 的制备**

$Pb_3O_4$ 的传统制备方法是把 PbO 在 470 ℃下小心加热 30 h。

微波辐射方法是以 $PbO_2$ 为原料,在微波功率 500 W 下,30 min 就可以定量地制备出 $Pb_3O_4$。重要的是,$PbO_2$ 能强烈地吸收微波,而 $Pb_3O_4$ 不吸收微波,随着产物的生成,体系温度是在下降,而不是在升高,这样就可以有选择地控制 $PbO_2$ 的热分解反应,使反应只生成 $Pb_3O_4$,而不生成 PbO 和金属 Pb。

**2. 碱金属偏钒酸盐的制备**

传统制备碱金属偏钒酸盐的方法是制陶法,反应方程式为:

$$M_2CO_3 + V_2O_5 = 2MVO_3 + CO_2\uparrow \quad (M = Li、Na、K)$$

在称量前首先在 200 ℃预加热碱金属碳酸盐 2 h,按计量称取干燥过的粉末与 $V_2O_5$ 充分研磨混匀,混合物盛于铂坩埚中,慢慢升温到 700 ~ 950 ℃,熔融烧结 12 ~ 14 h。

微波辐射法制备碱金属偏钒酸盐的步骤是:称取 0.5 ~ 5.0 g 的 $V_2O_5$,与按化学计量的碱金属碳酸盐一起放入玛瑙研钵中混合研磨均匀,放入刚玉坩埚中,并置于家用微波炉中,在 200 ~ 500 W 微波功率下作用,制备出 $LiVO_3$,只需 2 min;制备出 $NaVO_3$,只需 3.5 min;制备出 $KVO_3$,只需 6.5 min。样品的粉末 X 射线衍射图与文献完全一致。

**3. $CuFe_2O_4$ 的制备**

称取等摩尔的 CuO 和 $Fe_2O_3$,用玛瑙研钵研磨混合均匀,在 350 W 的功率下,微波辐射 30 min,得到四方和立方结构的铁酸铜尖晶石 $CuFe_2O_4$,而传统的加热方式需要 23 h。粉末 X 射线衍射结果表明,微波辐射制备的 $CuFe_2O_4$ 结构与传统制备的粉末结构一致。

**4. $La_2CuO_4$ 的制备**

将 12.28 g $La_2O_3$ 和 3 g CuO 用玛瑙研钵研磨混合均匀,放入刚玉坩埚内,在 2 450 MHz、500 W 的微波炉中辐射 1 min 后,混合物呈鲜亮的橙色,辐射 9 min 后混合物熔融。关闭微波炉,产品冷却至室温,研磨成细粉。经粉末 X 射线衍射分析,产物主要成分为 $La_2CuO_4$,若用传统的加热方式制备 $La_2CuO_4$,则需 12 ~ 24 h。

**5. $YBa_2Cu_3O_{7-x}$ 的制备**

CuO、$Y_2O_3$ 和 $Ba(NO_3)_2$ 按一定的化学计量比混合,置入经过改装的微波炉内(能使反应过程中释放出来的 $NO_2$ 气体安全排放),在 500 W 功率下辐射 5 min,所有

$NO_2$ 气体均已释放出[取样经粉末 X 射线衍射分析表明,已无 $Ba(NO_3)_2$ 相存在]。物料重新研磨,在 130～500 W 功率下辐射 15 min。再研磨、辐射 25 min,取样。经粉末 X 射线衍射分析,产物的主要成分为 $YBa_2Cu_3O_{7-x}$,但也存在强度较低的 $YBa_2CuO_5$ 衍射线,若继续辐射 25 min,则可得到单相纯的 $YBa_2Cu_3O_{7-x}$,其四方晶胞参数为:$a = b = 0.386\ 1$ nm,$c = 1.138\ 93$ nm,这个四方结构按常规方式通过缓慢冷却,将转变为具有超导性质的正交结构。

## 8.3 微波等离子体化学

### 8.3.1 等离子体及等离子体化学合成

被称为物质第四态的等离子体,早就引起了科学家们的重视和研究,并已获得了广泛的应用。众所周知,随着温度的升高,物质的聚集态可由固态变为液态、气态。如果进一步提高温度,其中的部分粒子将发生电离。当电离部分超过一定限度(>0.1%),物质则成为一种导电率很高的流体,这种流体与一般固态、液态、气态完全不同,被称为物质第四态。由于其中负电荷总数等于正电荷总数,宏观上仍呈电中性,所以又称等离子体。等离子体一般可分为两种类型。

(1)高压平衡等离子体(或称热等离子体或高温等离子体)

粒子的激发或电离主要通过碰撞实现,电子的温度和气体温度几乎相等,即处于热力学平衡状态。热等离子体可看作是一种由电能产生的密度很高的热源,其温度可达 6 000～10 000 K。热等离子体可以通过高强度电弧、射频放电、等离子体喷焰及等离子体炬等获得。

(2)低压非平衡等离子体(或称冷等离子体或低温等离子体)

该种等离子体在低压($<1.33 \times 10^4$ Pa)下产生,电子温度较高($10^4$ K),而气体的温度相对较低($10^2 \sim 10^3$ K),即电子与气体处于非平衡状态。气体的压强越小,电子和气体的温差就越大。冷等离子体可以通过低强度电弧、辉光放电、射频放电和微波诱导放电等方式获得。

等离子体化学合成也被称为放电合成,是利用等离子体的特殊性质进行化学合成的一种技术。99% 以上的物质都可以呈等离子体状态,处于等离子体态的物质微粒具有较强的化学活性,在一定的条件下可获得较完全的化学反应。

### 8.3.2 热等离子体在无机合成中的应用

热等离子体适用于金属及合金的冶炼,超细、耐高温材料的合成,制备金属超微粒子,用于 $NO_2$ 和 CO 的生产等。

(1) 金属冶炼

等离子体炼铁:将煤通过等离子体电弧,加热产生 7 000 ℃ 的高温来还原铁矿石,得到高产优质的铁。优点是能耗低、效率高、能源选择灵活,在 7 000 ℃ 的高温下可大大减少 $SiO_2$、焦油和 CO 的产生。

(2) 超细耐高温精细陶瓷材料的合成

以三氯化硼、甲烷及氢为原料制备碳化硼,在氩气中生成等离子体,温度为 5 000 ~ 10 000 K。这时处于激发态的电子、离子及自由基只需 $10^{-6}$ ~ $10^{-3}$ s 即可完成反应,将其很快淬火至室温,产物形成晶核快而晶体长大得慢,可以得到 10 ~ 100 nm 的超细粉末。

(3) $C_2H_2$ 和 CO 的合成

乙炔是一种重要的化工基础原料,生产工艺主要有三种:电石制乙炔、天然气制乙炔和等离子体裂解煤制乙炔(简称煤制乙炔)。传统的电石制乙炔生产过程会带来一系列资源、能源和环境问题。相比之下,煤制乙炔是一项绿色的乙炔生产技术,也是一项现代煤化工技术。

1961 年,英国煤炭研究协会的 Bond 等人首次在 Nature 杂志上发表用等离子体热解煤生产乙炔的概念。1980 年,美国 AVCO 公司、德国 Huels 公司与 DMT 公司相继开发了 1 MW 级等离子体裂解煤制乙炔中试装置。利用氩等离子体喷焰采用程序热解法可使 36% 的煤中炭转化为乙炔,当改用含有 10%(按体积计)氢气的氩等离子体喷焰时,可使 74% 的煤中炭转换成乙炔。所用气体总流量为 25 L·min$^{-1}$,输入功率为 15 kW。

中国于 20 世纪 90 年代开始对等离子体裂解煤制乙炔工艺进行研究,研究主要集中在太原理工大学、中国科学院等离子体物理研究所、清华大学和浙江大学等高校和科研院所。例如,从 2014 年至今,浙江大学研发团队联合新疆粤和泰化工科技有限公司开展了 2 MW、10 MW 氢等离子体裂解煤制乙炔工业试验。该项目受"低阶煤高值转化制备基础化工原料关键技术及应用"国家重点研发计划资金支持。根据该项目初步运行结果,吨乙炔电耗为 12 kW·h,裂解气乙炔含量为 4%~5%,乙炔产率达到 20%,吨乙炔成本为 7 000 元,成本比现有电石制乙炔低 20% 以上。

煤合成 CO 的工作也已进行多年,最近,美国 Cardox 公司实现了用等离子体喷焰反应器由 $CO_2$ 和炭粉合成 CO 的研究成果:$C(s) + CO_2(g) = 2CO(g)$。采用从电弧上部往里加炭粉的新工艺,使 CO 的产率得到了很大的提高。使用他们的装置消耗 26 kW 的功率,可以 9 000 L·$h^{-1}$ 的速率生产 CO,即耗电 1 kW·h 可生产 346 L 的 CO,CO 在所得气体中的平均含量可达 80% ~ 87%。

### 8.3.3 冷等离子体在无机合成中的应用

**1. 氨的合成**

利用直流辉光放电,以 MgO 作催化剂,可以在常温下由 $N_2$、$H_2$ 直接合成 $NH_3$。其优点是省能源、效率高,不需大量耐高温高压设备。

**2. $O_3$ 的合成**

$O_3$ 有很多工业应用,也是一种潜在的能源。合成 $O_3$ 的唯一实用方法是等离子体合成法。合成 $O_3$ 的产量为 30 ~ 50 g·$(kW·h)^{-1}$,$O_3$ 的理论产量应为 1 200 g·$(kW·h)^{-1}$,二者相差很大。其原因主要是在等离子体中既存在生成 $O_3$ 的正反应,也存在分解 $O_3$ 的逆反应。此外,从能量的角度来看,吸热反应 $2O_2 = O_3 + O$ 的热效应虽然只为 39.1 kJ·$mol^{-1}$,但 $O_2$ 从基态到激发态最可几跃迁对应能量为 78.2 kJ·$mol^{-1}$,所以,使 $O_2$ 活化的轰击电子能量应至少大于 78.2 kJ·$mol^{-1}$,这也是 $O_3$ 产量远低于理论值的原因。

### 8.3.4 微波等离子体的优点

20 世纪 70 年代以来,通过大量实验研究,人们发现用微波激发产生的等离子体较之常规的直流和高频等离子体有许多独特之处:

①微波放电和直流放电不一样,是无电极放电(与高频放电相似),免除了电极污染问题。

②电离度高,电子浓度大,电子和气体的温度比 $T_e/T_g$ 很大,即电子动能很大,而气体分子却保持在较低的温度。等离子体纯净,所以特别适合热不稳定物质的合成,可以使一些通常在高温高压下进行的反应在较温和条件下就能进行,适合高温物质的制备和处理。

③微波等离子体的发射光谱,比用其他方法对同种气体放电时的谱带更宽,因此微波更能增强气体分子的激发、电离和离解过程,为许多独特的化学反应提供条件。

④利用微波电离场的分布特点,有可能把等离子体封闭在特定的空间,也可以利用磁场输送等离子体,这样做的目的是让工艺加工区域与放电空间分离,以便于采取各种相宜的工艺措施,从而避免等离子体的辐射操作或消除可能产生的某些副反应。

⑤由于微波放电能导致电子回旋共振,增加放电频率,有利于提高工艺质量。

由于上述诸多特点,目前微波等离子体光谱分析已成为原子光谱分析的一个重要领域,并发展起微波等离子体质谱、色谱用微波等离子体离子化检测器等一系列新型分析技术。微波等离子体在金刚石薄膜、非晶硅太阳能电池薄膜以及 $YBa_2Cu_3O_{7-x}$ 超导薄膜和导电膜等的低温化学气相沉积,光导纤维的快速制备,芯片的亚微米级刻蚀,强功率激光的高效激发,合成氮氧化物、氨等无机化合物,进行高分子材料的表面修饰和微电子材料的加工等方面也都获得了许多令人瞩目的成就。一个崭新的化学领域——微波等离子体化学已经形成。

### 8.3.5 微波等离子体的应用

**1. 微波等离子体制备光导纤维预制棒**

光导纤维是 $SiO_2$-$GeO_2$ 二元体系玻璃结构,其中光导纤维预制棒是光缆生产的最源头项目,是光纤工艺中最重要的部分。从 20 世纪 70 年代末期开始规模生产光纤以来,人们对光纤预制棒制造技术的研究和完善改进就从来没有间断过。PMCVD 法制备光纤维大致分为三个阶段:第一阶段是在反应管(最后成为光纤维包皮)内沉积芯层;第二阶段是将它们用氢氧焰加热到 1 900~2 000 ℃熔缩成称为"预制件"的实心棒;第三阶段是用石墨炉将预制件再次加热到 2 000 ℃左右,拉制成光纤维。MPCVD 法制备光导纤维预制棒的装置如图 8.1 所示。原料气 $SiCl_4$、$GeCl_4$ 和 $O_2$ 通过质量流量控制器进入混合器中混合,再进入反应管。反应管和环绕它的微波谐振腔及预热炉组成反应器。谐振腔连接到频率为 2 450 MHz,功率为几百或几千瓦的连续波磁控管振荡器。反应管中的压力维持在 1 333 Pa 左右,吸气泵用分子筛吸附泵或旋转机械泵。加热炉的温度在 1 000~1 250 ℃之间,随原料组分不同而不同,它的作用是为了保证反应管内壁与沉积层之间的温度匹配,以避免沉积层产生裂纹。反应器的运动速度为 3~8 m·min$^{-1}$,往复速度相同,而且是连续沉积。

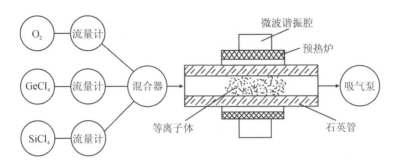

图 8.1 MPCVD 法生产光纤预制棒装置示意图

1974 年,荷兰菲利浦(Philips)电气公司率先利用 MPCVD 法(沉积温度~1 000 ℃)代替传统的高温氢氧火焰加热(沉积温度 1 400~1 600 ℃),成功地制成了光导纤维预制棒。他们使用的是 2 450 MHz、5 kW 的微波发生源和一套先进装置,生产效率很高,至今它已发展成为世界上生产光纤的最大厂家,年产量达 $2\times10^5$ km。日本住友电气公司采用 2 450 MHz、10 kW 的微波光纤拉制装置,将石英棒预热到 1 000 ℃,以 200 m·min$^{-1}$ 的速度进行生产。瑞典微波技术研究所采用相同的生产工艺,只是增加了红外测温进行自动监控。美国的 Hassler 等人是先用氢氧焰将石英管预热,然后再送入单模微波腔进行高温熔融拉制。实践证明,MPCVD 法生产光纤,沉积温度低、沉积速率快、效率高(接近 100%),制出的光纤质量好、损耗低、频带宽、光学特性好。我国早在 20 世纪 80 年代初就开展了 MPCVD 法拉制光纤的研究工作,开始时使用 2 450 MHz、200 W 的微波源获得多模梯度光纤,沉积速率为 0.1 g·min$^{-1}$,单根棒拉制光纤长度达 1.3 km,波长为 1.55 μm 时,衰耗值最低达 0.21 dB·km$^{-1}$。为了进一步加速光纤的研制和生产,我国已与荷兰菲利浦电气公司合资用 MPCVD 法生产光纤。

**2. 微波等离子体制造太阳能电池薄膜**

非晶硅是一种优良的半导体材料,用途极广,可用于制作太阳能电池、电光摄影器件、光敏传感器、热电动势传感器及薄膜晶体管等,其中最重要的应用是太阳能电池。随着现有能源的日趋衰竭,太阳能将是取之不尽的优良能源。据统计预测,20 世纪 90 年代太阳能电池的总产出量高达 500 MW,到 21 世纪中期,全世界消耗电力的 20%~30%将由太阳能电池供给。近几年的研究表明,利用低气压 MPCVD 获得的非晶硅太阳能电池薄膜质量优良、量转换效率高(可达 16%)、沉积速率快,是一种十分理想的方法。美国 RCA,日本三洋、夏普、住友等公司都用此法获得了满意结果,对进一步的研制和推进产业化具有深远的意义。

**3. 微波等离子体制备高 $T_c$（临界温度）超导薄膜**

高 $T_c$ 超导薄膜的制备将为微电子学超高速超导计算机的突破带来福音。在现有的许多方法中，MPCVD 的优点是成膜温度低，在 400 ℃ 左右合成钇系超导薄膜的可行性已经得到证实。1989 年，日本一家公司用 MPCVD 法在单晶 MgO 衬底上成功获得了 $YBa_2Cu_3O_{7-x}$ 超导薄膜，生长速率达 0.15 $\mu m \cdot h^{-1}$。同年，我国的中国科技大学也用此法获得了初步实验结果。

**4. 微波等离子体刻蚀技术**

在近年发展起来的热丝法、射频法及微波等离子体刻蚀技术中，尤以电子回旋谐振（ECR）MP 刻蚀和低温 MP 刻蚀最有发展前景。它们不需衬底加温，能保证极高的各相异性，刻蚀速率高、精度高、选择性好，将在光电器件、半导体芯片、超大规模集成电路等微电子学及生物材料表面改性等重要领域中发挥关键作用，如能结合 MPCVD 和 MP 离子注入技术一起发展，将会有更重要的突破。

**5. 微波等离子体合成金刚石薄膜**

自 20 世纪 60 年代初美国联合碳化物公司的 Eersole W. G. 首先用低压化学气相沉积法合成了人造金刚石膜以来，人们对低压气相合成金刚石法越来越感兴趣，并研究出许多种合成方法。主要有热 CVD 法（钨丝加热法和间接加热法）、离子束法、化学传输法、直流等离子体法、高频等离子体法（电容耦合和电感耦合）、激光蒸发法和很有发展前景的微波等离子体法。

1977 年，苏联学者 Deijaguin 第一次用 MPCVD 法成功合成了金刚石薄膜，该成果在 1981 年发表。之后，日本国家材料研究部的科学家重复了苏联学者的工作，1984 年用改进的 MPCVD 法获得了更好的结果。此后，美国宾州州立大学的 Roy 和 Messire 教授模仿日本的方法，借助海军实验室的资助很快取得了成果。他们都是在一个石英管中充以恰当比例的 $CH_4$ 和 $H_2$（0.5% 和 95%），在 13.33 Pa 的低气压下，用 1 kW 左右的微波功率激发产生等离子体，数小时后便在 900 ℃ 左右的基片上沉积形成了金刚石薄膜，方法简便，重复性好。到了 20 世纪 80 年代末期，经过若干次的改进，沉积速率不断提高，厚度增加。苏联后来以 10 $\mu m \cdot h^{-1}$ 的速率沉积出 1 mm 厚的金刚石薄膜；日本大阪大学用 MPCVD 法沉积出了 $\varnothing$70~80 mm 的大面积金刚石薄膜；美国的 Roy 等人在 Si 片、MgO、石英玻璃片等多种基片上于低温（365 ℃）、低气压（799.8 Pa）条件下合成了光滑透明的金刚石薄膜。在沉积方法上相比较，MPCVD 法较直流热丝 PCVD、高频 PCVD、离子束法、喷射法等更能沉积出纯净的金刚石薄膜，而且沉积温度低、适应压强范围宽、容易实现自动控制,因而被广泛采用。近年出现的直流喷射 PCVD、微波喷射 PCVD 法沉积速率很高,具有很大发展前景。

吉林大学从 1987 年开始这方面的研究,他们采用 Surfatron 表面波激发放电腔产生微波等离子体合成了金刚石和金刚石膜。用微波等离子体法合成金刚石或金刚石膜具有设备简单、操作方便、较容易控制反应条件、沉积速率快等特点,但是如何获得附着力强、大面积平滑均匀的金刚石膜及降低基片温度,仍是目前所面临的一大问题。

**6. 低功率微波等离子体合成氨**

在工业上,氨是利用 $H_2$ 和 $N_2$ 在高温高压和有催化剂存在的条件下合成的。工业合成氨至今还面临着转化率低和高温高压带来的高能耗等问题。所以,探索合成氨的新途径有着很大的经济意义。

最近几年来,人们在低压条件下进行氨的等离子体合成方面做了一些研究工作。Botckway 等人对在辉光放电等离子体中由氮气和氢气反应合成氨进行了研究,他们认为,氨是由辉光放电后形成的 $NH_x$($x=1$、2)游离基和氢原子在冷阱的表面结合形成的。在金属表面和催化剂上生成的 $NH_x$ 可由 XPS 检测出来,并且还用 IR 光谱和程序升温脱附(TPD)技术研究了氨在分子筛上的吸附。Matsumoto 等人在低压下用射频等离子体和大功率微波等离子体(后者用矩形波导作为等离子体维持装置)合成了氨。研究发现,与用射频等离子体合成氨相比,用微波等离子体合成氨具有设备简单、工作压力范围宽、微波放电安全性好等优点,并且发射光谱的 NH 带和 H 原子线的强度在微波等离子体中比射频等离子体中要大一个数量级。获得微波等离子体的装置很多,目前人们认为根据表面波传播原理制成的 Surfatron 装置是比较好的,该装置结构简单、易操作,等离子体性能受放电条件和等离子体参数改变的影响小,并且可以很好地预言等离子体性质。用 Surfatron 等离子体合成装置,以氮气和氢气为原料气体,用 13X 分子筛吸附合成的氨,转化率可达 8%。

**7. 低功率微波等离子体合成氮氧化物**

Taras 等人曾做过报道,用等离子体合成氮氧化物必须在减压和大功率微波电源(8 kW)条件下进行。利用低功率微波电源(小于 200 W)和表面波激发器件,用氩气维持微波等离子体,在常压下直接由空气制备得到了氮氧化物。

**8. 微波等离子体制备聚合物膜和无机膜**

由于酞菁铜聚合物(PPCuPc)薄膜具有良好的光还原催化性能、光电变换和 P 型半导体的整流特性等,在导电材料和特种器件涂层等高技术领域内有着广泛的应用前景。吉林大学利用自制的微波等离子体聚合装置,以酞菁铜为原料,在硅和石英基片上沉积出了酞菁铜聚合物薄膜,并对氩微波等离子体合成 PPCuPc 的机理进行了探讨。另外,还制备了氧化锌薄膜和钴薄膜。

总之,上述研究表明,微波等离子体法为温和条件下合成与制备功能性材料提供了一个新途径。

## 思考题

1. 微波加热材料的主要机制是什么?有什么特点?
2. 请举例说明微波加热在无机合成中的应用。
3. 什么是等离子体和等离子体化学合成?
4. 请查阅文献,了解等离子体裂解煤制乙炔的研究进展。
5. 微波等离子体有什么特点?请举例说明其应用。

# 第 9 章 纳米材料的制备

纳米科学技术是 20 世纪 80 年代末兴起并正在迅猛发展的一门交叉学科。纳米技术目前主要包括纳米材料学、纳米机械和工程学、纳米电子学和纳米生物学,其中纳米材料学是基础,其关键在于纳米材料的制备。

纳米材料是指在三维空间中至少有一维处于纳米尺寸(1~100 nm)或由它们作为基本单元构成的材料,大约相当于 10~1 000 个原子紧密排列在一起的尺度。纳米材料可分为两个层次:纳米微粒和纳米固体。前者指单个纳米尺寸的超微粒子,纳米微粒的集合体称为超微粉末或纳米粉。纳米固体是由纳米微粒聚集而成,它包括三维的纳米块体、二维纳米薄膜和一维纳米线。

大多数科学家根据粒径对性质的影响,将 1~100 nm(0.001~0.1 μm)的微细粒子称为纳米粒子。由于纳米粒子是由数目较少的、处于介稳态的原子或分子群组成,在热力学上是不稳定的,所以被视为一种新的物理状态。这种状态是介于宏观物质和微观原子、分子之间的介观领域。最小的纳米粒子与原子或分子的大小只差 1 个数量级,对它的深入研究将开拓人们认识物质世界的新层次,将有助于人们直接探索原子或分子的奥秘。

## 9.1 纳米粒子的特殊性质

大多数纳米粒子呈现为单晶,较大的纳米粒子中能观察到孪晶界、层错、位错及介稳相存在,也有呈现非晶态或各种介稳相的纳米粒子,因此纳米粒子有时也被称为纳米晶。

纳米粒子性质奇特，主要表现在以下几个方面：

①比表面特别大。平均粒径为 10~100 nm 的纳米粒子的比表面积为 10~70 $m^2 \cdot g^{-1}$。

②表面张力大。大的表面张力对纳米粒子内部产生很高的压力，造成在纳米粒子内部原子间距比块材小。

③熔点降低。这样可以在较低温度时发生烧结和熔融。例如，块状金的熔点为 1 063 ℃，但粒径为 2 nm 的纳米金的熔点降低到 300 ℃ 左右。

④磁性的变化。粒径为 10~100 nm 的纳米粒子一般处于单磁畴结构，矫顽力 $H_c$ 增大，即使不磁化也是永久性磁体。铁系合金纳米粒子的磁性比块状强得多。晶粒的纳米化可使一些抗磁性物质变为顺磁性，如金属 Sb 通常为抗磁性，其磁化率为负值，而纳米 Sb 的磁化率为正值，表现出顺磁性。纳米化后还会出现各种显著的磁效应、巨磁阻效应等。

⑤光学性质变化。半导体纳米粒子的尺寸小于激子态（电子-空穴对）的玻尔（Bohr）半径（5~50 nm）时，它的光吸收就发生蓝移，改变纳米颗粒的尺寸可以改变吸收光谱的波长。金属纳米粉末一般呈黑色，而且粒径越小，颜色越深，即纳米粒子吸收光的能力越强。

⑥ 随着粒子的纳米化，超导临界温度 $T_c$ 逐渐提高。

⑦离子导电性增加。研究表明，纳米 $CaF_2$ 的离子电导率比多晶粉末 $CaF_2$ 高 1~0.8 个数量级，比单晶 $CaF_2$ 高约 2 个数量级。

⑧低温下热导性能好。某些纳米粒子在低温或超低温条件下几乎没有热阻，导热性能极好，已成为新型低温热交换材料，如采用 70 nm 银粉作为热交换材料，可使工作温度达到 $1 \times 10^{-2}$ ~ $3 \times 10^{-3}$ K。

⑨比热容增加。发现当温度不变时，比热容随晶粒减小而线性增大，13 nm 的 Ru 比块体的比热容增加 15%~20%。纳米金属铜比热容是传统纯铜的 2 倍。

⑩化学反应性能提高。纳米粒子随着粒径减小反应性能显著增加，可以进行多种化学反应。刚刚制备的金属纳米粉接触空气时，能产生剧烈的氧化反应，甚至在空气中会燃烧。即使像耐热耐腐蚀的氮化物纳米粒子也会变得不稳定，例如粒径为 45 nm 的 TiN，在空气中加热，即燃烧成为白色的 $TiO_2$ 纳米粒子。

⑪纳米粒子的比表面积大、表面活化中心多、催化效率高。在高分子聚合物的有关催化反应中用纳米铂、银、氧化铅、氧化铁等作催化剂，可大大提高反应速率。利用

纳米镍粉作为火箭固体燃料反应催化剂,燃烧效率可提高100倍。

⑫力学性能变化。常规情况下的软金属,当其颗粒尺寸<50 nm时,位错源在通常应力下难以起作用,使得金属强度增大。粒径为5~7 nm的纳米粒子,制得的铜和钯纳米固体的硬度和弹性强度比常规金属样品高出5倍。纳米陶瓷具有塑性和韧性,其随着晶粒尺寸的减小而显著增大。例如,氧化钛纳米陶瓷在810 ℃(远低于$TiO_2$陶瓷熔点温度1 830 ℃)下经过15 h加压,从最初高度为3.5 mm的圆筒变成高度<2 mm的小圆环,且不产生裂纹或破碎现象。纳米陶瓷的这种塑性来源于纳米固体高浓度的界面和短扩散距离,原子在纳米陶瓷中可迅速扩散,原子迁移比通常的多晶样品快好几个数量级。

纳米粒子呈现出的许多奇异的特性,可归结为以下四个方面的效应:

①表面与界面效应。纳米粒子尺寸小、表面大、界面多。随着粒径的减小,纳米粒子的表面原子数迅速增加,比表面积增大,表面能及表面结合能也迅速增大。由于表面原子所处的环境和结合能与内部原子不同,表面原子周围缺少相邻的原子,有许多悬空键,表面能及表面结合能很大,易与其他原子相结合而稳定下来,故具有很大的化学活性。这种表面状态,不但会引起纳米粒子表面原子输运和构型的变化,同时也会引起表面电子自旋构象和电子能谱的变化。

②小尺寸效应。当粒子的尺寸与光波波长、德布罗意波长以及超导态的相干长度或透射深度等物理特征尺寸相当或更小时,晶体周期性的边界条件将被破坏,非晶态纳米微粒的颗粒表面层附近原子密度减小,导致声、光、电、磁、热、力学等特性均随尺寸减小而发生显著变化。例如,光吸收显著增加并产生吸收峰的等离子共振频移,磁有序态变为磁无序态,超导相向正常转变,声子发生改变等。

③量子尺寸效应。当粒子尺寸降到某一值时,费米能级附近的电子能级由准连续能级变为离散能级的现象和纳米半导体微粒存在不连续的最高占据分子轨道及最低未占据分子轨道能级,能级变宽的现象均称为量子尺寸效应。纳米粒子的量子尺寸效应表现在光学吸收光谱上则是其吸收特性从没有结构的宽谱带过渡到具有结构的分立谱带。当能级间距大于热能、磁能、静磁能、静电能、光子能量或超导态的凝聚能时,必然导致纳米粒子磁、光、声、热、电以及超导电性与宏观特性的显著不同,引起颗粒的磁化率、比热容、介电常数和光谱线的位移。

④宏观量子隧道效应。微观粒子具有贯穿势垒的能力称为隧道效应。人们发现纳米粒子的一些宏观性质,例如,磁化强度、量子相干器件中的磁通量及电荷等亦具

有隧道效应,它们可以穿越宏观系统的势垒而产生变化,故称为宏观量子隧道效应。用此概念可以定性地解释纳米镍粒子在低温继续保持超顺磁性等现象。宏观量子隧道效应与量子尺寸效应一起,确定了微电子器件进一步微型化的极限,也限定了采用磁带、磁盘进行信息储存的最短时间。

纳米粒子的一系列特性为人们认识自然和发展新材料提供了新的机遇。目前,纳米材料的研究与应用正向纵深发展,而其关键在于制备出符合要求的纳米材料,新的制备方法和工艺也将促进纳米材料以及纳米科学技术的发展。随着科学技术的不断发展以及纳米科技的进步,纳米材料科学已经从简单的粉体制备向纳米材料组装、杂化及器件构建方向转变,纳米材料的形态已不满足于传统的零维纳米粒子和二维薄膜,正在向以其构建的各种组装体系,如空心球、核壳结构材料、介孔材料、表面修饰材料和层层自组装材料等研究领域转变。目前,一般用纳米结构材料区别于传统的微粉材料和普通的纳米材料。纳米结构定义为以具有纳米尺度的物质单元为基础,按一定规律构筑或营造的一种新物系,包括一维、二维及三维的体系,或至少有一维的尺寸处在 1~100 nm 区域内的结构。这些物质单元包括纳米微粒、稳定的团簇、纳米管、纳米棒、纳米线及纳米尺寸的孔洞。通过人工或自组装,这类纳米尺寸的物质单元可组装或排列成维数不同的体系,它们是构筑纳米世界中块体、薄膜、多层膜等材料的基础构件。

有关纳米粒子的制备方法甚多,许多方法作为研究纳米粒子是可行的,但若进行大量制备尚不成熟。有两种合成纳米材料和制备纳米结构的方法:"自下而上"(Bottom-up)法和"自上而下"(Top-down)法。通过粉碎或者磨碎块体材料而得到纳米粒子的方法是典型的"自上而下"法;而胶质分散体是很好的"自下而上"合成纳米粒子的范例;光刻技术可以被认为是一种综合的方法,其中的薄膜生长是"自下而上"法,而刻蚀则是"自上而下"法,但纳米光刻技术和纳米操纵通常是"自下而上"的。这两种方法在现代工业生产中起到了非常重要的作用,也最适合于纳米技术。以下简单讨论这两种方法的优缺点。

"自上而下"法的最大问题是表面结构的不完整性。如在传统的光刻技术中,"自上而下"法导致形成的图案中出现明显的晶体学缺陷,甚至在刻蚀阶段也会引入更多的缺陷。例如,采用光刻技术制备的纳米线不光滑,表面可能存在许多杂质和结构缺陷。这种缺陷可导致材料电导率下降,并引起过热现象,这个问题已经成为器件设计和制造中的又一挑战。"自上而下"法虽然会产生表面缺陷和其他缺陷,但在纳米结构和纳米材料的合成与制备中仍将持续发挥重要作用。

"自下而上"法是以可控的方式将原子、分子或团簇进行组装以构建纳米材料的方法。这种方法着力于原子和分子的化学相互作用,通过化学过程有控制地将原子和分子进行排列形成纳米功能性结构。这种方法在纳米结构和纳米材料的制备和加工过程中有着重要作用。"自下而上"法可以获得缺陷少、化学成分均匀、较好的短程和长程有序的纳米结构。这是由于"自下而上"法的驱动力是吉布斯自由能的减小,因此,这样的纳米结构和纳米材料接近于热力学平衡状态。相反,"自上而下"法很有可能引入除了表面缺陷和污染以外的内部应力。

"自下而上"法是很普遍的纳米粒子合成途径,已衍生出许多具体的方法。不同的合成方法或技术可以划分为两大类:热力学平衡方法和动力学方法。在热力学平衡方法中,合成过程包括:①形成超饱和状态;②成核;③后续生长。在动力学方法中,纳米粒子的成核可通过限制用于生长的前驱物的数量而获得,如在分子束外延技术中,也可通过在有限空间中限制形成过程而获得纳米粒子,如气溶胶合成法或胶束合成法。下面我们将以纳米粒子的溶液合成为例介绍热力学平衡方法合成纳米粒子,同时介绍一些典型的动力学合成纳米粒子方法,如微乳液、气溶胶热解、模板沉积。

## 9.2 均匀成核合成纳米粒子

通过均匀成核形成纳米粒子是最常见的合成纳米粒子的方法,这种方法就是创造生长物质的过饱和状态。例如,降低饱和溶液的温度能够形成过饱和状态。通过变温热处理工艺,在玻璃基体中形成金属量子点就是这种方法很好的例子。另一种形成过饱和的方法是通过原位化学反应将高溶解性化合物转变为低溶解性物质。例如,半导体纳米粒子通常通过有机金属原料的热解得到。纳米粒子可以在液态、气态和固态介质中通过均匀成核而生成。下面将主要介绍金属、半导体和氧化物纳米粒子的合成。溶液法合成纳米粒子是最常用的方法,它具有以下优点:①易于稳定纳米粒子,防止其团聚;②易于从溶液中萃取纳米粒子;③易于表面改性和应用;④易于过程的控制和宏量生产。

### 9.2.1 金属纳米粒子的合成

在稀溶液中还原金属配合物是合成金属胶质分散体常用的方法,多种方法用于控制还原反应。单一尺寸金属纳米粒子的合成大都采用结合低溶质浓度和黏附于生长表面的聚合物单层体的方法。这些都能阻碍生长物质从周围溶液向生长表面的扩散，因此，扩散过程可能成为初始晶核后续生长的速率限制步骤，形成均匀尺寸的纳米粒子。

在合成金属纳米粒子，或确切地讲，在合成金属胶质分散体的时候，有各种类型的原料、还原剂、其他化学物质和方法用于提高或控制还原反应、初始成核和初始晶核的后续生长。这些原料包括金属阳极（如 Pd、Ni、Co）、金属盐（如 $PdCl_2$、$RhCl_3$、$AgNO_3$）、金属配合物（如 $HAuCl_4$、$H_2PtCl_6$）。还原剂包括柠檬酸钠、盐酸羟胺、柠檬酸、一氧化碳、磷、氢、甲醛、甲醇、碳酸钠和氢氧化钠等。聚合物稳定剂主要有聚乙烯醇（PVA）、聚丙烯酸钠、聚乙烯吡咯烷酮（PVP）等。

胶态金已经有很长的研究历史，许多方法均可用于合成金纳米粒子。其中在 100 ℃条件下用柠檬酸钠还原氯金酸（$HAuCl_4$）的方法已经是 50 多年前的方法，但依然是目前最常用的方法。典型的实验条件如下：氯金酸溶于水中形成 20 mL 非常稀的约 $2.5 \times 10^{-4}$ mol·$L^{-1}$ 的溶液，然后将 1 mL 0.5% 柠檬酸钠加入到沸腾的溶液中。混合物保持在 100 ℃直至颜色发生变化，加入适量水保持溶液的总体积不变。这样制备的胶态溶胶有良好的稳定性，内含直径约 20 nm 的均匀尺寸的金粒子。结果表明，在成核阶段形成的大量的初始晶核导致大量小尺寸、窄粒径分布的纳米粒子的生成。图 9.1 比较了不同浓度下制备的胶质金中金纳米粒子的尺寸及尺寸分布。

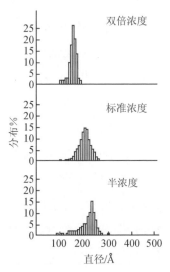

图 9.1　不同浓度下制备的金溶胶的粒子尺寸分布

Hirai 等人制备了铑胶态分散体,这是通过在 79 ℃下的甲醇和水的混合溶剂中回流氯化铑和 PVA 的溶液获得的,甲醇和水的体积比为 1∶1,回流是在氩气或空气中进行 0.2~16 h。在这个过程中,用甲醇作还原剂,还原反应如下:

$$2RhCl_3 + 3CH_3OH \longrightarrow 2Rh + 3HCHO + 6HCl$$

用 PVA 作纳米粒子稳定剂,也起到扩散能垒的作用。制备的铑纳米粒子的平均粒径范围在 0.8~4 nm。但是出现双峰尺寸分布,其中大粒子为 4 nm,小粒子为 0.8 nm。提高回流时间导致小粒子减少而大粒子增多,这是奥斯特瓦尔德熟化的原因。

Henglein 等人研究和比较了三种不同的制备铂纳米粒子的方法:辐解法、氢还原法和柠檬酸盐还原法。$^{60}$Co 的 γ 射线用于产生水合电子、氢原子和 1-羟甲基自由基。这些受激分子将进一步还原 $K_2PtCl_4$ 中的 $Pt^{2+}$,使其成为零价态并形成平均直径为 1.8 nm 的 Pt 纳米粒子。柠檬酸盐还原 $PtCl_6^{2-}$ 也称为图尔克维奇(Turkevich)法,这个方法最初用于合成均匀尺寸的金纳米粒子。在这个方法中,$H_2PtCl_6$ 与柠檬酸钠混合并回流 1 h,产生直径为 2.5 nm 的 Pt 粒子。

Rampino 和 Nord 开展了氢还原 $K_2PtCl_4$ 和 $PdCl_2$ 的方法,在实验中用 PVA 稳定 Pt 和 Pd 粒子。在这个方法中,稀的水溶液中的原料在氢还原之前首先被水解并形成氢氧化物。对于 Pd,碳酸钠用作催化剂以促进水解反应,然而对于 Pt,氢氧化钠用于促进水解反应。对于 Pd,发生如下还原反应:

$$PdCl_2 + Na_2CO_3 + 2H_2O \longrightarrow Pd(OH)_2 + H_2CO_3 + 2Na^+ + 2Cl^-$$

$$Pd(OH)_2 + H_2 \longrightarrow Pd + 2H_2O$$

相似的反应用于合成 Pt 纳米粒子。不使用催化剂时,在加入氢气之前的老化过程中,Pt 原料混合物在环境温度下几个小时内最大限度地转化成含水络合物:

$$PtCl_4^- + H_2O \longrightarrow Pt(H_2O)Cl_3^- + Cl^-$$

$$Pt(H_2O)Cl_3^- + H_2O \longrightarrow Pt(H_2O)_2Cl_2 + Cl^-$$

含水络合物随后被氢还原。聚合物稳定剂即聚丙烯酸钠和聚磷酸钠,对还原反应速率具有强烈的影响。这表明,聚合物稳定剂除了具有稳定和扩散阻碍作用外,还具有对还原反应的催化作用,这样制备的 Pt 粒子平均直径为 7 nm。

各种方法用于形成银纳米粒子。例如,通过紫外光照射含 $AgClO_4$、丙酮、2-丙醇和各种聚合物稳定剂的水溶液可获得银纳米粒子。紫外光照射可激发丙酮并从 2-丙醇中提取氢原子,这样产生碳自由基:

$$CH_3COCH_3^* + (CH_3)_2CHOH \longrightarrow 2(CH_3)_2(OH)C\cdot$$

碳自由基可能发生质子分解反应：
$$(CH_3)_2(OH)C\cdot \longleftrightarrow (CH_3)_2OC^-\cdot + H^+$$
原自由基和自由基负离子两者参与反应并还原 $Ag^+$ 离子成为 Ag 原子：
$$(CH_3)_2(OH)C\cdot + Ag^+ \longrightarrow (CH_3)_2CO + Ag + H^+$$
$$(CH_3)_2OC^-\cdot + Ag^+ \longrightarrow (CH_3)_2CO + Ag$$

以上两个反应的反应速率都很慢，有利于形成单一尺寸的 Ag 纳米粒子。当聚乙烯亚胺作为聚合物稳定剂，利用以上光化学还原过程可以形成平均尺寸 7 nm、尺寸分布窄的 Ag 纳米粒子。

在 10 ℃ 的氩气和氢气气氛中，利用声化学还原硝酸银水溶液的方法，可以制备约 20 nm 尺寸的非晶 Ag 纳米粒子。其反应如下：超声可以分解水形成氢和氢氧自由基，氢自由基可以还原 $Ag^+$ 离子形成 Ag 原子，经过成核和长大形成 Ag 纳米团簇。一些氢氧自由基能够结合形成一种氧化剂即过氧化氢，氢气的加入可以去除溶液中的过氧化氢并抑制 Ag 纳米粒子的氧化。

金属纳米粒子也可以通过电化学沉积方法制备得到。这种合成利用了由金属阳极和金属（或玻璃态碳）阴极构成的简单电化学电池。电解质由阳离子四卤化物的有机溶液构成，它也起到稳定剂的作用以产生金属纳米粒子。基于电场的应用，阳极经过氧化溶解形成金属离子并迁移到阴极上。金属离子在溶液中被铵离子还原导致金属纳米粒子的成核和长大。利用这种方法可以制备尺寸范围在 1.4~4.8 nm 的 Pd、Ni 和 Co 纳米粒子。进一步发现电流密度对金属粒子尺寸的影响，电流密度越大，粒子尺寸越小。

金属纳米粒子合成过程中受多种因素的影响，如还原剂、溶液 pH 值及聚合物稳定剂等，其中最主要的影响因素是加入的还原剂。在合成过程中，还原剂类型极大地影响金属胶体的尺寸及其分布。总的来说，强还原剂加速反应速率并有利于形成小的纳米粒子，弱还原剂带来慢反应速率并形成大的粒子。但是，慢的反应既可以导致宽的尺寸分布，也可以形成窄的尺寸分布；如果慢反应形成连续的新核或二次晶核，则可获得宽的尺寸分布。如果没有进一步的成核或二次晶核的产生，慢反应将导致有限扩散生长，这样，将获得窄的尺寸分布。另外，还原剂对纳米粒子的形貌也有显著影响。

### 9.2.2 半导体纳米粒子的合成

这里介绍非氧化物半导体的合成。非氧化物半导体纳米粒子通常是热解溶于脱水溶剂的有机金属原料,条件是变温、惰性环境和存在聚合物稳定剂或盖帽材料。需要指出的是,在合成金属纳米粒子的过程中,黏附于表面的聚合物称为聚合物稳定剂。但是,在合成半导体纳米粒子时,表面上的聚合物通常称为盖帽材料。盖帽材料即通过共价键或其他键(如配位键)与纳米晶表面相连接,例如,金属离子与硫或氮的孤对电子形成配位键。单分散半导体纳米晶的合成通常有如下步骤:第一步,通过注入方式快速提高反应物浓度,实现快速过饱和状态,形成瞬间离散形核;第二步,在高温老化过程中,奥斯特瓦尔德熟化以小粒子为代价促进大粒子的生长和窄尺寸分布;第三步,尺寸选择沉积用于进一步提高尺寸的均匀性。需要注意的是,与金属胶态分散体相似,尽管有机分子也用于稳定半导体胶态分散体,但是在其晶核的后续生长过程中,半导体纳米粒子表面的有机单层起到相对弱的扩散能垒作用。这是由于生长物质的损耗和在成核阶段的温度下降,初始晶核没有明显的后续生长。

以 Muray 等人报道的 CdE(E = S、Se、Te)半导体纳米晶合成为例来说明通常的方法。以二甲基镉(Me$_2$Cd)、双(三甲基硫化硅)[(TMS)$_2$S]、三辛基亚磷酸硒(TOPSe)和三辛基亚磷酸碲(TOPTe)分别作 Cd、S、Se 和 Te 源。以混合的磷酸三辛酯(TOP)和三正辛基氧化膦(TOPO)溶液作溶剂和盖帽材料。

制备 TOP/TOPO 包覆 CdSe 纳米晶的步骤简单概括如下:在反应容器中将 50 g 的 TOPO 加热到约 200 ℃,持续约 20 min,保持压强约 1 Torr 并周期性充入氩气以达到干燥和去气的目的。反应烧瓶的温度稳定在约 300 ℃ 和压强约 101 kPa 的氩气中。在干燥箱中将 1.0 mL 的 Me$_2$Cd 加到 25.0 mL 的 TOP 中,将 10.0 mL 的 1.0 mol·L$^{-1}$ 的 TOPSe 原料溶液加入到 15.0 mL TOP 中。在干燥箱中将这两种溶液混合并加入到注射器中,排除反应容器中的热量。从干燥箱中将装有反应试剂混合物的注射器迅速取出,并通过橡胶隔膜射入强力搅拌的反应烧瓶中。快速引入反应物质能够产生波长范围在 440~460 nm、具有吸收特征的深黄/橙色溶液。这个现象也伴随着温度突然降至约 180 ℃。再恢复加热反应烧瓶,渐渐升温并在 230~260 ℃ 条件下老化。根据老化时间,可以制备出直径范围在 1.5~11.5 nm 的 CdSe 纳米粒子。

以上制备的胶态分散体通过冷却到约 60 ℃ 进行净化,略高于 TOPO 的沸点,加入 20 mL 的无水乙醇将出现纳米晶的可逆絮状物,絮状物通过离心过滤从上清液中分离。接着进一步离心 25 mL 无水 1-丁醇中的絮凝分散体,导致透明的纳米晶溶液(更准确地说是一种胶态分散体)和灰色沉淀物形成,沉淀物几乎由 Cd 和 Se 组成的副产物所构成。添加 25 mL 无水甲醇到上清液中将产生纳米晶絮凝,除去多余的

TOP 和 TOPO。最后用 50 mL 的甲醇冲洗絮凝并随后真空干燥,将会产生约 300 mg 自由流动的 TOP/TOPO 包覆 CdSe 纳米晶。

将净化的纳米晶随后分散在无水 1-丁醇中形成透明溶液。接着在搅拌或超声下将无水甲醇逐滴加入分散体中直到出现乳白色。通过离心分离上清液和絮状物,样品中产生大量富集纳米晶的沉淀物。沉淀物分散到 1-丁醇中并用甲醇反复进行尺寸选择性沉淀,直至通过尖锐的光学吸收光谱表明不能进一步变窄粒径分布为止。

TOP 和 TOPO 混合溶液被认为是 CdSe 纳米晶生长和退火较好的溶剂。协调溶剂在控制生长过程中发挥着关键作用,可稳定所产生的胶态分散体和电子钝化半导体表面。

反应物注射到热反应容器时,由于突然饱和及伴随着室温前驱体溶液的加入,同时产生的温度急剧下降,导致了均匀成核瞬间爆发。通过这种成核引起的反应物消耗阻止进一步成核,也在很大程度上阻碍了初始晶核的后续生长。再缓慢加热溶液促进初始晶核的缓慢生长以达到单分散。温度升高导致溶解度提高,从而降低溶液中生长物质的过饱和度。其结果是小尺寸晶核可能会变得不稳定,并重新溶解到溶液中,然后溶解物将沉淀在大粒子的表面。这种溶解-生长过程也被称为奥斯特瓦尔德熟化,其中大粒子生长以小粒子溶解为代价。这样的生长过程会导致产生高度单分散胶态分散体。降低合成温度导致宽的尺寸分布,同时小粒子数量增加。降低温度会导致过饱和,有利于小尺寸晶核的连续形成,提高温度将有利于窄尺寸分布纳米粒子的生长。

应当指出的是,相比单分散金属纳米粒子,在单分散的 CdSe 纳米晶合成中,初始晶核的后续生长似乎不太重要,正如上面所讨论的,由于反应物的枯竭,盖帽材料为扩散提供了重要的空间位阻能垒,这将有利于已经存在的晶核的扩散控制生长。

尺寸选择沉积是单分散纳米晶合成中非常有用的方法。例如,Guzelian 等人利用合适的温度条件下,溶解于三正辛基氧化膦(TOPO)中的 $InCl_3$ 和 $P[Si(CH_3)_3]_3$ 反应合成出单分散的 InP 纳米晶,这些单分散体大部分是重复尺寸选择沉积过程而获得的。如上面所述的 CdSe 合成过程是瞬间独立的成核过程,而后续生长可以忽略。与此不同,InP 纳米晶的合成是很慢的过程,成核和生长同时进行并持续很长的时间,InP 纳米晶具有很宽的尺寸分布。表面覆盖十二烷胺的 InP 的纳米晶在甲苯中可溶而在甲醇中不溶。通过在反应溶液中逐步添加甲醇的方法可以提高纳米晶尺寸选择性沉积。在同样的反应混合物中可以获得孤立的 2~5 nm 的纳米晶,如果利用足够少的甲醇,仔细的沉积程序可以解决尺寸分布问题,获得尺寸间隔只有 0.15 nm 的纳米晶。

在高沸点溶剂中,热分解复杂前驱体是合成窄尺寸分布化合物半导体纳米粒子的另一个方法。例如,在室温下将 $GaCl_3$ 和 $P(SiMe_3)_3$(Ga 与 P 的物质的量比为 1∶1)在甲苯中混合,得到一种复合的 Ga 和 P 前驱体,即 $[Cl_2GaP(SiMe_3)_2]_2$。InP 复合前驱体可利用类似的反应在乙腈中混合确定摩尔比的氯化草酸铟和 $P(SiMe_3)_3$,或在室温甲苯中混合设计摩尔比的氯化草酸铟、氯化草酸镓和 $P(SiMe_3)_3$ 而得到。高质量的 InP、GaP 和 $GaInP_2$ 纳米晶,可通过几天时间加热含有 TOP 和 TOPO 胶体稳定剂混合物的高沸点溶剂而获得。高温热解含有 InP 前驱体的 TOP/TOPO 溶液产生的 TOPO 包覆 InP 纳米晶:

$$InP 前驱体 + (C_8H_{17})_3PO \longrightarrow InP(C_8H_{17})_3PO + 副产物$$

用这种方法制备的 InP、GaP 和 $GaInP_2$ 纳米粒子具有完整晶化的块状闪锌矿晶体结构。增加加热时间可以提高纳米粒子的晶化度。通过改变前驱体浓度或温度可获得尺寸范围在 2.0~6.5 nm 的不同尺寸的纳米粒子。获得窄尺寸分布是由于:①复杂前驱体的分解速率较慢;②纳米粒子表面 TOP 和 TOPO 稳定剂单层的空间扩散能垒。在胶体溶液中添加甲醇导致纳米粒子沉淀的产生。

热分解的复合前驱体方法也被应用于合成 GaAs 纳米晶。例如,将适量的 $Li(THF)_2As(SiMe_3)_2$(THF:四氢呋喃)添加到 $[(C_5Me_5)_2GaCl]_2$ 的戊烷溶液,然后过滤、蒸发溶剂、再结晶,产生纯的砷镓烷复合前驱体 $(C_5Me_5)GaAs(SiMe_3)_2$。这个复合前驱体溶解在有机溶剂(如乙醇)中,在空气中加热到 60 ℃ 以上进行热分解,可形成 GaAs 纳米粒子。当三(三甲代甲硅烷基)砷化氢与氯化镓反应,可制备复合 GaAs 前驱体。加热溶解于极性有机溶剂如喹啉的以上复合前驱体,条件为 240 ℃ 下加热 3 d,可得到 GaAs 纳米晶。

通过甲醇溶液中混合 $Cd(OOCCH_3)_2 \cdot 2H_2O$ 或 $Pb(OOCCH_3)_2 \cdot 3H_2O$、表面活性剂和硫代乙酰胺($CH_3CSNH_2$),可制备粒径 ≤8 nm 的 CdS 和 PbS 胶态分散体。在制备 CdS 和 PbS 纳米粒子时,使用的表面活性剂包括乙酰丙酮、3-氨丙基三乙氧基硅烷、3-氨丙基三甲氧基硅烷和 3-巯丙基三甲氧基硅烷(MPTMS)。在这些表面活性剂中,MPTMS 是制备 CdS 和 PbS 纳米粒子最有效的表面活性剂。

### 9.2.3 氧化物纳米粒子的合成

与金属和非氧化物纳米粒子的合成相比,氧化物纳米粒子的反应和生长是比较难控制的,因为氧化物比大部分半导体和金属在热力学和化学上更稳定。奥斯特瓦尔德熟化适用于合成氧化物纳米粒子来减小粒径分布。氧化物胶体研究得最多和最好的例子是二氧化硅胶体。在胶态分散体中常见的氧化物粒子合成方法是溶胶-凝胶法。溶胶-凝胶法也用于合成各种核-壳纳米结构和纳米结构的表面改性。

**1. 溶胶-凝胶法**

溶胶-凝胶法在合成金属复合氧化物、温度敏感有机-无机复合材料、热力学条件不适用而在亚稳材料方面特别有用。典型的溶胶-凝胶法包括水解和前驱体的缩合。前驱体可以是金属醇盐或无机和有机盐。有机溶剂或水溶剂可用于溶解前驱体,通常加入催化剂以促进水解和缩合反应。水解和缩合反应都是多步骤过程,相继独立发生;各个相继反应可能是可逆的。缩合反应导致金属氧化物或氢氧化物纳米尺度团簇的形成,往往有机基团嵌入或附于其中。这些有机基团可能是由于不完全水解,或采用非水解有机配位体而引入的。纳米团簇的大小、最终产物的形态和显微结构,可以通过控制水解和缩合反应来控制。

对于多组元材料胶态分散体的合成,所面临的挑战是确保具有不同化学活性的不同组成前驱体之间的异质缩合反应。金属原子反应很大程度上依赖于电荷转移和增加配位数的能力。作为一个经验法则,金属原子的电负性减小和提高配位数的能力随离子半径增大而增加。因此,通常相应醇盐化学活性随着离子半径增大而增加。有几种方法来确保异质缩合,实现分子原子水平多组元均匀混合。

首先,前驱体可以通过附加不同的有机配位体而进行改性。对于给定的金属原子或离子,大的有机配位体或更复杂的有机配位体将导致前驱体活性减少。例如,$Si(OC_2H_5)_4$ 的活性小于 $Si(OCH_3)_4$,$Ti[OCH(CH_3)_2]_4$ 的活性小于 $Ti(OCH_2CH_2CH_3)_4$。另一种控制醇盐反应的方法是利用配位试剂(如乙酰丙酮)化学改性醇盐的配位状态。多步溶胶-凝胶过程又是克服这个问题的另一种方法。首先将较小反应活性的前驱体部分水解,然后再水解更大活性的前驱体。在更极端的情况下,一个前驱体可以首先被完全水解,如果水解前驱体有非常低的缩合速度,接着引入第二个前驱体并被强制与水解前驱体缩合:

$$M(OEt)_4 + 4H_2O \longrightarrow M(OH)_4 + 4HOEt$$

缩合反应仅仅限制在低活性前驱体水解产物和活性较大前驱体之间:

$$M(OH)_4 + M'(OEt)_4 \longrightarrow (HO)_3-M-O-M'(OEt)_3 + HOEt$$

通过溶胶-凝胶过程把有机组分加入到氧化物系统使其容易形成有机-无机混合

物。一种方法是将无机前驱体之间进行共聚合或共缩合,从而形成由无机组分和非水解有机基团构成的有机前驱体。这种有机-无机混合物是一个单相材料,其中有机和无机组成通过化学键连接在一起。另一种方法是捕捉所需有机组分物理地加入到无机或氧化物网络里,通过将有机组分均匀分散在溶胶或将有机分子渗入到凝胶网络中。类似的方法可用于将生物组分纳入氧化物系统中。还有一种将生物组分与氧化物结合的方法,使用功能有机基团来桥接无机和生物物质。有机-无机混合材料组成一个新材料,有许多重要的潜在应用。

制备复合氧化物溶胶的另一挑战是:组成的前驱体可能对另外一种前驱体产生催化作用。结果是两种前驱体混合在一起时,水解和缩合反应速率可能会大不相同于前驱体单独存在时的反应速率。对于溶胶制备过程中复合氧化物的晶化控制仍然缺乏全面的理解。

通过仔细控制溶胶制备与工艺,可以合成各种单分散氧化物纳米粒子,包括复合氧化物、有机-无机混合物和生物材料。关键的问题是促进瞬间成核和随后的扩散控制生长。粒子尺寸可以通过变化浓度和熟化时间而改变。在一个典型的溶胶中,通过水解和缩合反应形成纳米团簇的尺寸范围通常是 1~100 nm。

还应当指出的是,在形成单分散氧化物纳米粒子时,胶体的稳定性通常通过双电层机制来实现。因此,存在于金属和非氧化物半导体胶体形成时的聚合物空间扩散能垒,在金属氧化物胶体形成时通常不存在。因此,扩散控制生长通过其他机制来完成,如生长物质的控制释放和低浓度。

**2. 强制水解**

生成均匀尺寸胶态金属氧化物的最简单方法是基于金属盐溶液的强制水解。众所周知,大多数多价态阳离子很容易水解,提高温度可大大加速配位水分子的去质子化。当浓度远远超过溶解度时,将出现金属氧化物的晶核。从原则上说,产生这样的金属氧化物胶体,只需要在高温条件下老化水解金属溶液,水解反应便会迅速进行并形成陡增的过饱和度,这样可产生大量的小晶核并最终形成小粒子。

制备球形氧化硅的步骤简单明了。多种烷氧基硅烷都可作为前驱体,氨水作为催化剂,醇类作为溶剂。首先,将乙醇、氨水和一定量的水混合,然后在强烈搅拌下将烷氧基硅烷前驱体加入。在添加前驱体后,胶体的形成或溶液视觉外观在几分钟内变化明显。根据不同的前驱体、溶剂以及水的量和使用的氨水,可获得平均尺寸为 0.05 nm~2 $\mu$m 的球形二氧化硅颗粒。

结果表明,反应速率和粒子尺寸强烈依赖于溶剂、前驱体、水的量和氨水。对于不同的醇溶剂,甲醇中的反应速率最快,正丁醇最慢。同样,在相似的条件下,甲醇中获得的粒子尺寸最小,正丁醇中粒子尺寸最大。较小的配体导致更快的反应速率和较小的粒径,大的配体导致慢的反应速率和大的粒径。氨水对于形成球形二氧化硅粒子是必要的,因为在基本条件下缩合反应产生三维结构,而不是在酸性条件下的线性高分子链。

和其他的化学反应一样,水解和缩合反应都强烈依赖于反应温度。高温会导致反应速率大幅度提高。例如,球形胶体 $\alpha\text{-}Fe_2O_3$ 纳米粒子的合成:首先将 $FeCl_3$ 溶液和 HCl 混合并稀释,然后将混合物加入 95~99 ℃ 预热的 $H_2O$ 中并不断搅拌,最后将得到的溶液存放在一个预热至 100 ℃ 的密封瓶子中保持 24 h,之后在冷水中快速冷却,即可得到 100 nm 左右的球形胶体 $\alpha\text{-}Fe_2O_3$ 纳米粒子。高温有利于快速水解反应,导致高的过饱和度,而这又会反过来导致大量小晶核的形成。在加热到高温之前,溶液稀释是非常重要的,以确保控制成核和后续的扩散限制生长。在老化阶段将允许奥斯特瓦尔德熟化发生,以进一步窄化尺寸分布。

**3. 离子的控制释放**

控制组成物阴离子或阳离子的释放对成核动力学和后续氧化物纳米粒子生长具有很大的影响,通过从有机分子中自发释放的阴离子来实现。众所周知,尿素溶液 $CO(NH_2)_2$ 在被加热释放 $OH^-$ 离子时,可能会导致金属氧化物或氢氧化物沉淀。例如,尿素的分解用于控制 $Y_2O_3:Eu$ 纳米粒子合成过程中的成核过程。钇和铕的氯化物溶解在水中,用盐酸或氢氧化钾调节溶液 pH 值约为 1。过量的尿素溶解到溶液中,加热该溶液到 80 ℃ 以上持续 2 h。尿素缓慢分解,当 pH 值达到 4~5 时将会发生晶核的迅速形成。

通常,某些类型的阴离子被引入到体系中作为催化剂。除了催化作用外,阴离子常会对纳米粒子的形成过程和形貌产生影响。阴离子的存在可能导致纳米粒子表面性能和界面能的变化,进而影响到粒子的生长行为。阴离子可能进入纳米粒子的结构,或吸附在纳米粒子的表面。当纳米粒子通过静电稳定机制来稳定时,阴离子对胶体分散系的稳定性可产生重要影响。

ZnO 晶体纳米粒子的制备是阴离子控制释放的另一个例子。首先将醋酸锌溶解在甲醇中形成醇锌前驱体溶液,然后以氢氧化锂作为催化剂,在 0 ℃ 或室温下超声振荡,使醇锌前驱体进行水解和缩合,形成氧化锌胶体。超声加速 $OH^-$ 基团的释放,导致即刻反应形成稳定的 ZnO 溶胶。利用 NaOH、KOH 或 Mg(OH)$_2$ 均产生沉淀。在新鲜溶胶中,ZnO 纳米粒子的直径约为 3.5 nm,反应 5 d 后,其直径约为 5.5 nm。众所周知,老化含乙醇 ZnO 胶体可产生大的颗粒,黏附于 ZnO 胶体表面的醋酸盐基团,可以稳定该胶体分散系。

### 9.2.4 气相反应

纳米粒子也可以通过气相反应合成,与液体介质中所讨论的纳米粒子合成机制一样。一般来说,合成反应在高温和真空条件下进行。真空用于确保生长物的低浓度,以促进扩散控制的后续生长。生长的纳米粒子通常在气流下相对低温的非黏性基底上收集。显然,只有一小部分纳米粒子沉积在基底表面。此外,沉积在基底表面的纳米粒子可能不代表实际的粒径分布。在合成过程中引入稳定机制以阻止团聚也很困难。尽管面临上述挑战,但是通过气相反应合成各种纳米粒子仍被证明是可行的。例如,气体聚集技术已应用于合成直径为 2～3 nm 的银纳米粒子。另一个例子是在氢气炬中燃烧四氯化硅产生直径小于 100 nm 的高分散二氧化硅颗粒。

需要指出的是,通过均匀成核后沉积于基底的纳米粒子可能发生迁移和团聚。会出现两种类型的团聚:一种是大粒径的球形颗粒,另外一种是针状粒子。在 (100)NaCl 基体、(111)CaF 基体上合成 Au 粒子,以及在 (100)NaCl 基体上合成 Ag 粒子时发现,扁平状粒子通常沿着台阶的边缘形成。但是,台阶边缘并不是形成针状晶体的必要条件,例如,形成几百微米长度的 CdS 晶体纳米棒。直径为几纳米的 Au 粒子会在不同的氧化物基体上生长,包括氧化铁、$\gamma$-氧化铝和二氧化钛基体。

通过有机金属前驱体的均匀气相成核合成 GaAs 纳米粒子。将三甲基镓和 AsH$_3$ 作为前驱体,氢作为载气以及还原剂,在 700 ℃ 和大气压下发生反应和成核过程。350 ℃ 时在多孔碳薄膜底部收集 GaAs 纳米粒子。纳米粒子由直径范围 10～20 nm 的棱面单晶所组成。此外,提高反应和成核温度会导致粒子尺寸增大,提高前驱体浓度对粒子尺寸有相似影响。然而,温度和前驱体浓度的变化对纳米粒子形貌的影响可以忽略。

### 9.2.5 固态相分离

在玻璃基体中的金属和半导体量子点通常经过固态均匀形核而形成。首先,在冷却至室温之前,将金属或半导体前驱体均匀引入到高温熔融的液态玻璃体之中,然后将玻璃体加热到玻璃化转变点附近,并按预先设计的时间进行退火。在退火过程中,金属或半导体前驱体转化为金属和半导体。过饱和的金属或半导体通过形核和后续固态扩散而生长成纳米粒子。

均匀玻璃体是通过将金属以离子形式溶解到熔体中并迅速冷却至室温而形成的。在这种玻璃体中,金属以离子的形式被保留。当玻璃体再次加热到中间温度区域,金属离子被一些添加到玻璃中的还原剂(如氧化锑)还原为金属原子。如果是辐射敏感的离子如铈离子,金属纳米粒子也可通过紫外线、X射线或γ射线辐射而成核。晶核的后续生长通过固态扩散而进行。例如,含有金、银、铜的玻璃就是通过这种方法制备的。虽然金属离子可高度溶于玻璃熔体或玻璃中,但是金属原子并不溶于玻璃中。当加热到高温时,金属原子获得必要的扩散能并在玻璃中迁移,随后形成晶核。这些晶核将进一步生长,形成不同粒径的纳米粒子。由于固态扩散相对较慢,比较容易通过扩散控制生长而形成单一尺寸的粒子。

分散在玻璃基体中的纳米粒子也可以通过溶胶-凝胶过程合成。有两种方法:①在形成凝胶以前,将预先合成的胶体分散系和基体溶胶混合;②首先制备包含所需离子的均匀溶胶用于形成纳米粒子,在高温下热处理固态产物。例如,$Cd_xZn_{1-x}S$掺杂石英玻璃的制备,在作为溶剂和硫前驱体的二甲基亚砜(DMSO)中通过正硅酸乙酯$[Si(OC_2H_5)_4$,即TEOS]、醋酸镉$[Cd(CH_3COO)_2 \cdot 2H_2O]$、醋酸锌$[Zn(CH_3COO)_2 \cdot 2H_2O]$的水解和聚合反应而获得。首先将镉、锌的前驱体溶解到DMSO中,当得到一个均匀的溶液后添加TEOS和水,将混合液在80 ℃下回流2 d。然后将干凝胶在350 ℃下空气中加热以消除残留的有机物,在氮气中再次加热到500 ℃和700 ℃,在每个温度下处理30 min。在加热到高温之前凝胶是无色透明的,表明这是没有$Cd_xZn_{1-x}S$纳米粒子的均匀玻璃相。最后将玻璃相在氮气中加热到500 ℃,玻璃相变成黄色,表明形成了$Cd_xZn_{1-x}S$纳米粒子。

通过高分子链自由基还原金属离子合成聚合物基体金属纳米粒子。典型的制备过程以聚甲基丙烯酸甲酯(PMMA)为基体的Ag纳米粒子合成为例来说明。将三氟醋酸银($AgCF_3CO_2$)和自由基聚合引发剂,即2,2′-偶氮二异丁腈(AIBN)或过氧化苯甲酰(BPO)溶解到甲基丙烯酸甲酯(MMA)。溶液加热到60 ℃并保持20 h以上,完成甲基丙烯酸甲酯的聚合。所产生的Ag—PMMA样品进一步在120 ℃(略高于聚甲基丙烯酸甲酯的玻璃化转变温度)进行热处理20 h。在这个过程中,金属离子被生长的高分子链自由基还原为金属原子,从而使金属原子成核并形成纳米粒子。更高温度下的后处理可以进一步促进已经形成的金属核的生长。

聚合引发剂的种类和浓度对生长的金属纳米粒子的大小和分布有重要影响。上述合成的 Ag-PMMA 复合物中,聚合物自由基的浓度与引发剂初始浓度成正比。增加聚合物引发剂的浓度将导致高分子链自由基的增加,这将促进金属离子的还原,从而产生更多的金属原子用于成核(高浓度或饱和度)。当引发剂为 BPO 时,Ag 纳米粒子的尺寸随 BPO 引发剂的浓度增加而减小。然而,当引发剂为 AIBN 时,Ag 纳米粒子尺寸随着 AIBN 引发剂浓度的增加而增加。对于这个结果的一种可能解释是,苯甲酸自由基有氧化金属离子的能力,而异丁腈自由基则不能。此外,发现高浓度金属原子将有利于表面过程限制生长,导致了宽的尺寸分布。

## 9.3 纳米粒子的动力学限域合成

动力学控制生长即空间限制生长,当有限的原材料被消耗掉或可利用空间被完全充满时,生长过程就会停止。许多空间限域法用于合成纳米粒子。一般情况下,空间限域可分为若干组:①气相中的液滴,包括气溶胶合成和雾化热解;②液相中的液滴,如胶束微乳液合成;③基于模板的合成;④自终止合成。

### 9.3.1 胶束或微乳液中合成纳米粒子

通过在限定空间中限制反应的方法合成纳米粒子。这种方法的典型例子是在胶束内或微乳液中合成的纳米粒子。微乳液是两种不相容的液体在表面活性剂辅助下形成的透明的水滴在油中(W/O)或油滴在水中(O/W)的热力学稳定的单分散体系。其微结构的粒径为 5~70 nm,分为 O/W 型和 W/O(反相胶束,图 9.2)型两种,是表面活性剂分子在油/水界面形成的有序组合体。在胶束合成中,只在胶束内进行反应物之间的反应,当反应物消耗完时粒子的生长即停止。

图 9.2 反相胶束(油包水微乳液)示意图

1982 年,Boutnonet 等人首先在 W/O 型微乳液的水核中制备出 Pt、Pd、Rh 等金属团簇微粒,开拓了一种新的纳米粒子的制备方法。基于微乳液的方法可以用于合成具有设计成分的微观均匀产物,且可以不使用昂贵的或特殊的设备。Capek 探讨了影响金属纳米粒子形貌和尺寸的各种因素。通过提高水含量,可以使 Pd 金属纳米粒子从球状转变为蠕虫状纳米结构。已经确认 Cu 纳米粒子的形貌和尺寸受到水含量、封端剂和还原剂浓度的影响。微乳液方法也可以用于合成双金属纳米粒子,如 Fe/Pt 和 Cu/Ni,这也使双金属表现出比相应单金属更优异的性能。另外,借助于微乳液,可以合成多种氧化物纳米粒子,包括简单的二元氧化物如 $CeO_2$、$ZrO_2$、$Fe_2O_3$ 和复杂三元氧化物如 $BaTiO_3$、$SrZrO_3$ 和 $LaMnO_3$。应该指出的是,直径约 5 nm 的超小钨氧化物粒子可以通过微乳液辅助方法合成,反应温度低于传统方法的温度。

下面以 Steigerwald 等人在反相胶束溶液中利用有机金属反应物合成 CdSe 纳米粒子为例来说明典型的合成工艺。将 33.3 g 二-(2-乙基己基)琥珀酸双酯磺酸钠(气溶胶-OT,AOT)表面活性剂溶解于庚烷(1 300 mL)中,然后添加去氧水(4.3 mL)。混合物用磁力搅拌直至变成均匀体系,当比例 $W = [H_2O]/[AOT] = 3.2$ 时产生微乳液。将 $Cd(ClO_4)_2 \cdot 6H_2O$ 和去氧水制备得到 1.0 mol·$L^{-1}$ 的 $Cd^{2+}$ 的溶液 1.12 mL 添加到上述微乳液中。搅拌均匀产生 $W=4$ 的光学微乳液。将溶于庚烷(50 mL)中的二(三甲基甲硅烷基)硒 $Se(TMS)_2$(210 μL)溶液通过注射器快速添加到以上微乳液中。当半导体粒子形成时,整个均匀微乳液颜色发生变化。在其他类似的工艺条件下,比例 $W = [H_2O]/[AOT]$ 控制着 CdSe 微晶的大小。由离子型反应物生成胶态晶体时也有相同的结果。

### 9.3.2 气溶胶合成纳米粒子

气溶胶合成纳米粒子也称作喷雾干燥法,在此方法中,首先制备液态前驱体,前驱体是含有所期望组元的简单混合溶液或胶态分散体。接着将这种液态前驱体制成液态气溶胶,即气相中均匀滴液的分散体,通过蒸发或与气体中存在的化学物质进一步反应而被固化。由此产生的粒子是球形粒子,其尺寸由初始液滴的大小和固体的浓度所决定。气溶胶可以使用不同的雾化方法产生,所有的雾化方法都与溶液/大气界面上的机械不稳定性有关的,如使转盘与充足的液体接触或形成强大的喷气或使用超声波雾化器。

通过气溶胶法合成的纳米粒子在几个方面不同于其他的方法。首先,与其他"自下而上"的方法相比较,气溶胶法可以被看作是一个"自上而下"的方法;其次,与其他方法制备的单晶或非晶结构的纳米粒子相比较,纳米粒子是多晶;最后,纳米粒子需要收集和重新分散以利于各种应用。

例如,$TiO_2$ 粒子可以由 $TiCl_4$ 或钛醇盐气溶胶制备。首先形成非晶态球形二氧化钛粒子,然后在高温下煅烧转化为锐钛矿晶体。当粉末加热到 900 ℃ 时,获得金红石相。按照同样的程序,用仲丁醇铝液滴可以制备球形氧化铝颗粒。

### 9.3.3 生长终止

在纳米粒子的合成中,其大小可以通过所谓的生长终止来控制。该方法简单易懂。当有机配体或外来离子强吸附于生长表面,并占据全部可利用的生长位置时,生长过程就会停止。Herron 及其同事用此方法合成了 CdS 胶体粒子,是以苯硫酚(PhSH)为有机配体,使其吸附于 CdS 胶体粒子表面,占据表面生长位置,使其停止生长而制得的。所有的合成操作在充满氮气的干燥箱内完成。具体步骤为:以醋酸镉、PhSH、无水硫化钠为原料,分别配制 $0.1\ mol \cdot L^{-1}\ Cd(OAc)_2$ 的甲醇溶液、$0.1\ mol \cdot L^{-1}$ $Na_2S$ 的甲醇/水(1∶1)溶液,以及 $0.2\ mol \cdot L^{-1}$ PhSH 的甲醇溶液;然后按体积比 1∶1 先将 $Na_2S$ 和 PhSH 的溶液混合均匀,之后在搅拌下加入 2 倍体积的 $Cd(OAc)_2$ 溶液,继续搅拌 15 min;最后过滤,用氮气吸滤干燥。这样制备的 CdS 粒子晶化后的粉末 X 射线衍射图与块状闪锌矿 CdS 相一致。CdS 粒子表面被苯硫酚分子所覆盖,如图 9.3 所示。CdS 粒子的尺寸随苯硫酚和硫化物的相对比例而变化,介于 1.5~3.5 nm 的范围。增加 PhSH 浓度将导致 CdS 粒径减小。因此,这些纳米粒子尺寸可以通过有机配体和前驱体的相对浓度来控制。类似的合成方法也适用于金属氧化物纳米粒子的形成,例如,直径为 2 nm 的四方晶系 $ZrO_2$ 纳米粒子,在甲苯磺酸存在条件下水解乙酰丙酮、改性丙醇锆,并在 60~80 ℃下熟化来制备。

图 9.3 CdS 粒子表面被苯硫酚分子所覆盖

生长终止用于合成纳米粒子。当有机组元占据全部表面生长位置时,纳米粒子的生长将被终止。生成的纳米粒子的最终尺寸由引入到体系中的有机配位体浓度所决定。

### 9.3.4 喷雾热分解法

喷雾热分解法基本上是一种溶液过程,已广泛用于制备金属和金属氧化物粉末。首先以水-乙醇或其他溶剂将原料配制成溶液,通过喷雾装置将反应液雾化并导入反应器内,在其中溶液迅速挥发,反应物发生热分解,或者同时发生燃烧和其他化学反应,生成与初始反应物完全不同的具有新化学组成的无机纳米粒子。此法起源于喷雾干燥法,也派生出火焰喷雾法,即把金属硝酸盐的乙醇溶液通过压缩空气进行喷雾的同时,点火使雾化液燃烧并发生分解,制得超微粉末如 NiO 和 $CoFeO_3$,这样可以省去加温区。

当前驱体溶液通过超声雾化器的雾化,由载气送入反应管中,则称为超声喷雾法。而通过等离子体引发反应发展成等离子喷雾热解工艺,雾状反应物送入等离子体尾焰中,使其发生热分解反应而生成纳米粉末。由于热等离子体的超高温、高电离度,大大促进了反应室中的各种物理化学反应。等离子体喷雾热解法制得的粉末粒径可分为两级:一级是平均粒径为 20~50 nm 的颗粒;二级是平均尺寸为 1 μm 的颗粒,粒子形状一般为球状颗粒。

喷雾热分解法制备纳米粒子时,溶液浓度、反应温度、喷雾液流量、雾化条件、雾滴的粒径等都影响到粉末的性能。以 $Al(NO_3)_3 \cdot 9H_2O$ 为原料配成硝酸盐水溶液,反应温度在 700~1 000 ℃ 得到活性大的非晶氧化铝超微粉末。经 1 250 ℃、1.5 h 即可全部转化为 $\alpha\text{-}Al_2O_3$,粒径 <70 nm。

Kieda 和 Messing 报道了使用 $Ag_2CO_3$、$Ag_2O$、$AgNO_3$ 前驱体溶液以及 $NH_4HCO_3$,在 400 ℃ 或更低温度下制备 Ag 纳米粒子。人们认识到,银离子形成氨络合物的能力,在这种低温雾化热解制备纳米粒子中起着十分重要的作用。这一工艺可以应用于大多数过渡金属如 Cu、Ni、Zn 以及能够形成氨络合物的离子。

Brennan 等人以 $Cd(SePh)_2$ 或 $[Cd(SePh)_2]_2[Et_2PCH_2CH_2PEt_2]$ 为原料,在真空和 320~400 ℃ 条件下,通过 24 h 温和固态热解制备了纳米尺寸的 CdSe。类似的方法可用于制备 ZnS 和 CdS、CdTe 和 HgTe 纳米粒子。

氧化物纳米粒子也可以利用雾化热解而制备。Kang 等人结合溶胶-凝胶工艺和雾化热解制备了铕掺杂 $Y_2O_3$:Eu 纳米粒子。利用尿素作为均相沉淀剂,在 1 300 ℃ 下雾化热解胶体溶液,得到具有空心球形貌的 $Y_2O_3$:Eu 纳米粒子。

### 9.3.5 模板合成

分散在固态聚合物基体的氧化铁 $Fe_2O_3$ 纳米粒子可以通过氯化铁溶液的渗滤而合成。聚合物基体为阳离子交换树脂,它是由直径为 100~300 μm 的珠状小颗粒和微孔组成的。氧化铁纳米粒子是在氮气中通过在氯化铁溶液中分散树脂的方式合成出来的。基体阳离子 $Na^+$ 或 $H^+$ 与 $Fe^{2+}$ 和 $Fe^{3+}$ 交换。交换过程伴随着 65 ℃ 碱性介质中的水解和聚合反应,以及树脂的大孔中 $Fe_3O_4$ 纳米粒子的形成。重复这个过程以增加 $Fe_3O_4$ 的数量和纳米粒子的尺寸,可以制备得到直径介于 3~15 nm 的规则球形 $Fe_3O_4$ 纳米粒子。CdSe 纳米粒子的合成以沸石作为模板,而 ZnS 纳米粒子的合成是在硅酸盐玻璃中进行。模板也用作掩罩通过气相沉积来合成纳米粒子。例如,硅衬底上的多金属纳米粒子有序阵列,使用阳极多孔氧化铝膜作为掩罩通过蒸发沉积而得到。

## 9.4 一维纳米线、纳米棒的模板合成

许多技术已经用于合成和生长一维纳米结构材料,这些技术大致可分为四类:①自发生长;②静电纺丝;③光刻;④基于模板合成。

自发生长包括蒸发(或溶解)-冷凝、气相(或溶液)-液相-固相、及应力-诱导再结晶的生长,这种生长通常导致单晶纳米线或纳米棒沿着依赖于晶体结构和纳米线材料表面性质的择优晶体生长方向而形成。例如,通过自发生长能够制备金属氧化物(如 ZnO、CuO)纳米线及金属(如 Si、Ge)纳米线。静电纺丝是指聚合物溶液或熔体在强电场中进行喷射纺丝,最初主要用于合成超细聚合物纤维,近年来,也应用到了合成有机、有机/无机复合和无机纳米纤维上。例如,在强电场下,通过针孔喷射含有聚乙烯吡咯烷酮(PVP)和四异丙氧基钛的乙醇溶液,制备了非晶态的 $TiO_2$/PVP 复合纳米纤维。光刻可看作"自上而下"的制备纳米线的另一种技术,通过电子束、离子束、X 射线等光刻技术,可以容易地制备出直径小于 10 nm、长径比为 100 的纳米线,例如硅纳米线的制备。

基于模板(也称硬模板)合成是一维纳米材料一个非常通用的合成方法,可用于制备纳米线、纳米棒以及聚合物、金属、半导体和氧化物的纳米管。各种具有纳米尺寸通道的模板可用作纳米棒和纳米管生长的模板,最常用和商业化的模板是阳极氧化铝膜和径迹刻蚀聚合物膜,其他的一些模板,如纳米通道阵列玻璃、介孔材料、多孔硅及碳纳米管等也有用到。多孔的氧化铝膜(也称作 Anodic Aluminum Oxide,AAO)是利用高温退火的高纯铝箔在一定温度下,一定浓度的草酸、硫酸或磷酸溶液中,控制在一定的直流电压下,阳极氧化一定的时间后得到的。该模板的结构特点是孔洞

为六边形或圆形且垂直于膜面,呈有序平行排列。孔径在 5～200 nm 范围内调节,孔密度可高达 $10^{11}$ pores·cm$^{-2}$。图 9.4 为三种不同条件下制得的 AAO。径迹蚀刻聚合物膜主要是通过核裂变碎片轰击聚合物膜使其表面出现许多损伤的痕迹,再用化学腐蚀的方法使这些痕迹变成孔洞得到的。这种模板的特点是孔洞呈圆柱形,很多孔洞与膜面斜交,与膜面的法线的夹角可达 34°,因此在厚膜内有孔通道交叉现象,总体来说,孔分布是无序的,孔密度大致为 $10^9$ pores·cm$^{-2}$。

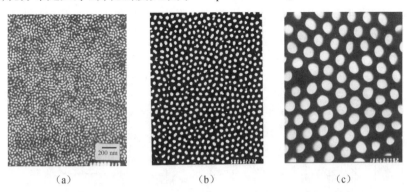

(a)电解液为 1.2 mol·L$^{-1}$ 的硫酸,温度 0 ℃,电极电压 10 V,时间 1 h;
(b)电解液为 0.2 mol·L$^{-1}$ 的硫酸,温度 25 ℃,电极电压 30 V,时间 1 h;
(c)电解液为 1.2 mol·L$^{-1}$ 的硫酸,温度 0 ℃,电极电压 40 V,时间 1 h。

图 9.4　三种不同条件下制得的 AAO

模板合成方法主要有电化学沉积、电泳沉积、模板填充以及化学反应转化。通过模板合成得到的纳米线大都是多晶甚至非晶产物。

本节主要介绍模板合成一维纳米材料。

### 9.4.1　电化学沉积

电化学沉积主要用于制备金属、半导体和导电聚合物纳米线,导电材料纳米线的生长是一个自蔓延过程。一旦形成小棒,棒或线的生长将持续下去,这是因为纳米线顶部到相反电极之间的距离要比两个电极之间的距离短,其电场和电流密度较大,生长物质更有可能沉积到纳米线顶部,使纳米线连续生长。然而,这个方法很难应用到实际纳米线的合成中,因为它很难控制生长。因此,具有理想孔道的模板用于电化学沉积法生长纳米线中。图 9.5 是利用电化学沉积法基于模板生长纳米线的常见装置。模板固定在阴极上,随后沉浸到沉积溶液中。阳极与阴极平行放置在沉积溶液里。当施加外电场时,阳离子向阴极扩散并还原,导致模板为孔内纳米线的生长。当施加恒定电场时,该图显示了不同沉积阶段的电流密度。Possin 早期报道了在辐射径迹蚀刻云母微孔内电化学沉积形成各种金属纳米线。利用微孔直径为 10~200 nm 的恒电位电化学模板合成了不同的金属纳米线，包括 Ni、Co、Cu 和 Au，并发现金属纳米线是真正的微孔复制品。Whitmney 等人通过在径迹刻蚀模板中电化学沉积金属的方法制备了镍和钴纳米线阵列。中国科学院固态物理研究所的李广海等人在阳极氧化铝模板上使用脉冲电沉积方法生长了直径为 40 nm 的单晶锑纳米线。脉冲电沉积法也可制备单晶和多晶的超导铅纳米线。一般地，单晶铅纳米线生长需要比多晶纳米线更大的偏离平衡电压（更大的过电压）。Klein 等人在阳极氧化铝模板上电沉积合成了半导体 CdSe 和 CdTe 纳米棒。

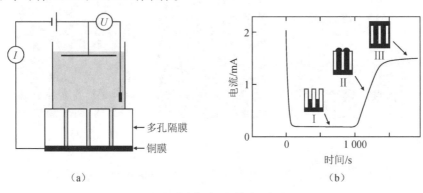

(a) 沉积纳米线时电极排列示意图；
(b) 电流-时间关系曲线，在孔径为 60 nm 的聚碳酸酯模板中沉积 Ni，电压 -0.1 V。

图 9.5　利用电化学沉积法基于模板生长纳米线的常见装置

利用电化学沉积法也可以制备中空金属纳米管。对于金属纳米管的生长，模板的孔壁首先需要化学处理，使金属优先沉积到孔壁而不是电极底部。可以通过在孔内壁固定硅烷分子来实现孔壁表面修饰。例如，阳极氧化铝模板的微孔表面用氰基硅烷覆盖，随后电化学沉积导致金纳米管的生长。

许多研究小组报道了在聚碳酸酯膜上生长纳米棒和纳米线。例如，Schonenberger 等人报道了碳酸酯膜的孔道直径并不总是均匀的，他们使用直径在 10~200 nm 的聚碳酸酯膜，通过电解法得到金属 Ni、Co、Cu 和 Au 纳米线。SEM（扫描电子显微镜）图表明这些金属纳米线是中间粗、两头细的形貌。

利用 AAO 模板可以合成半导体纳米线和纳米棒阵列，例如 CdSe 和 CdTe。以电化学沉积法合成碲化铋（$Bi_2Te_3$）纳米线阵列为例来说明。$Bi_2Te_3$ 是 V-VI 主族元素化合物，是目前常温热电材料中热电转换性能优良的材料。多晶和单晶的 $Bi_2Te_3$ 纳米线阵列可以通过电化学沉积在阳极氧化铝模板内生长。Sander 等人在相对于

Hg/Hg$_2$SO$_4$ 参比电极电势 -0.46 V 的条件下,使用含有 0.075 mol·L$^{-1}$ Bi 和 0.1 mol·L$^{-1}$ Te 的 1 mol·L$^{-1}$ HNO$_3$ 溶液,合成出直径小到约 25 nm 的 Bi$_2$Te$_3$ 纳米线阵列。得到的 Bi$_2$Te$_3$ 纳米线阵列为多晶,后续熔化-再结晶未能形成单晶 Bi$_2$Te$_3$ 纳米线阵列。最近,有人使用含有 0.035 mol·L$^{-1}$ Bi(NO$_3$)$_3$·5H$_2$O 和 0.05 mol·L$^{-1}$ HTeO$_2$ 的溶液(5 mol·L$^{-1}$ HNO$_3$ 中溶解 Te 粉制得),通过电化学沉积方法生长出了单晶 Bi$_2$Te$_3$ 纳米线阵列。图 9.6 为中国科学技术大学李晓光教授课题组制备的 Bi$_2$Te$_3$ 纳米线阵列 SEM 图,表现 Bi$_2$Te$_3$ 纳米线阵列的横截面和它们的晶体取向。与此类似,大面积 Sb$_2$Te$_3$ 纳米线阵列也通过基于模板的电化学沉积法成功获得。

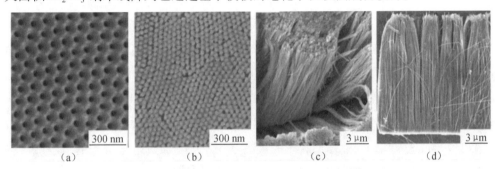

(a)AAM 的典型 SEM 图;(b)Bi$_2$Te$_3$ 纳米阵列表面(腐蚀时间 5 min);
(c)Bi$_2$Te$_3$ 纳米阵列表面(腐蚀时间 15 min);(d)Bi$_2$Te$_3$ 纳米阵列横截面(腐蚀时间 15 min)。

图 9.6  AAO 模板电化学沉积合成 Bi$_2$Te$_3$ 纳米线的 SEM 图

超声辅助模板电沉积法是一种合成单晶纳米棒阵列的有效方法。例如,利用这种方法合成了直径范围在 50~200 nm、化学成分 Cu 与 S 的计量比为 1:1 的单晶 P 型半导体硫化铜纳米棒阵列。使用的电解液为 Na$_2$S$_2$O$_3$(0.4 mol·L$^{-1}$)和 CuSO$_4$(0.06 mol·L$^{-1}$)的水溶液,酒石酸(0.075 mol·L$^{-1}$)用于保持溶液的 pH<2.5。用液态金属 GaIn 作工作电极,用 Pt 螺旋棒作对电极。CuS 的电沉积在恒电压下进行,电化学沉积槽全部沉积在装有水的超声振荡器中。显著的高电流意味着电解液中物质传输过程的低阻力。

### 9.4.2 电泳沉积

电泳沉积是指在稳定的悬浮液中通过直流电场的作用,胶体粒子沉积成纳米材料的过程。与电化学沉积不同,电泳沉积的沉积物不需要导电。在溶液里,胶态纳米粒子表面通过静电引力吸引带有相反电荷的离子(抗衡离子),与固体表面紧密结合使表面带电,它们与结合在固体表面上的溶剂分子一起构成所谓的 Stern 层,其余的反离子则扩散地分布在 Stern 层之外构成扩散层,Stern 层和扩散层合称为双电层结构,即斯特恩双电层(Stern double layer)。在 Stern 层内,反离子的电性中心构成所谓的 Stern 平面,从固体壁面到 Stern 表面,双电层的电势直线下降,Stern 平面处与溶液内部的电势差称为 Stern 电势。在电动现象中,Stern 层与固体表面结合在一起运动,它的外缘构成两相之间的滑动面,该滑动面与溶液内部的电位差则称为电动电势或 Zeta 电位。

电泳沉积简单利用带电粒子的定向运动,使来自胶态分散体或溶胶中的固体粒子富集到电极表面上生长出薄膜。如果粒子带正电荷(具有正的 Zeta 电位),则在阴极上发生固态粒子的沉积,否则将沉积在阳极上。在电极上,表面电化学反应会产生或接收电子。在生长表面的沉积物上,双电层结构坍塌而粒子凝结。关于生长表面上粒子的沉积行为没有太多的资料,人们相信存在表面扩散和弛豫。粒子一旦凝结将会形成相对强的吸引力,包括两个粒子间化学键的形成。从胶态分散体或溶胶中通过电泳沉积生长的薄膜或块状结构实际上是纳米粒子的堆积体。这种薄膜或块状结构是多孔的,即内部有空隙。通常,堆积密度定义为固体分数(也称为压块密度),均小于 74%,这是均匀尺寸球形粒子的最高堆积密度。通过电泳沉积的薄膜或块状结构的压块密度强烈依赖于溶胶或胶态分散体中的粒子浓度、Zeta 电位,外加电场和粒子表面之间反应动力学。缓慢反应和纳米粒子缓慢到达表面使得在沉积表面有充分的粒子弛豫,因而可获得高的堆积密度。

沉积表面或电极上的电化学过程很复杂,并随体系而变化。总的来说,在电泳沉积过程中,电流的存在表明在电极或沉积表面上发生还原或氧化反应。在许多情况下,电泳沉积生长的薄膜或块状物是绝缘体。然而,薄膜或块状物是多孔的,而微孔表面像纳米粒子表面一样是可以带电的,因为表面电荷依赖于固态材料和溶液。此外,微孔充满溶剂或溶液,含有平衡离子和电荷决定离子。在生长表面和底电极之间的电传导可以通过表面传导或溶液传导进行。

美国华盛顿大学的曹国忠教授课题组结合溶胶-凝胶制备及电泳沉积技术,生长出了不同的氧化物纳米棒,包括各种复合氧化物如锆钛酸铅和钛酸钡。在他们的方法中,传统的溶胶-凝胶工艺用于合成各种溶胶。适当控制溶胶制备,形成具有理想化学计量组成的纳米粒子,并通过适当调整 pH 值和溶剂中的均匀分散实现静电稳定化。当施加外加电场时,这些静电稳定的纳米粒子将作出响应,向阴极或阳极方向移动并沉积其上,这取决于纳米粒子的表面电荷。在约 $1.5\ V\cdot cm^{-1}$ 的电场下利用辐射径迹蚀刻聚碳酸酯膜,生长出直径在 40~175 nm、厚度相当于模板厚度的 10 μm 长的纳米线,包括锐钛型 $TiO_2$、非晶态 $SiO_2$、钙钛矿结构 $BaTiO_3$ 和 $Pb(Ti,Zr)O_3$、层状结构钙钛矿 $Sr_2Nb_2O_7$。溶胶电泳沉积生长的纳米棒是多晶或非晶。这种技术的优势之一是能够合成复合氧化物和具有理想化学计量组成的有机-无机复合物。另一个优点是适用于各种材料。图 9.7 显示了利用模板溶胶-凝胶电泳沉积法生长的 $BaTiO_3$、$SiO_2$、$Sr_2Nb_2O_7$ 和 $Pb(Zr_{0.52}Ti_{0.48})O_3$ 纳米棒的 SEM 图。图 9.8 为电泳沉积过程示意图。在纳米棒生长之初,带正电荷的溶胶粒子会因电泳而向负极移动,并沉积在孔隙的底部,而带负电荷的反离子则向相反的方向移动。随着时间的增加,密集的溶胶颗粒填充了更多的孔隙,直到孔隙完全被填满。

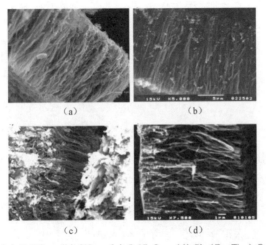

(a) $BaTiO_3$; (b) $SiO_2$; (c) $Sr_2Nb_2O_7$; (d) $Pb(Zr_{0.52}Ti_{0.48})O_3$。

图 9.7 利用模板溶胶-凝胶电泳沉积法生长的纳米棒的 SEM 图

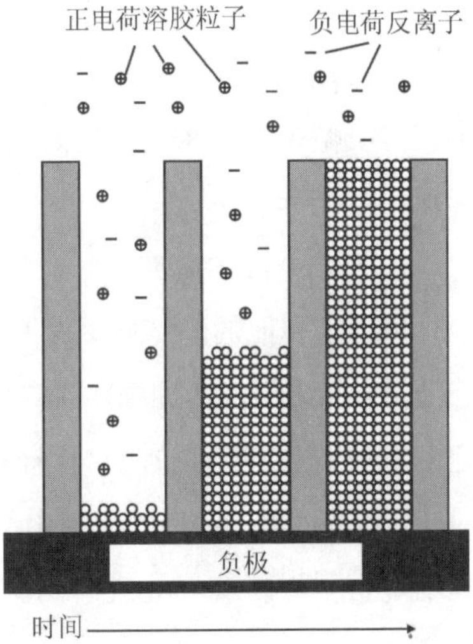

图 9.8 电泳沉积过程示意图

Wang 等人利用电泳沉积由胶体溶胶形成 ZnO 纳米棒。ZnO 胶体溶胶制备是利用 NaOH 水解醋酸锌的乙醇溶液并添加少量硝酸锌作为黏合剂。在 10~400 V 的电压下,将这种溶液沉积到阳极氧化铝模板的微孔中。结果发现,低电压形成致密的实心纳米棒,而较高电压导致空心管的形成。提出的机制为高电压引起阳极氧化铝介质击穿,使其成为和阴极一样的带电体。ZnO 纳米粒子和孔壁之间的静电吸引导致纳米管的形成。

Miao 等人通过模板电化学诱导溶胶-凝胶沉积法制备了单晶 $TiO_2$ 纳米线。将钛粉末溶解到 $H_2O_2$ 和 $NH_3 \cdot H_2O$ 的水溶液中,并形成 $TiO^{2+}$ 离子簇。当外加外电场时,$TiO^{2+}$ 离子簇扩散到阴极进行水解和缩聚反应,并导致非晶 $TiO_2$ 凝胶纳米棒的沉积。

在 240 ℃ 空气中热处理 24 h 后,合成出直径为 10 nm、20 nm 和 40 nm,长度在 2～40 μm 范围的锐钛矿结构单晶 $TiO_2$ 纳米线。这里的 $TiO_2$ 单晶的形成是通过非晶相在高温结晶得到的,通常被认为是纳米晶 $TiO_2$ 粒子外延聚集形成单晶纳米棒。

### 9.4.3 模板填充

直接填充法是合成纳米线和纳米管最简单和通用的方法。最常见的是将液态前驱体或前驱体混合物填充到微孔中。模板填充需要关注以下几个方面。第一,孔壁应有良好润湿性,以保证前驱体或前驱体混合物能够渗透和完全填充。对于低温条件下的填充,孔壁的表面通过引入单层有机分子能够容易改性为亲水性或疏水性。第二,模板材料应当具有化学惰性。第三,凝固过程中能够控制收缩。如果孔壁和填充材料之间的黏结力很弱或凝固始于中心,或者从孔的末端或均匀进行,则最有可能形成实心纳米棒。但是,如果黏结力很强,或凝固始于界面并向里进行,则最有可能形成中空纳米管。

**1. 胶态分散体填充**

Martin 和他的同事研究了利用适当的溶胶-凝胶工艺制备胶态分散体,再利用胶态分散体简单填充模板形成各种氧化物纳米棒和纳米管。模板填充就是把模板在稳定的溶胶中放置一段时间。当模板微孔表面进行适当改性后对溶胶有良好的润湿性时,毛细管力驱动溶胶进入毛孔。在微孔充满溶胶后,从溶胶中抽出模板,在高温处理前进行干燥。高温处理有两个目的:去除模板以获得直立纳米棒和致密化溶胶-凝胶衍生的毛坯纳米棒。

我们在前面的章节中已讨论了溶胶-凝胶工艺,了解到典型溶胶中含有体积分数高达 90% 或更高的溶剂。虽然毛细管力可确保胶态分散体完全填充到模板的微孔内,但填充到微孔内的固态物质可能非常少,经干燥和随后的加热过程后将会发生很大的收缩。然而,结果表明,与模板微孔尺寸相比较,大部分纳米棒仅仅发生少量的收缩。此结果意味着存在某种未知的机制,使微孔内部固态物质的浓度增大。一种可能机制是溶剂通过模板扩散,导致固态物质沿模板微孔内表面增多。为此,人们通过溶胶不完全填充模板实验,得到了中空的 $V_2O_5$ 纳米管,证实了可能存在这样一个固态物质沿模板微孔内表面增多过程。考虑到模板通常在溶胶中仅浸入几分钟的时间,因此通过模板的扩散和微孔内固态物质的富集必须是一个相当快的过程。这是一个非常通用的方法,可以应用于溶胶-凝胶工艺制备的任何材料。但是,缺点是难以保证模板微孔完全被填充。人们也注意到,模板填充制备的纳米棒通常是多晶或非晶。

**2. 熔融和溶液填充**

金属纳米线可以通过在模板中填充熔融金属来合成。一个例子是通过压力将熔融的铋金属注射到阳极氧化铝模板的纳米孔道中来制备铅纳米线。阳极氧化铝模板脱气后在325 ℃（Bi 的 $T_m$ 为271.5 ℃）没入液体铋中,然后以约31 MPa高压的氩气注入液体铋到模板的纳米孔道中,持续5 h,获得了直径为13～110 nm和横径比为几百的铋纳米线,单个纳米线为单晶体。当暴露在空气中时铋纳米线很容易被氧化。48 h后观察到约4 mm厚度的非晶氧化层。4周后,直径为65 nm的铋纳米线完全被氧化。其他金属纳米线如 In、Sn 和 Al 以及半导体 Se、Te、GaSb 和 $Bi_2Te_3$,都可以通过注射熔融液体到阳极氧化铝模板中来制备。

填充包含所需单体和聚合剂的单体溶液到模板微孔中并聚合单体溶液,获得聚合物纤维。聚合物在孔壁上优先成核和生长,正如在前面讨论的电化学沉积生长导电聚合物纳米线或纳米管一样,控制较短的沉积时间可以形成聚合物纳米管。

同样,通过溶液技术可以合成金属和半导体纳米线。例如,Han等人在介孔氧化硅模板中合成了 Au、Ag 和 Pt 纳米线。在介孔模板中填充适合的金属盐（如 $HAuCl_4$）水溶液,经过干燥和 $CH_2Cl_2$ 处理后,样品在氢气气流下还原,将盐还原为金属。Chen等人将 $Cd^{2+}$ 和 $Mn^{2+}$ 盐的水溶液填充到介孔氧化硅模板的微孔中,干燥样品并与 $H_2S$ 气体反应,将其转化为(Cd,Mn)S。Matsui 等人将 $Ni(NO_3)_2$ 乙醇溶液填充到模板中,干燥并在150 ℃ 的 NaOH 溶液中进行水热处理,在碳包覆阳极氧化铝膜上生长了 $Ni(OH)_2$ 纳米棒。

**3. 化学气相沉积**

一些研究人员利用化学气相沉积作为一种手段来合成纳米线。Leon 等人通过 $Ge_2H_6$ 气体扩散到介孔二氧化硅并加热生长出 Ge 纳米线。他们认为前驱体与模板中残余的表面羟基基团反应,形成 Ge 和 $H_2$;Lee 等人使用了铂金属有机化合物填充到介孔氧化硅模板微孔中,然后在 $H_2/N_2$ 气流下得到了 Pt 纳米线。

**4. 离心沉积**

离心力辅助模板填充纳米团簇是另外一种廉价的大量生产纳米棒阵列的方法,例如,锆钛酸铅（PZT）纳米棒阵列的合成。这种纳米棒阵列生长是通过 1 500 r·min$^{-1}$ 的转速、60 min 的时间,离心转动填充 PZT 溶胶的聚碳酸酯膜而获得的。之后,样品附着在石英玻璃上,在空气中加热到 650 ℃,保持 60 min。其他氧化物纳米棒阵列包括二氧化硅和二氧化钛,也可用这种方法生长。离心的优势是适用于任何胶态分散体系,包括那些对电解质敏感的纳米团簇或分子组成物。但是,为了生长出纳米线阵列,离心力必须大于两种纳米粒子或纳米团簇之间的斥力。

### 9.4.4 通过化学反应转换

纳米棒或纳米线也可以通过消耗模板来合成。使用模板定向反应可以合成或制备纳米线材料。首先制备出由组成元素构成的纳米线或纳米棒,然后与含有所需元素的化学试剂反应形成最终产品。例如,Gates 等人将三角结构的单晶 Se 纳米线与 $AgNO_3$ 水溶液在室温反应转换成单晶 $Ag_2Se$ 纳米线。先通过溶液合成法制备 Se 纳米线,然后,将 Se 纳米线分散在水中与 $AgNO_3$ 水溶液发生下列化学反应:

$$3Se(s) + 6Ag^+(aq) + 3H_2O \longrightarrow 2Ag_2Se(s) + Ag_2SeO_3(aq) + 6H^+(aq)$$

得到的 $Ag_2Se$ 纳米线都有准确的化学计量组成,无论四方(低温相)或正交结构(高温相,块体相变温度为 133 ℃)的纳米线都是单晶体。另外注意到,直径大于 40 nm 的纳米线倾向于正交结构。模板的结晶度和形态都被高保真保留。其他化合物纳米线可以通过类似办法将 Se 纳米线与所需化学试剂反应合成。例如,$Bi_2Se_3$ 纳米线可以通过 Se 纳米线和 Bi 蒸气反应制备。

通过挥发性金属卤化物或氧化物与碳纳米管反应,可以合成直径为 2~30 nm、长度达 20 μm 的实心碳化物纳米棒(图 9.9)。例如,在合成氮化硅和氮化硼纳米棒时,以碳纳米管作为消耗的模板。直径为 4~40 nm 的氮化硅纳米棒可通过碳纳米管和一氧化硅蒸气在 1 500 ℃ 的氮气气流中反应来制备:

$$3SiO(g) + 3C(s) + 2N_2(g) \longrightarrow Si_3N_4(s) + 3CO(g)$$

在氧化铝坩埚中,1 500 ℃ 下加热硅和二氧化硅的固态混合物产生一氧化硅。观察到全部碳纳米管转化为了氮化硅纳米棒。

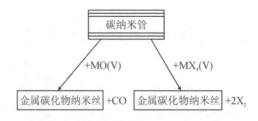

图 9.9 碳纳米管作模板合成金属碳化物

也可以通入氨气制备金属氮化物纳米线。例如,GaN 纳米棒可通过气态 $Ga_2O$ 和 $NH_3$ 在碳纳米管作模板来合成:

$$2Ga_2O(g) + C(Nanotubes) + 4NH_3(g) \longrightarrow$$

$$4GaN\ (Nanorods) + H_2O\ (g) + CO(g) + 5H_2(g)$$

通过氧化金属锌纳米线制备 ZnO 纳米线。第一步,利用阳极氧化铝膜作为模板,电沉积制备没有优先晶体取向的多晶锌纳米线;第二步,在 300 ℃空气中对锌纳米线进行氧化 35 h,产生直径为 15~90 nm、长度达 50 μm 的多晶 ZnO 纳米线。ZnO 纳米线嵌入到阳极氧化铝膜中,可选择性地溶解氧化铝模板,获得直立的 ZnO 纳米线。

通过填充分子前驱体,$(NH_4)_2MoS_4$ 和 $(NH_4)_2Mo_3S_{13}$ 混合物溶液进入氧化铝模板微孔内,然后将填充分子前驱体的模板加热到高温,使前驱体热分解,制备出长度约为 30 μm、外径为 50 nm、壁厚为 10 nm 的 $MoS_2$ 中空纳米管。

有趣的是,某些聚合物和蛋白质也能引导金属或半导体纳米线的生长。例如,Braun 等人报道了利用 DNA 作为模板矢量生长长度为 2 μm、直径为 100 nm 的银纳米棒的两步骤工艺。CdS 纳米线可以通过聚合物控制生长制备:首先将 $Cd^{2+}$ 离子较好地分布在聚丙酰胺基体中,得到含有 $Cd^{2+}$ 离子的聚合物,然后在 170 ℃的乙二胺中与硫脲($NH_2CSNH_2$)进行溶剂热反应,聚丙烯酰胺逐渐消耗,最后从溶剂中过滤,即可获得直径为 40 nm、长度达 100 μm、优先取向方向为[001]的单晶 CdS 纳米线。

## 9.5 二维纳米薄膜的制备

二维纳米薄膜的制备方法从原理上归类,大致可分为物理方法与化学方法两大类。物理方法主要包括低能团簇束沉积法、真空蒸发法、溅射沉积、分子束与原子束外延技术及分子原子束自组装技术等;而化学方法主要有溶胶-凝胶法、自组装、LB 膜法、电沉积法、化学气相沉积等。这里,我们主要介绍溶胶-凝胶法、自组装、LB 膜法制备纳米膜材料。

### 9.5.1 溶胶-凝胶法

当采用溶胶-凝胶法制备纳米薄膜时,首先用化学试剂制备所需的均匀稳定的溶胶,然后将溶胶涂覆到基体上得到薄膜。有很多方法可用于将溶胶涂覆到基体上,但是最好的选择取决于几个因素,包括溶液黏度、所需涂层厚度和涂覆速度等,溶胶-凝胶法沉积薄膜中最常用的方法是旋涂法和浸涂法,喷涂法和超声喷雾法也是经常使用的方法。

旋涂法经常用于在微电子学中沉积光刻胶和特种聚合物,并已得到很好的研究。

一个典型的旋涂工艺包括四个阶段:将溶液或溶胶输送到基体中心、开始旋转、停止旋转和蒸发(各个阶段交叉重叠)。在液体输送到基体后,离心力驱使液体平铺在基体上(开始旋转),多余的液体在旋转后从基体上脱落。当涂层不再流动时开始蒸发,进一步减小了薄膜厚度。当液体的黏度与剪切速率无关,且蒸发速率与位置无关时,就可以获得均匀的薄膜。通过调节溶液性质和沉积条件可以控制薄膜厚度。

在溶胶-凝胶涂层的形成过程中,溶剂去除或涂层干燥与凝胶网络凝结和固化同时进行。竞争过程产生毛细管压力以及强制收缩诱导的应力,这些又带来多孔凝胶结构的坍塌,还可能带来最终薄膜中裂缝的形成。干燥速度在应力形成尤其是在后期阶段裂缝形成中起着十分重要的作用,它取决于溶剂或挥发性成分扩散到涂层(膜)表面的速度和气体中水蒸气挥发出去的速度。因此,在溶胶-凝胶涂层形成过程中,干燥去除溶剂过程中限制缩合反应速率非常重要,这样,固化时溶剂的体积分数可以保持很小。为释放应力,材料可以通过内部分子运动或变形来实现。当膜材料接近于弹性固体并且变形只受基体的结合力限制时,膜内部的弛豫现象将会放缓。固化过程和与基体结合过程中无应力状态收缩局限于涂层厚度的方向上,这是平面拉应力的结果。开裂是应力释放的另一种形式。对溶胶-凝胶涂层,为防止裂纹的形成一般将涂层厚度限制在 $1~\mu m$ 以内。例如,据报道,二氧化铈溶胶-凝胶薄膜的最高厚度(临界厚度)为 600 nm,高于这个厚度就会形成裂纹。还应当注意到,溶胶-凝胶涂层通常是多孔和无定形态的。对于很多的应用,要求后续热处理以达到完全致密化,并由无定形态转变为晶态。

有机-无机复合物膜常采用溶胶-凝胶合成路线来合成。在纳米尺度上有机和无机组分可以彼此相互渗透。根据有机和无机组分之间的相互作用,复合物可以划分为两类:①由有机分子、低聚物或嵌入无机基质的低相对分子质量聚合物组成,它们是由弱氢键或范德华力结合的;②有机和无机成分是由强共价键或部分共价键结合的。有机组分可以显著改善无机组分的力学性能。当亲水性和疏水性平衡时孔隙度也可以得到控制。

孔隙度是溶胶-凝胶薄膜的另一个重要性质。虽然在许多应用中高温热处理用于消除孔隙,而剩余孔隙使溶胶-凝胶薄膜有许多应用,如作为催化剂基体、有机或生物成分的探测材料、太阳能电池的电极。孔隙本身也具有一些独特的物理特性,如低介电常数、低热导率等。

### 9.5.2 自组装单分子膜

自组装是指基本结构单元(分子、纳米材料、微米或更大尺度的物质)自发形成有序结构的一种技术。在自组装的过程中,基本结构单元在一定的外力如化学反应、静电吸引和毛细管力的影响下,自发发生分子或者小单元如小颗粒的有序排列。本节将集中讨论由自组装方法形成单分子层或多层。一般情况下,化学键形成于组装分子和基体表面之间以及邻近层的分子之间。因此,这里的主要驱动力是总化学势的减少。

自组装单分子膜(Self-Assembled Monolayers,SAMs)形成过程的基本原理是通过固-液界面间的化学吸附或化学反应,在基底上形成化学键连接的、取向紧密的、排列有序的二维单层膜。其制备方法简单且具有较高的稳定性,在组成上可分为三部分,如图9.10所示为一个简单的组成示意图。底部是分子的头基,也是它的表面活性基团,它与基底表面上的反应位点以共价键或离子键结合,例如 Si—O 和 S—Au 共价键,以及 —$CO_2^-$ $Ag^+$ 离子键。在组装过程中,活性分子会尽可能占据基底表面上的反应位点。中间是分子的烷基链,链与链之间靠范德华作用使活性分子在固体表面有序且紧密地排列。分子链中间可通过分子设计引入特殊的基团,使其具有特殊的物理、化学性质。上部是分子末端基团,习惯上称其为端基,如 —$CH_3$、—COOH、—OH、—CN、—$NH_2$、—SH、—CH=C、及 —C—CH 等,末端基团的意义在于通过选择不同的端基以获得不同物理、化学性能的界面,或借助其反应活性构筑多层膜。自组装的驱动力包括静电力、疏水性和亲水性、毛细管力和化学吸附,其中最重要的过程是化学吸附,其能量为一百多千焦每摩(例如金表面硫醇盐的能量为 167～188 kJ·$mol^{-1}$)。由于头基与基体相互作用的放热作用,分子试图占据基体表面一切可以利用的结合位点,吸附的分子可能沿着表面扩散。SAMs 可以认为是有序并具有类似二维晶体结构的紧密堆积分子聚集体。

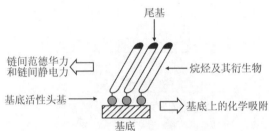

图 9.10 自组装单分子膜的结构和主要作用力示意图

自组装单分子膜是一种新型的功能材料,它主要有三种类型:脂肪酸类、烷基硫醇类和有机硅烷类。前两种主要吸附在金属或其氧化物表面,可以对物质表面形成保护,提高润滑性和防腐性,改善表面性能,提高生物传感器的灵敏度;有机硅烷类则可以吸附在羟基化的 $SiO_2$ 基材表面,在大规模和超大规模集成电路中作铜互连线的扩散阻挡层。

脂肪酸类 SAMs 是脂肪酸及其衍生物在铝、银、铜等金属氧化物表面形成的。其形成机理实际上是一个酸碱反应,它的驱动力为酸根离子与金属阳离子在界面形成盐。Tao 等人的研究表明,脂肪酸在多孔金属氧化物表面的化学吸附是普遍存在的。在氧化银表面,羧酸根的两个氧原子对称地与表面发生键连,而在氧化铜和氧化铝表面,羧酸根与表面形成的键是不对称的,使得的倾角接近于零,如图9.11。

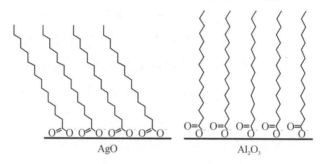

图 9.11　羧酸在不同基底表面上的结构示意图

烷基硫醇在金(111)面上自组装形成是目前烷基硫醇类中研究最多的,图 9.12 是烷基硫醇在 Au(111)晶面上自组装膜示意图(白球代表 Au,阴影球代表 S),反应见(9-1)。金表面的稳定性、S—Au 键的结合强度、反应条件的易控制性、膜的高度有序性等特点使目前整个 SAMs 的研究工作主要集中在此类体系上。此外,烷基硫醇类还有许多其他体系,二烷基硫化物、二烷基二硫化物等在金属银、铜、铂、汞、铁等表面的自组装也有报道。

$$RSH + Au_n^0 \longrightarrow RS^- Au^+ \cdot Au_{n-1}^0 + \frac{1}{2}H_2 \qquad (9-1)$$

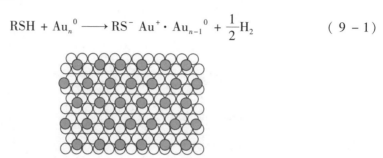

图 9.12　烷基硫醇在 Au(111)晶面上自组装膜示意图

注:烷基硫醇在 Au(111)晶面上呈现六方对称性,S-S 距离为 0.497 nm。

烷基硫醇类的形成主要经历两个过程。首先,硫醇分子从低密度气相态转变为低密度结晶岛的凝聚态,这一过程中硫醇分子平铺在基底表面;然后,当结晶岛固相态分子把基底表面完全覆盖达到饱和时,平铺的分子通过侧压诱导向高密度相转移,重新排列成垂直表面方向,形成单分子膜。图 9.13 表示了烷基硫醇类 SAMs 的形成过程。

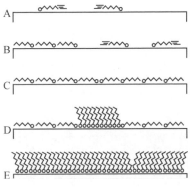

图 9.13　烷基硫醇类 SAMs 的形成过程

有机硅烷类所用的单体多采用氯取代或烷氧基取代的有机硅烷分子,例如 Si(OR)$_3$X,其中 X 是 Cl$^-$,OR 为烷氧基链,上面也可携带不同的官能团(如胺、吡啶等)。它们需要羟基化的表面作为基底来形成。它们发生自组装的驱动力为原位聚硅氧烷的形成与表面硅羟基(Si—OH)发生聚合形成 Si—O—Si 键。此类 SAMs 已成功在氧化硅、氧化铝、石英、玻璃、云母、硒化锌等表面制备。SAMs 中的硅烷分子与基底以共价键结合,分子之间相互聚合,因此很稳定,能抵抗较强的外界应力或侵蚀,在微电子装置、色谱、光学纤维、防腐及润滑等领域有较大的应用前景。

常见的步骤,是将羟基化的表面浸入到含有烷基氯代硅烷的有机溶液(例如,浓度为 $5\times10^{-3}$ mol·L$^{-1}$)中几分钟,形成一个完整单层。浸泡时间与烷基链的长短和浓度有关,较长烷基链、低浓度的表面活性剂,需要的浸泡时间较长。形成完整单层的能力主要决定于基体,或者是单层分子和基体表面之间的相互作用。经过浸泡后,用甲醇、去离子水冲洗基体并干燥。硅烷衍生物的自组装一般需要有机溶剂,因为硅烷基团与水接触发生水解和缩合反应,从而导致聚集。一般情况下,烷氧基硅烷单分子膜本质上可能比烷基硫醇的单分子膜更加无序,因为烷氧基硅烷分子具有更大自由度去建立一个长程有序结构。对于具有一个以上的氯或烷氧基团的烷氧基硅烷,为了在相邻分子间形成 Si—O—Si 键,在表面聚合时通常会有意增加水分。

人们对有机硅烷类的自组装机理已经基本有了一致的看法,首先,头基

—Si(OR)$_3$ 或—SiCl$_3$ 吸收溶液中或固体表面上的水,发生水解生成硅醇基—Si(OH)$_3$,然后与基底表面的羟基(Si—OH)以 Si—O—Si 共价键结合,有机硅烷链之间也以 Si—O—Si 键相连,形成聚硅氧烷链聚合物。其形成过程如图 9.14 所示。

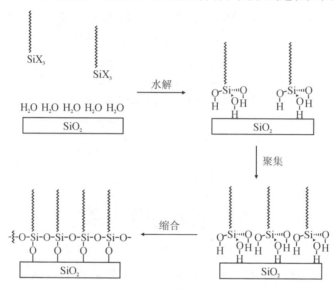

图 9.14  有机硅烷类的形成过程示意图(X = OR 或 Cl)

在有机硅烷类成膜过程中,低聚体的生成限制了硅烷分子的流动性,因此,此类单分子膜的有序性一般要比脂肪酸类及烷基硫醇类的有序性差,其制备条件也难以控制,可重复性较差。溶液中水的含量及基底表面—OH 密度的极小差别都会引起质量的很大差异。但由于其特殊的稳定性、方便的分子设计及其应用前景,此类单分子膜仍是表面改性和表面功能化的理想材料。

与采用分子束外延生长和化学气相沉积等方法制备的超薄膜相比,自组装单分子膜具有更高的有序性和取向性。从分子和原子水平提供了对结构与性能之间的关系及对各种界面现象进行深入理解的机会。由于堆积紧密和结构的稳定性,使其具有防止腐蚀、减小摩擦及降低磨损的作用。方便灵活的分子设计使其成为研究有序性生长、润滑性、润湿性、黏附性、腐蚀性等课题的极佳体系。空间的有序性使其成为二维乃至三维体系中研究物理化学和统计物理学的很好模型。此外,其生物模拟和生物相容性的本质,使其在化学和生物化学传感器元件的制备中也有很好的应用前景。

### 9.5.3  LB 膜(Langmuir Blodgett film)

在适当的条件下,不溶物单分子层可以通过特定的方法转移到固体基底上,并且基本保持其在气液界面定向排列的分子层结构。这种技术是由20世纪30年代美国科学家Irving Langmuir及其学生Katharine Blodgett建立的。它是将兼具亲水和疏水的两亲性分子分散在气液界面,经逐渐压缩在水面上的占有面积,使其排列成单分子层,再将其转移沉积到固体基底上所得到的一种膜。根据发明人的姓名,将此技术称为LB膜技术。人们习惯上将漂浮在水面上的单分子层膜叫作Langmuir膜,而将转移沉积到基底上的膜叫作Langmuir-Blodgett膜,简称为LB膜。有很多单分子材料非常适合在气液界面形成LB膜,包括脂质体、纳米颗粒、高分子聚合物、蛋白质和生物分子。现代化学工程几乎可以合成任何类型的功能分子,使其可用于制备LB膜。

在详细讨论LB膜之前,先简要回顾一下什么是两性分子。两性分子是指不溶于水的分子,它的一端是亲水性的,因此优先浸入水中,另一端是疏水性的,优先存在于空气中或非极性溶剂中。经典的两性分子的例子是硬脂酸$C_{17}H_{35}COOH$,其中长的烃尾—$C_{17}H_{35}$是疏水性的,而羧酸首基基团—COOH是亲水性的。由于两性分子的一端是亲水性的而另一端为疏水性的,因此它们容易处于空气-水或水-油界面处。应该指出的是,两性分子在水中的溶解度取决于烷基链长度和亲水端强度的相互平衡。形成LB膜需要一定强度的亲水端。如果亲水端的强度太弱,则无法形成LB膜。但是,如果亲水端的强度太强,两性分子就易溶于水而无法形成一个单分子层。可溶性两性分子的浓度超过其临界胶束浓度时,可能会在水中形成胶束。

LB技术是独一无二的,因为单分子层可以转移到许多不同的基体上。大多数LB沉积需要在亲水基体上以回缩模式转移单分子层。玻璃、石英和其他具有氧化表面的金属可作为基体,但最常用的基体还是具有二氧化硅表面的硅片;金是一种无氧化的基体,也常用来沉积LB膜。然而,金具有较高的表面能(约$1\ J \cdot m^{-2}$),而且很容易被污染,导致LB膜不光滑。基体表面的洁净度是高品质LB膜的关键。此外,有机两性分子的纯度非常重要,因为两性分子的任何污染都将被带入到单分子层中。

图9.15(a)为制备LB膜的典型仪器,图9.15(b)示出朗缪尔薄膜的形成,首先将样品溶解在铺展溶剂(如$CHCl_3$)中,取一定量溶液缓慢均匀地滴加在亚相(如$H_2O$)上。滴加在亚相上的溶液立即向外扩展,在扩展过程中,有机溶剂挥发掉(约30 min),留下无序分子分布在亚相表面。溶剂挥发完后,亚相上的分子彼此之间平均间隔比较大,分子之间相互作用力很弱,分子完全处于无序状态。移动栅栏并将分子压到水-气界面处,分子间距离减小而表面压力增大。可能会发生相变,即由气态到液态的转变。在液态下单分子层是连续的,与凝聚相比较,此时分子占据更大的面

积。当栅栏进一步压缩薄膜时,可以看到第二个相变的发生,即从液态到固态的改变。在这个凝聚相中,分子紧密堆积并均匀取向。

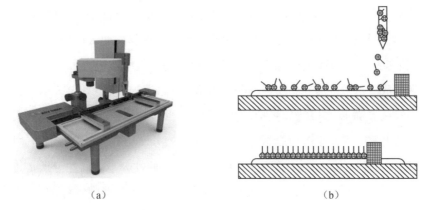

图 9.15　制备 LB 膜的典型仪器(a)和朗缪尔薄膜形成示意图(b)

通常用两种方法将单分子层从水-气界面转移到固体基体上,即垂直法(X-挂法、Y-挂法、Z-挂法)和水平接触法两种。最常用的方法是垂直沉积,如图 9.16 所示。当基体穿过水-气界面的单分子层时,单分子层在脱出(回缩或上升)或浸入(浸泡或下沉)过程中被转移;当基体表面是亲水性,并且亲水性首基基团与表面发生相互作用时,单分子层在基体缩回时发生转移。但是,如果基体表面为疏水性的,疏水的烷基链与基体相互作用,单分子层将在基体浸入时发生转移;如果沉积过程发生在亲水性的基体上时,在第一次单分子层转移后它将变成疏水性,因此,第二次单分子层的转移将发生在基板浸入时。重复这一过程就可以合成多层薄膜。图 9.17 表明薄膜厚度随着层数的增加而成比例增大。

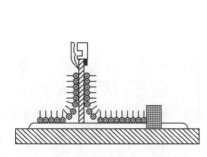 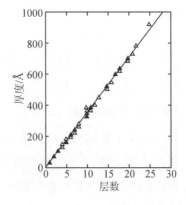

图 9.16　基体上形成 LB 膜的垂直沉积法　　图 9.17　薄膜厚度随着层数的增加而成比例增大

LB 膜根据转移方式不同,通过重复制备,可以制备 X、Y、Z 型多层膜,如图 9.18

所示。

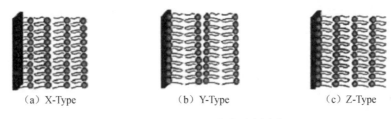

(a) X-Type　　　　　(b) Y-Type　　　　　(c) Z-Type

图 9.18　X、Y、Z 三种类型多层膜

构造 LB 多层结构的另一种方法是水平附着法：将疏水处理的基片，在恒定表面压下，缓慢向下，由于分子间的作用力，单层分子薄膜固定在基片上，便可制备单分子薄膜，如图 9.19(a)。如果是亲水的基片，则是将基片先水平放在去离子水中，滴加双亲分子溶液，待材料成膜稳定后，缓慢降低水面高度，最终单层膜沉积在基片上，如图 9.19(b)。如此反复可以制备多层薄膜，以此控制薄膜厚度，也可以构建不同材料的薄膜。

(a)　　　　　　　　　　　(b)

图 9.19　水平附着法

近年来，人们用 LB 膜法研制成功许多性能优良的超微细粒子 LB 复合膜。采用纳米微粒的胶体溶液作亚相，用两亲分子进行有序组装，即可得到有机-无机复合超薄膜。这种性能良好的超薄材料可以作为纳米尺度电子器件的研制基础。例如，袁迅道采用 LB 技术，以 $SnO_2$ 纳米微粒水溶胶为亚相，用花生酸对其进行有序组装，制得了 $SnO_2$-花生酸复合单层或多层组合体。通过进一步考察该有序组合体的结构和周期性，以及组装体中 $SnO_2$ 纳米微粒的形貌、粒度分布和表面聚集状态，发现用此方法能够制得粒度分布均匀、较为致密的 $SnO_2$ 纳米粒子复合膜，并且多层复合膜具有良好的周期性。马国宏利用 LB 技术在石英及 $CaF_2$ 衬底上沉积二十二酸锌 $Zn(BA)_2$ Y 型多层膜，在低压(66.7 Pa)下与 $H_2S$ 气体反应，生长 ZnS 纳米微粒。红外、可见光吸收光谱和粉末 X 射线衍射结果表明，反应前后 LB 膜仍然保持良好的有序性。反应后生成的 ZnS 在 LB 膜上是二维分布的，即以单分子膜的状态存在。

## 思考题

1. 什么是纳米粒子？它具有哪些特点？
2. 请解释纳米粒子"自上而下"和"自下而上"的制备策略。
3. 请举例说明均相成核金属纳米粒子(溶胶)的合成。
4. 在水相中制备金属纳米溶胶时，除了相应金属盐，一般还需要加入哪些试剂？它们分别起什么作用？请举例说明。
5. 请举例说明均相成核半导体纳米粒子(溶胶)的合成。
6. 纳米粒子的动力学限域合成主要有哪些方法？
7. 请举一个在胶束或微乳液中合成纳米粒子的例子。
8. 苯硫酚为有机配体，如何通过停止生长来合成 CdS 纳米粒子？
9. 多孔的氧化铝膜、迹蚀刻聚合物膜通常作为硬模板，通过电化学或电泳沉积合成一维纳米材料。请举例说明。
10. 什么是 LB 膜技术？请查阅文献，举出一个 LB 膜技术制备纳米膜材料的例子。
11. 纳米膜材料的制备也可用化学剥离的方法制备，例如石墨烯的制备、二维 MXene 材料的制备，请查阅文献了解这种材料的制备方法。

# 第 10 章　先进陶瓷的制备

陶瓷（Ceramics）一词，源自古希腊语"Keramos"，意即用火烧成的黏土制品。现代所称的"传统陶瓷"的概念一般是对以黏土为主要原料烧制而成的陶器、瓷器等产品的总称。也有人认为陶瓷是由工艺而得名的，通常将经过制粉、成型、烧结等工艺制得的产品都叫作陶瓷。所以，陶瓷是一类质硬、性脆的无机烧结体。随着科学技术的不断发展，出现了一些只含少量黏土，甚至不含黏土的特种陶瓷，如高铝质瓷、镁质瓷、锆质瓷、磁性瓷以及金属陶瓷等；如按性能分，又可将它们称作结构陶瓷、电子陶瓷、超导陶瓷、敏感陶瓷，等等。它们的自身性质使其具有优异的独特应用功能，成为近代尖端科学技术的重要组成部分，这类陶瓷被称为先进陶瓷材料（或无机非金属材料）。例如，用于航空工业的耐热高强陶瓷、耐热涂层、发动机材料等；用于机械工业的陶瓷密封环、陶瓷阀门、切削刀具、研磨磨料等；用于食品、化工、环境保护等行业的多孔陶瓷、耐酸陶瓷、薄膜材料等；用于耐高温行业的新型耐火材料等。

先进陶瓷材料的研究，主要是探求和了解材料的组成、结构与性能之间的关系。当化学组成确定后，工艺过程是控制材料结构的主要手段。对于特种功能陶瓷的显微结构，尤其是在烧结过程中形成的显微结构，在很大程度上是由粉体的特性所决定的。随着粉末颗粒的微细化，粉体的显微结构和性能将会发生很大的变化，尤其是亚微米-纳米级超细粉体，除能加速粉料在烧结过程中的动力学过程、降低烧结温度和缩短烧结时间、改善和提高烧结体的各种性能外，它还会对高性能陶瓷材料的烧结机制及其材料的应用产生难以预期的影响。

## 10.1 先进陶瓷材料与传统陶瓷的比较

大多数先进陶瓷材料是一种多晶材料(Polycrystal materials)。与单晶材料相比,其最大的特点是存在晶界(Grain boundaries),而晶界对材料性能的影响是不可忽视的。近年来,有人提出先进陶瓷材料"晶界工程"的概念,认为首先要研究晶界的作用、晶界的组成及它对材料性能的影响,然后设计出所需的晶界来达到人们所要求的材料性能。先进陶瓷材料与传统陶瓷的差别,主要体现在下面五个方面。

(1)原材料不同

先进陶瓷材料选用人工合成或提纯的高质量粉体作起始原料,传统陶瓷则将天然矿物,如黏土、石英、长石等,经过粉碎、除渣等工艺处理后直接使用。

(2)化学组成不同

先进陶瓷材料除氧化物外,还有氮化物、碳化物、硼化物、硅化物等,它们的化学和相组成简单明晰、纯度高,显微结构均匀细密。传统陶瓷以氧化物为主,其化学和相组成均复杂多变,显微结构粗劣且多气孔。

(3)制备工艺不同

先进陶瓷材料必须加入添加剂才能进行干法或湿法成型,烧结温度较高(1 200 ~ 2 200 ℃),且需加工后处理。而传统陶瓷烧结温度较低(900 ~ 1 400 ℃)。

(4)品种不同

先进陶瓷材料除烧结体外,还有单晶、薄膜、纤维、复合物。而传统陶瓷主要是天然硅酸盐矿物原体的烧结体。

(5)用途不同

先进陶瓷材料因其优异的力、光、电、磁性能等,被广泛应用于石油、化工、钢铁、电子、航空航天核动力、军事、纺织、生物和汽车等诸多工业领域。而传统陶瓷一般仅限于日常使用和建筑使用。

根据性能和应用不同,先进陶瓷材料可分为结构陶瓷、功能陶瓷和陶瓷涂层材料等。在工程结构上使用的陶瓷称为结构陶瓷,它具有高温下强度和硬度高、蠕变小、抗氧化、耐腐蚀、耐磨损、耐烧蚀等优越性能。在空间科学和军事技术的许多场合,它往往是唯一可用的材料,例如作为热机原件、切削工具、耐磨损部件、宇航、国防、生物陶瓷器件等;利用陶瓷具有的物理性质(电、磁、光、铁电、压电、热释电等)制造的陶瓷材料称为功能陶瓷,亦称为电子陶瓷。它的物理性能差异很大,所以用途也很广泛,例如作为绝缘体、集成电路封装材料、压电陶瓷、铁氧体、电容器、超导体等。在生产中,几乎所有部件都可以用涂层办法来满足其对耐高温、耐化学腐蚀的要求,即加工成陶瓷涂层材料。它已广泛用于汽车、内燃机、涡轮机、发动机、热交换器及其他一些工业器件。

先进陶瓷工艺过程与其性能之间存在密切的关系,这种联系可用材料的显微结构来表征。工艺过程、显微结构和性能三者之间存在如图 10.1 所示的关系。化合物的性质是固有的,几乎不受外界的影响,它包括晶体结构、热膨胀系数、折射率、磁性晶体的各向异性等。但同时,材料的性质在很大程度上是可变的,通过不同的工艺路线改变显微结构会使材料性能发生很大变化,如断裂强度、断裂韧性、介电常数、磁导率等。

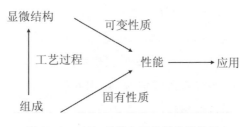

图 10.1 工艺、性能与显微结构的关系

陶瓷制备过程主要包括四个阶段,即原料制备、部件的坯体成型、陶瓷的烧结、达到要求的尺寸及表面光洁度的机加工等。目前有趋势表明,可以通过近净尺寸成型(Near-net-shape)避免材料的机加工,本章重点介绍前三个阶段的制备工艺。

## 10.2 先进陶瓷粉体的制备

先进陶瓷制作工艺中的一个基本特点就是以粉体为原料,经成型和烧结形成多晶烧结体。陶瓷粉体的质量直接影响最终产品的质量,对陶瓷的性能起着极为重要的作用,因而粉体的制备是高性能先进陶瓷材料首先所面临的问题。现代高科技陶瓷材料通常要求粉体具备高纯、超细、组分均匀、团聚程度小等特点。

粉体的化学成分关系到陶瓷的各项性能能否得到保证。材料中的含杂情况对烧结过程也有不同程度的影响。尽管杂质不一定都有害,但对粉料通常都有一个纯度的要求,对于纯度不够的粉料应忌用或慎用。但也需指出的是,对原料的纯度应有一个合理要求,不应盲目追求不必要的纯度而造成经济上的浪费。应在满足产品性能的前提下,尽量采用价格低廉的原料。对于杂质要做具体分析,有的不仅无害,反而是有益的。例如,有些杂质能与主成分形成低共熔物而促进烧结,有些Ⅲ、Ⅴ族或Ⅱ、Ⅵ族杂质能作离子补偿而提高电气性能等。这正是采用不同批量而相同纯度的原料,往往却得不到相同性能产品的原因。当更换原料批号或产地时,除应注意其纯度外,还应注意杂质类型与含量,分析可能对产品产生的影响,并通过小批量试验而加以证实。

粒度与结构主要决定坯体的密度及其可成型性。粒度愈细结构愈不完整,活性愈大,愈有利于烧结。作为陶瓷的粉料,其粒度通常在 $0.1 \sim 50$ μm 之间。一般来说,粉料的粒度愈细,则其工艺性能愈佳。例如,当采用挤制、轧膜、流延等方法成型时,只有当粉料达到一定的细度时,才能使浆料达到必要的流动性、可塑性,才能保证制出的坯体具有足够的光洁度、均匀性和必要的机械强度。此外,随着粉料粒度的进一步细化,陶瓷的烧成温度亦将有所降低,故对那些烧结温度特别高的电子陶瓷,如 $Al_2O_3$ 瓷、$MgO$ 瓷,以及要低温烧结的独石陶瓷等,粉料的超细粉碎具有很大的实际意义。当然,粉料愈细,加工量愈大,磨料掺杂的可能性也愈大。从经济角度考虑,粉料应有一个合适的细度,要从整个工艺过程及最终产品的性能作出全面的考虑。

关于粉料的稳定性问题,主要考虑其多晶转变。不少原料具有两种或两种以上的结晶形式,在某特定温度或某一温度区间,产生同分异构的晶型转变,称之为多晶转变,如 $ZrO_2$ 在温度不太高时为单斜晶系,属低温稳定型,而升温至 1 100 ℃ 左右时,转化为四方晶系,属高温稳定型,当降温至 1 000 ℃ 以下时又将转变为单斜晶系。这类多晶转变可能带来显著的体效应。如 $ZrO_2$ 从低温到高温型转变时,体积约缩小 8%,这种体效应为烧结工艺带来很大麻烦,往往在升温或降温过程中,使瓷件破裂或降低机械强度。在石英($SiO_2$)、滑石($3MgO \cdot 4SiO_2 \cdot H_2O$)类瓷器中也有类似情况,使用这种粉料时,必须注意采用掺杂固溶体或高温煅烧等方法,使其稳定化。

此外,不同晶型还具有不同的烧结特性,例如,属于高温稳定型的 $\alpha$-$Si_3N_4$ 和 $\alpha$-SiC 都比低温稳定型 $\beta$-$Si_3N_4$ 和 $\beta$-SiC 具有较好的烧结性能,可以在较低的温度或较宽广的温区烧结,有利于烧结过程中物质传递和再结晶过程的进行。

粉体的制备方法一般来说有两种:一是机械粉碎法,二是合成法。前一种方法是由粗颗粒来获得细粉,通常是采用球磨、振磨、气流磨、砂磨等机械粉碎。但在粉碎过程中难免引入杂质,另外,无论哪种机械粉碎方式,都不易制得粒径在 1 μm 以下的粉体。后一种方法是由离子、原子或分子通过物理或化学反应,成核、成长、收集、后处理来获得微细颗粒。这种方法的特点是纯度、粒度可控,均匀性好,颗粒微细,并且可以实现颗粒在分子级水平上的复合、均化,它主要包括气相法、液相法和固相法。表 10.1 列出了高纯超微粉的制备方法和特点。

表 10.1 高纯超微粉的制备方法和特点

| 制法 | 方法 | 特点 |
| --- | --- | --- |
| 气相法 | 物理气相沉积(溅射法、真空蒸发法) | 原料易钝化,气氛易控制,微粒分散性好、不易凝聚、粒径分布窄 |
| | 化学气相沉积(等离子体 CVD、激光法) | |
| | 气相反应(喷雾热分解化学反应) | |
| 液相法 | 化学共沉淀 | 均匀性好、活性高,微米级以下 |
| | 均相沉淀法(盐溶液强制水解) | 沉淀剂均匀生成,纯度高 |
| | 醇盐水解法 | 得高纯超微粉,均匀、分散性好 |
| | 溶剂挥发分解法 | 冷冻或喷雾干燥杂质很少 |
| | 溶胶-凝胶法 | 得高纯超微粉,均匀、分散性好 |
| | 水热法 | 得高纯超微粉,均匀、分散性好 |
| | 有机树脂法 | 可制备复杂陶瓷粉体 |
| | 微乳液法 | 可制备复杂陶瓷粉体 |
| | 低温燃烧合成法 | 可制备复杂陶瓷粉体 |
| 固相法 | 热分解法 | 适应范围小、易固结 |
| | 固相化学反应法 | 原料需高纯度、不易混匀 |
| | 自蔓延高温燃烧合成法 | 速度快、低能耗、温度高、不易控制 |

### 10.2.1 固相法制备粉体

固相法就是以固态物质为出始原料来制备粉体的方法,主要有热分解法、固相化学反应法及自蔓延高温燃烧合成法等。固相反应事实上包含很多内容,如化合反应、分解反应、氧化还原以及相变反应等。在实际工作中往往几种反应同时发生,但反应生成物也需要粉碎。

**1. 热分解法**

热分解法主要是加热分解氢氧化物、草酸盐、硫酸盐等而获得氧化物固体的方法。

例如,$Mg(OH)_2$ 的脱水反应是吸热型的分解反应:

$$Mg(OH)_2 \longrightarrow MgO + H_2O$$

热分解的温度和时间,对粉体的晶粒生长和烧结有很大影响,此外,气氛和杂质的影响也很大。为获得超细粉体,将原料在低温和短时间内进行热分解,可以采用金属化合物的溶液或悬浮液喷雾热分解方法。为防止热分解过程中核生成和生长时晶粒的固结,需使用各种方法予以克服。例如,在针状 $Fe_2O_3$ 超细粉体制备时,为防止针状粉体间的固结而添加 $SiO_2$。

采用碳酸铝铵 $(NH_4)AlO(OH)HCO_3$ 的热分解可以制备 α-$Al_2O_3$ 超细粉体:

$$2(NH_4)AlO(OH)HCO_3 \xrightarrow{1100\ ℃} Al_2O_3 + 2CO_2\uparrow + 3H_2O\uparrow + 2NH_3\uparrow$$

**2. 固相化学反应法**

高温下使两种或两种以上的金属氧化物或盐类的混合物发生反应而制备粉体的方法,可以分为以下两种类型:

$$A(s) + B(s) \longrightarrow C(s)$$
$$A(s) + B(s) \longrightarrow C(s) + D(g)$$

固相化学反应时,在 $A(s)$ 和 $B(s)$ 的接触面开始反应,反应靠生成物 $C(s)$ 中的离子扩散进行。通常离子扩散速率慢,所以高温下长时间的加热是必要的,起始粉料的超微粒度及它们之间均匀混合是十分重要的。

例如,钛酸钡粉末的合成就是典型的固相化合反应。等摩尔比的钡盐 $BaCO_3$ 和 $TiO_2$ 混合物粉末在一定条件下发生如下反应:

$$BaCO_3 + TiO_2 \longrightarrow BaTiO_3 + CO_2$$

该固相反应在空气中进行加热,生成用于 PTC(指正温度系数热敏电阻,简称 PTC 热敏电阻)制作的钛酸钡盐,并放出 $CO_2$。但是该固相反应的温度控制必须得当,否则得不到理想的粉末状钛酸钡。有人用差热分析仪测定了 $BaCO_3$ 和 $TiO_2$ 混合物粉末在升温过程中的热分析曲线,并通过高温 X 射线衍射仪测定了各阶段的物相组成。结果表明,控制温度在 1 100~1 150 ℃ 之间,就可以得到性能良好的 $BaTiO_3$ 复合粉末。

20 世纪 80 年代,人们曾用 $SiO_2$、$Al_2O_3$ 在 $N_2$ 或 Ar 气下同碳直接反应制备了高

纯超细的非氧化物 $Si_3N_4$、AlN 和 SiC 粉末。以 $Si_3N_4$ 的碳热还原为例，反应如下：

$$3SiO_2(s) + 2N_2(g) + 6C(s) = Si_3N_4(s) + 6CO(g)$$

此反应是分下面四步完成的：

①首先生成 SiO：

$$SiO_2(s) + C(s) = SiO(g) + CO(g)$$

②生成的 CO 与 $SiO_2$ 反应，也生成 SiO：

$$SiO_2(s) + CO(g) = SiO(g) + CO_2(g)$$

③生成的 $CO_2$ 又与 C 反应生成 CO，进一步促进反应：

$$CO_2(g) + C(s) = 2CO(g)$$

④生成的 CO、SiO 和 $N_2$ 生成 $Si_3N_4$：

$$3SiO(g) + 2N_2(g) + 3C(s) = Si_3N_4(s) + 3CO(g)$$
$$3SiO(g) + 2N_2(g) + 3CO(g) = Si_3N_4(s) + 3CO_2(g)$$

**3. 自蔓延高温燃烧合成法**

自蔓延高温燃烧合成法（Self-propagation High-temperature Synthesis，SHS）是利用物质反应热的自传导作用，使不同的物质之间发生化学反应，在极短的瞬间形成化合物的一种高温合成法。反应物一旦引燃，反应则以燃烧波的方式向尚未反应的区域迅速推进，放出大量热，可达 1 500～4 000 ℃ 的高温，直至反应物耗尽。根据燃烧波蔓延方式，可分为稳态燃烧和不稳态燃烧两种。一般认为反应绝热温度低于 1 527 ℃ 的反应不能自行维持。1967 年，苏联科学院物理化学研究所的 Borovinskaya、Skhio 和 Merzhanov 等人开始用过渡金属与 B、C、$N_2$ 等反应，至今已合成了几百种化合物，其中包括各种氮化物、碳化物、硼化物、硅化物、金属间化合物等，不仅可利用改进的 SHS 技术合成超微粉体乃至纳米粉末，而且可使传统陶瓷制备过程简化，可以说是对传统工艺的突破与挑战，精简工艺、缩短过程，成为制备先进陶瓷材料，尤其是多相复合材料如梯度功能材料的一个崭新的方法。

自蔓延高温燃烧合成方法的主要优点有：①节省时间，能源利用充分；②设备、工艺简单，便于从实验室到工厂的扩大生产；③产品纯度高、产量高。张宝林等人详细研究了硅粉在高压氮气中自蔓延燃烧合成 $Si_3N_4$ 粉。他们认为：①在适当条件下，硅粉在 100～200 s 内的自蔓延燃烧过程中可以完全氮化，产物含氮量达 39%（质量分数）以上，氧含量为 0.33%（质量分数），生成 $\beta$-$Si_3N_4$ 相；②在硅粉的自蔓延燃烧反应中，必须加入适量的 $Si_3N_4$ 晶种；③硅粉的 SHS 燃烧波的传播速度随氮气压强升高、反应物填装密度减小而增大,与反应物组成无关。

近十余年,随着 AlN 陶瓷日益受到重视,尤其是其高热导率使之成为超大规模的集成电路基板的新候选材料。人们对 AlN 粉末的 SHS 合成技术越来越感兴趣,并探讨了其中的反应机制,即 Al 蒸发后,以 Al 蒸气形式与氮气反应的气固反应(VC),不同的氮气渗透条件将生成不同特征的 AlN 粉末。对自蔓延高温燃烧生成的 AlN 粉末也进行了低温烧结和高热导陶瓷开发。

### 10.2.2 液相法制备微粉

液相法(或湿化学法)制备超细粉体的特点是以均相的溶液为出发点,通过各种途径使溶质和溶剂分离,溶质形成一定形状和大小的颗粒,得到所需粉末的前驱体,热解后得到超细陶瓷粉体。液相法因为具有在分子或原子尺度上提高化学均匀性的优势,越来越成为化学工作者研究材料的一种重要手段。由于各组分是在胶体或分子/原子尺度上混合,反应扩散距离短,较低反应温度即可生成所需晶相。液相法中的溶胶-凝胶法、水热法在前面的章节已经介绍,这里简单介绍沉淀法、水解法和有机树脂法。

**1. 沉淀法**

沉淀法通常是在溶液状态下将不同化学成分的物质混合,在混合溶液中加入适当的沉淀剂(如 $OH^-$、$C_2O_4^{2-}$、$CO_3^{2-}$ 等)后,于一定温度下使溶液发生水解,形成不溶性的氢氧化物、水合氧化物或盐类从溶液中析出,将溶剂和溶液中原有的阴离子洗去,再将此沉淀物进行干燥或煅烧,从而制得相应的超细陶瓷粉体。沉淀法又包括共沉淀和均匀沉淀。

共沉淀法是在含多种阳离子的溶液中加入沉淀剂,使所有离子完全沉淀的方法。如果得到的沉淀物为单化合物或单相固溶体时,称为单相共沉淀。例如,在控制 pH 值、温度和反应物浓度的条件下,向 $Ba^{2+}$、$Ti^{4+}$ 的可溶性盐混合溶液中加入沉淀剂草酸,得到单一复合草酸盐沉淀 $BaTiO(C_2O_4)_2$。沉淀经过滤、洗涤、干燥后煅烧,发生一系列热分解,最后制得 $BaTiO_3$。需要说明的是,$BaTiO_3$ 并不是由沉淀物 $BaTiO(C_2O_4)_2$ 的热解直接合成,而是分解为碳酸钡和二氧化钛后,再通过它们之间的固相反应来合成的。因为由内热解而得到的碳酸钡和二氧化钛是微细颗粒,有很高的活性,所以这种合成反应在 450 ℃ 的低温就开始,不过要想得到完全单一相的钛酸钡,必须加热到 750 ℃。在这期间的各种温度下,很多中间产物参与钛酸钡的生成,而且这些中间产物的反应活性也不同。所以,$BaTiO(C_2O_4)_2$ 沉淀所具有的良好化学计量性就丧失了。几乎所有利用化合物沉淀法来合成微粉的过程中,都伴随着中间产物的生成,因而,中间产物之间的热稳定性差别越大,所合成的微粉组成的不均匀性就越大。这种方法的缺点是适用范围很窄,仅对有限的草酸盐沉淀适用,如二价金属的草酸盐产生固溶体沉淀。

当沉淀产物为混合物时,称为混合物共沉淀。四方氧化锆或全稳定立方氧化锆共沉淀物制备就是一个很普通的例子。采用 $ZrOCl_2 \cdot 8H_2O$ 和 $Y_2O_3$(化学纯)为原料制备 $ZrO_2$-$Y_2O_3$ 的过程如下:$Y_2O_3$ 用盐酸溶解得到 $YCl_3$,然后将 $ZrOCl_2 \cdot 8H_2O$ 和 $YCl_3$ 配成一定浓度的混合溶液,在其中加入 $NH_3 \cdot H_2O$ 后便有 $Zr(OH)_4$ 和 $Y(OH)_3$ 的沉淀粒子缓慢生成,得到的氢氧化物共沉淀物,经洗涤、脱水、煅烧后得到具有良好烧结活性的 $ZrO_2$-$Y_2O_3$。

混合物的共沉淀过程是非常复杂的,溶液中不同种类的阳离子不能同时沉淀,各种离子沉淀的先后与溶液的 pH 值密切相关。为了获得均匀的沉淀,通常是将含多种阳离子的盐溶液慢慢加到过量的沉淀剂中并进行搅拌,使所有沉淀离子的浓度大大超过沉淀的平衡浓度,尽量使各组分按比例同时沉淀出来,从而得到较均匀的沉淀物。但由于组分之间的沉淀产生的浓度及沉淀速度存在差异,故溶液的原始原子水平的均匀性可能部分地失去,沉淀通常是氢氧化物或水合氧化物,但也可以是草酸盐、碳酸盐等。

仝世红等人以硝酸钇[$Y(NO_3)_3 \cdot 6H_2O$]、硫酸铝铵[$NH_4Al(SO_4)_2 \cdot 6H_2O$]和硝酸钕[$Nd(NO_3)_3 \cdot 6H_2O$]为原料,按石榴石 $Nd_xY_{3-x}Al_5O_{12}$($x$ 为 $Nd^{3+}$ 掺杂浓度)的组成进行称量钇盐、铝盐、钕盐,将其混合物溶于适量的去离子水中,形成均相混合盐溶液。再将适量的 $NH_4HCO_3$ 溶于适量的水或乙醇-水混合溶剂中,配制适量浓度的沉淀剂溶液,最后将混合的盐溶液加入到沉淀剂中得到混合均匀的沉淀,即钇铝石榴石(Yttrium Aluminum Garnet,YAG)前驱体,具体工艺流程见图 10.2。

此外,也可以采用均相沉淀法。一般的沉淀过程是不平衡的,如控制溶液中的沉淀剂浓度,使之缓慢地增加,则使溶液中的沉淀处于平衡状态,且沉淀能在整个溶液中均匀地出现,这种方法称为均相沉淀。通常,沉淀是通过溶液中的化学反应使沉淀剂慢慢地生成,从而克服了由外部向溶液中加沉淀剂而造成沉淀剂的局部不均匀性,导致沉淀不能在整个溶液中均匀出现的缺点。例如,随尿素水溶液温度逐渐升高到 70 ℃,尿素就会发生水解,即

$$(NH_2)_2CO + 3H_2O \xrightarrow{>70\ ℃} 2NH_3 \cdot H_2O + CO_2 \uparrow$$

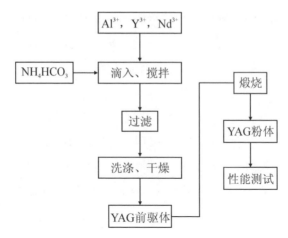

图 10.2　醇水溶液共沉淀法制备纯相 Nd：YAG 纳米粉体流程图

由此生成的沉淀剂 $NH_3 \cdot H_2O$ 在金属盐的溶液中分布均匀,浓度低,使得沉淀物均匀地生成。尿素的分解速率受加热温度和尿素浓度的影响,因此可以控制尿素的分解速率。

**2. 水解法**

根据原料,水解法又分为无机盐水解法和金属醇盐水解法。

利用金属的氯化物、硫酸盐、硝酸盐溶液,通过胶体化的手段合成超微粉,是人们熟知的制备金属氧化物或水合金属氧化物的方法。例如,掺氧化钇的氧化锆纳米粉的制备(一般在高纯氧化锆中加入适量的稳定剂如氧化钇,可以稳定四方相多晶氧化锆)。它是将四氯化锆(或锆的含氧氯化物如氧氯化锆)与氯化钇在沸水中循环地加水分解制得的,图 10.3 是该法的流程图。生成的沉淀是含水氧化锆,其粒径、形状和晶型等随溶液初期浓度和 pH 值等变化,可得到粒径为 20 nm 左右的微粉。

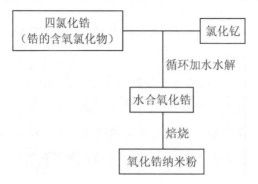

图 10.3　用无机盐水解法制备掺氧化钇的氧化锆纳米粉流程图

对于单分散、球形氧化物,由于其粒径不同,其色调在很宽的范围内变化,所以胶体的颗粒调制法也正向颜料应用方向开发。特别是在硫酸根离子和磷酸根离子存在的条件下,用二十分钟到两周左右时间缓慢地加水分解铬矾溶液、硫酸铝溶液、氯化钛溶液和硝酸钛溶液,就可得到各自的含水氧化铬、含水氧化铝、金红石、含水氧化钛的单分散球状颗粒,它们有望用作涂料和宝石原料。

金属醇盐水解法是利用一些金属有机醇盐能溶于有机溶剂并发生水解,从而生成氢氧化物或氧化物沉淀的特性,制备细粉料的一种方法,该法采用有机试剂作金属醇盐的溶剂,有机试剂纯度高,因此氧化物粉体的纯度也高。用这种方法可制备化学计量的复合金属氧化物粉末。

金属醇盐与水反应生成氧化物、氢氧化物、水合氧化物的沉淀,除硅和磷的醇盐外,几乎所有的金属醇盐与水反应都很快,沉淀是氧化物时就可以直接干燥,产物中的氢氧化物、水合物经煅烧后成为氧化物粉末。由于水解条件不同,沉淀的类型亦不同,例如铅的醇化物,室温下水解生成 $PbO \cdot 1/3H_2O$,而回流下水解则生成 PbO 沉淀。金属醇盐法制备各种复合金属氧化物粉末也具有很大的优越性,几乎所有的金属醇盐与水反应都很快,产物中的氢氧化物、水合物灼烧后变为氧化物。

例如,按 $n(Ba):n(Ti)=1:1$ 的比例将两种金属醇盐混合,再进行 2 h 左右的回流。然后向溶液中逐步加入蒸馏水,边搅拌边进行水解,水解之后就会生成结晶钛酸钡($BaTiO_3$)粉体,具体工艺流程见图 10.4。

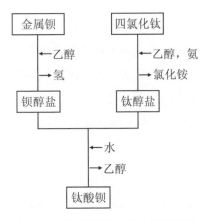

图 10.4 钛酸钡的合成工艺流程图

再如,制取多成分的陶瓷玻璃粉体,可采用以下原料:四氧甲基硅$[Si(OMe)_4]$、氧乙基锂(LiOEt)、四氧丙基锆$[Zr(OPr)_4]$、三氧次丁基铝$[Al(O\ sec\text{-}Bu)_3]$等(其中 sec-Bu 为次丁基),反应为:

$$mSi(OMe)_4 + nAl(O\ sec\text{-}Bu)_3 + oP_2O_5 + pLiOEt + qMg(OMe)_2 + r\ NaOMe + sTi(OBu)_4$$
$$+ tZr(OPr)_4 \xrightarrow{\text{配位反应}} [(Si_mAl_nP_oLi_pMg_qNa_rTi_sZr_t)(OR)_{4m+3n+p+2q+r+4s+4t}(OH)_{5o}]$$

因为氧有机基之间有强的反应活性,只有适当地控制溶剂的类型与用量、反应温度和持续时间,才能获得均匀的配合物。

接着水解,反应如下:

$$[(Si_mAl_nP_oLi_pMg_qNa_rTi_sZr_t)(OR)_{4m+3n+p+2q+r+4s+4t}(OH)_{5o}] \xrightarrow{\text{水解}}$$
$$[(Si_mAl_nP_oLi_pMg_qNa_rTi_sZr_t)(OH)_{4m+3n+p+2q+r+4s+4t+5o}]$$

进一步缩聚聚合为疏松、多孔、无定形三维结构的凝胶,即

$$[(Si_mAl_nP_oLi_pMg_qNa_rTi_sZr_t)(OH)_{4m+3n+p+2q+r+4s+4t+5o}] \xrightarrow{\text{缩合}}$$
$$[(Si_mAl_nP_oLi_pMg_qNa_rTi_sZr_t)O_{\frac{4m+2n+5o+p+2q+r+4s+4t}{2}}]$$

或 $[mSiO_2 \cdot \frac{n}{2}Al_2O_3 \cdot \frac{o}{2}P_2O_5 + \frac{p}{2}Li_2O \cdot qMgO \cdot \frac{y}{2}Na_2O \cdot sTiO_2 + tZrO_2]$

最后加热,在加热到 600 ℃时仍属无定形态,在 680~830 ℃之间逐步析晶化成玻璃陶瓷粉体。

### 3. 有机树脂法

有机树脂法是利用某些有机物和金属离子可形成凝胶状树脂的特点,实现多组分氧化物的均匀固化成相的方法。它分为 Pechini 法、柠檬酸法、乙酸盐前驱体法等。

Pechini 法首先是在金属离子与 α-羟基羧酸(如柠檬酸)和乙醇酸之间,形成多元螯合物,该螯合物在加热过程中与多元醇发生聚酯化反应,进一步加热产生黏性树脂,然后得到透明的刚性玻璃状凝胶,最后生成细的氧化物粉体。它的优点是能够制备出成分复杂的粉体,并且在溶液中通过在分子尺度上的混合保证粉体的均匀性,能够控制化学计量比,在较低煅烧温度下即可将树脂转化为氧化物。近年来,Pechini 法被用于制备许多复杂组分的体系,如钛酸盐、铌酸盐、锆酸盐、铬酸盐、铁氧体、锰酸盐、铝酸盐、钴酸盐、硅酸盐等。

例如,利用 Pechini 法制备 $Bi_{0.5}Na_{0.5}TiO_3$(BNT)陶瓷时,首先将柠檬酸溶解于适量的去离子水中,接着将柠檬酸水溶液缓慢加入到钛酸正丁酯 $[Ti(OC_4H_9)_4]$ 中;然后将乙二醇加入到 $Ti(OC_4H_9)_4$ 中,再加入硝酸铋 $[Bi(NO_3)_3 \cdot 5H_2O]$ 与硝酸钠($NaNO_3$),加热促进溶解,利用氨水调节溶液 pH = 6.5~7.0,加热除去溶剂得到黑色泡沫凝胶,在 120~150 ℃干燥得脆性胶状物;最后在 600 ℃下热处理除去有机成分,

得到晶化的 $Bi_{0.5}Na_{0.5}TiO_3$ 粉体。

高温超导体的发现引起了人们对 Pechini 法的重视。与此同时,柠檬酸法和金属乙酸盐法也逐渐成为获得复杂多元体系的主要手段。柠檬酸凝胶法是由 Marcilly 等人提出的,与 Pechini 法相似,它主要利用柠檬酸对多种金属离子的螯合作用,将金属离子保留在溶液中,溶液经浓缩成为黏性树脂,再干燥成透明凝胶,最后热解为超细粉体。

例如,南京航空航天大学的徐国跃等人利用改进的柠檬酸法合成了具有钙钛矿结构的 $La_{0.9}Sr_{0.1}Ga_{0.85}Mg_{0.15}O_{3-\delta}$ 和 $La_{0.9}Sr_{0.1}(Ga_{0.9}Co_{0.1})_{0.85}Mg_{0.15}O_{3-\delta}$ 陶瓷粉体。首先将 Ga 和浓硝酸在水浴中加热直至完全反应,加入 $Sr(NO_3)_2$、$La(NO_3)_3$、$Mg(NO_3)_2$、$Co(NO_3)_2$ 配成一定化学计量比的硝酸盐溶液,再加入 EDTA 的氨水溶液,在室温下用磁力搅拌机搅拌,使硝酸盐中的阳离子充分络合;然后加入柠檬酸作为燃料和辅助络合剂,充分搅拌,将得到的溶液放入 80 ℃烘箱中加热蒸发得到浓溶液;最后将得到的浓溶液在 300 ℃加热浓缩,在溶液浓缩前还要加入一定量的硝酸铵作为发泡剂和燃烧反应的引发剂。当混合溶液加热浓缩至自燃时,溶液开始变黑,剧烈地冒泡、膨胀,燃烧类似于硝胺爆炸的燃烧反应,生成超细前驱粉体,将得到的超细前驱粉体再煅烧,使前驱粉体中残余的有机物以及硝酸盐充分分解,从而得到预成型的白色 LSGM 和黑色 $LSGMC_{0.85}$ 粉体。

**4. 溶剂蒸发法**

沉淀法存在下列几个问题:①生成的沉淀呈凝胶状,很难进行水洗和过滤;②沉淀剂(NaOH、KOH)作为杂质混入粉料中;③在水洗时,一部分沉淀物可能再溶解。为了解决这些问题,人们研究出了不用沉淀剂的溶剂蒸发法。

在溶剂蒸发法中,为了保持溶液的均匀性,必须将溶液分散成小液滴,而且应迅速进行蒸发,使液滴内组分偏析最小。因此,一般采用喷雾法,当将氧化物中的溶剂蒸发掉时,颗粒内各物质的摩尔比仍与原溶液相同。由于不需要进行沉淀操作,因而能合成复杂的多成分氧化物粉料。此外,用喷雾法制得的氧化物颗粒一般为球状,流动性好,便于在后面的工序中加工处理。常用的操作方法有下面三种。

(1)冰冻干燥法

将金属盐水溶液喷到低温有机液体上,使液滴进行瞬时冷冻,然后在低温降压条件下升华、脱水,再通过分解制得粉料,这就是冰冻干燥法。采用这种方法能制得组成均匀、反应性和烧结性良好的微粉。"阿波罗"号航天飞船上所用燃料电池掺 Li 的

NiO 电极,就是采用冰冻干燥法和下述的喷雾干燥法制造的,在 150 ℃ 以下就显示出很强的活性。在冰冻干燥法中,由于干燥过程中冰冻液体并不收缩,因而生成的粉料的比表面积比较大,表面活性也高。

(2) 喷雾干燥法

喷雾干燥法是将溶液分散成小液滴喷入热风中,使产物迅速干燥的方法。与固相反应相比,用这种方法制得的 $\beta\text{-Al}_2\text{O}_3$ 和铁氧体粉料,经成型、烧结后所得的烧结晶粒较细。喷雾干燥法是一种被广泛使用的造粒法。也有人将溶液喷到高温不相溶的液体(煤油)中,使溶剂迅速蒸发(热煤油干燥法)而得到产物。

(3) 喷雾热分解法

喷雾热分解法是一种将金属盐溶液喷入高温气氛中,立即引起溶剂的蒸发和金属盐的热分解,从而直接合成氧化物粉料的方法,也可称为喷雾焙烧法、火焰雾化法、溶液蒸发分解法。喷雾热分解法和喷雾干燥法适合于连续操作,所以生产能力很强。喷雾热分解法有两种操作途径:一种是将溶液喷到加热的反应器中,另一种是将溶液喷到高温火焰中。多数场合使用可燃性溶液(通常为乙醇),以利用其燃烧热。例如,将 $\text{Mg}(\text{NO}_3)_2$、$\text{Mn}(\text{NO}_3)_2$ 和 $\text{Fe}(\text{NO}_3)_3$ 的乙醇溶液进行喷雾热分解,就能得到 $(\text{Mg}_{0.5}\text{Mn}_{0.5})\text{Fe}_2\text{O}_4$ 的微粉体。

### 10.2.3 气相法制备微粉

气相法是直接利用气体或者通过各种手段将物质变为气体,使之在气态下发生物理变化或化学反应,最后在冷却过程中凝聚长大形成纳米微粒的方法。主要有表 10.1 中提到的溅射法、真空蒸发法、等离子体 CVD、激光法、喷雾热分解等。

例如,真空蒸发法可以用电弧或等离子体等将原料加热至高温汽化,然后快速冷却,使之凝聚成微粒状物料。采用这种方法制得颗粒直径在 5~100 nm 范围内的微粉。这种方法适用于制备单一氧化物、复合氧化物、碳化物或金属的微粉。使金属在惰性气体中蒸发-凝聚,通过调节气压就能控制生成金属颗粒的大小。液态的蒸发压低,如果颗粒是按照蒸气-液体-固体那样经过液相中间体后合成的,那么其颗粒将成为球状或接近球状。

气相化学反应法是用挥发性金属化合物的蒸气,通过化学反应合成所需物质的方法。气相化学反应分为两类,一类为单一化合物的热分解:

$$\text{A}(\text{g}) \longrightarrow \text{B}(\text{s}) + \text{C}(\text{g})$$

另一类为两种以上化学物质之间的反应:

$$A(g) + B(g) \longrightarrow C(s) + D(g)$$

前者如 $CH_3SiCl_3 \longrightarrow SiC + 3HCl$，必须具备含有全部所需元素的适当化合物，这是前提条件。相对而言，后者可以有很多种组合，因而具有较大的通融性。

这种方法除适用于制备氧化物外，还适用于制备液相法难以直接合成的金属、氧化物、碳化物、硼化物等非氧化物。炭黑、$ZnO$、$TiO_2$、$SiO_2$、$Sb_2O_3$、$Al_2O_3$ 等微粉的制备已达到工业化生产水平。高熔点的氧化物和碳化物粉料的合成也将达到工业化水平。

## 10.3  先进陶瓷的成型

在高温机械强度和重腐蚀环境等苛刻条件下，由于先进陶瓷材料有比金属更优越的性能，因此被广泛应用于各个领域。但是陶瓷部件的加工难度大、工艺复杂，使得加工成本无法同金属材料相比，因此迫切需要新的陶瓷成型方法，以降低陶瓷成本、满足陶瓷部件可靠性和陶瓷部件形状的更高要求。

### 10.3.1  成型方法的分类及特点

陶瓷材料一般需经原料的选择、混合、造粒、成型、烧结、机加工、连接等多道工序才能形成最终产品。生产过程的成型技术是影响陶瓷产品形状、显微结构、性能及产品率等的关键技术之一。目前，陶瓷使用的成型方法主要分干法和湿法两大类（图10.5）。传统的陶瓷材料成型工艺如干压、等静压等方法容易在成型坯体中引入气孔、裂纹、分层、密度不均匀等缺陷，导致产品的可靠性降低。传统注浆成型技术一直被成功地应用于日用陶瓷的生产中。20 世纪 70 年代末到 80 年代初，伴随着陶瓷发动机研制的兴起，注射成型技术又受到了重视，但由于有机物含量较高，排脂时间较长且在排脂过程中容易形成缺陷，成品率较低，同时必须配备昂贵的设备，由于成本太高，因此难以普及。随后，传统的注浆成型由于使用极少的有机物再次受到重视。但注浆成型存在成型周期长达数十小时、干燥收缩大、素坯强度低、素坯密度分布不均匀、成品率低以及烧成变形大、尺寸精度低等缺点，不利于复杂形状样品的制备。而为了获得均匀、高密度的坯体，压滤成型和离心注浆成型技术又成为人们关注的焦点。遗憾的是，这些成型技术还无法解决坯体均匀性与较高强度的问题，因此也就无法保证陶瓷产品的可靠性。

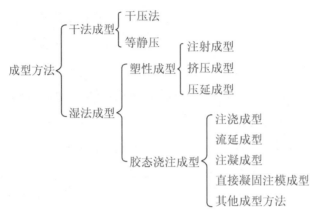

图 10.5 陶瓷成型方法示意图

高性能结构陶瓷的工程可靠性和功能重复性在很大程度上取决于材料内部隐含的缺陷大小、数量及分布情况。而这些缺陷存在的最直接根源是成型坯体结构上的不均匀性(如气孔、团聚体颗粒、密度梯度、夹裹物、裂纹等),结果使陶瓷材料的各项性能低于工艺设计要求。因此理想的成型工艺应尽可能提高坯体的均匀性,而且先进陶瓷是一种脆性的难加工材料,据统计,陶瓷材料烧结后的机加工费用因部件不同可占制品总成本的25%~50%,而近净尺寸成型可以减少烧结体的机加工量。针对高性能结构陶瓷的成型问题,自20世纪90年代以来,发展起一系列使用非孔模具实现原位固化的新型胶态成型技术,如原位凝固成型技术中的直接凝固注模成型、温度诱导絮凝成型、胶态振动注模成型等;其他新型胶态成型技术,如水解辅助固化成型、新型流延成型、新型注射成型等;固体无模成型工艺以及气相成型工艺也得到蓬勃发展,从而为各种精密零部件的制备提供了更多、更有效的工艺手段。

陶瓷原位凝固成型技术,其成型原理不同于依赖多孔模吸浆的传统注浆成型,而是借助一些可操作的物理反应(如温度诱导絮凝成型和胶态振动注模成型等)或化学反应(如凝胶注模成型和直接凝固注模成型等)使注模后的陶瓷浆料快速凝固为陶瓷坯体。同时,该技术使得坯体在固化过程中避免收缩,浆料进行原位固化,这样就避免了浆料在固化过程中可能引起的浓度梯度等缺陷,从而为成型坯体的均匀性和可靠性提供保证。

近十余年来,陶瓷原位凝固成型技术已经受到人们的高度重视,注凝成型、直接凝固注模成型、温度诱导絮凝成型和胶态振动注模成型等得到迅速发展。在随后的一段时期里,这一技术仍将是陶瓷成型工艺的发展主流。陶瓷原位凝固成型具有如下特点:

①减少了有机物的添加量,减少了脱脂时间。

②陶瓷浆料具有很高的固相体积分数,一般大于 50%,使成型坯体具有高密度。

③近净尺寸成型,可成型复杂形状的部件。

④成型坯体内部均匀、缺陷少,保证烧结后的材料具有高可靠性。

⑤成型坯体具有较高的强度,可对坯体进行各种机加工,从而使烧结后的陶瓷机加工量减少或为零。

下面介绍几种陶瓷原位凝固成型技术,包括凝胶注模成型、直接凝固注模成型、温度诱导絮凝成型和胶态振动注模成型。

### 10.3.2 凝胶注模成型

凝胶注模(Gelcasting)是 20 世纪末发展起来的一种新颖湿法成型方法,该方法由美国橡树岭(Oak Ridge)国家重点实验室的 Janney M. A. 和 Omatete O. O. 等人最早发明并用于制备陶瓷部件。它将传统陶瓷的成型方法与高分子化学相结合,开创了在陶瓷成型工艺中利用高分子单体聚合交联反应进行成型的技术先锋,克服了湿法成胶时液相含量过大的缺点,又保留了泥浆的流动性。由于该工艺简单,成型坯体均匀性好、强度高、易于深加工、烧结性能优异、收缩小、所用添加剂可全部是有机物且含量很少、烧结后不会残留杂质等,被认为是制备大尺寸、复杂形状坯体的一种有效方法。

近年来,该工艺已逐步应用于制备各种结构陶瓷、功能陶瓷及陶瓷基复合材料等各种陶瓷材料体系的成型。目前,随着技术的不断改进,凝胶注模工艺也日臻完善,并成为现代陶瓷材料成型的一种重要方法。

**1. 凝胶注模成型的原理**

凝胶注模成型工艺作为近年来发明的一种较为新颖的近净尺寸原位凝固新型成型技术,它的基本组分是陶瓷粉体、有机单体、交联剂、引发剂、催化剂、分散剂和分散介质。根据所采用分散介质的不同,可以把凝胶注模成型分为非水与水基两大类。若溶剂是水,此方法称为水溶液凝胶注模成型(Aqueous gelcasting),而水溶液凝胶注模成型方法又包括两类:一类是以有机单体如丙烯酰胺、丙烯酸酯等作为凝胶前驱体;另一类是以天然凝胶大分子如明胶、琼脂糖等直接作凝胶剂使用。若溶剂是有机溶剂,此方法称为非水溶液凝胶注模成型(Nonaqueous gelcasting)。由于使用的有机溶剂毒性大、会给环境造成污染,同时采用水基分散介质可以使操作工序简化、降低材料成本并且利于环保,所以目前使用较为广泛的是水基凝胶注模成型工艺。

能用于水基凝胶注模成型工艺中的有机单体体系应满足以下性能：

①单体和交联剂必须是水溶性的（前者质量分数至少20%，而后者至少2%）。如果它们在水中的溶解度过低，有机单体就不是溶液聚合，而是溶液沉淀聚合。这样就不能成型出密度均匀的坯体，并且还会影响坯体的强度。

②单体和交联剂的稀溶液形成的凝胶应具有一定的强度，这样才能起到原位定型作用，并能保证有足够的脱模强度。

③不影响浆料的流动性。若单体和交联剂会降低浆料的流动性，那么高固相、低黏度的陶瓷浆料就难以制备。

图10.6是凝胶注模成型原理及干燥过程示意图。该工艺将传统注浆工艺和聚合物化学结合起来，将高分子化学单体聚合的方法灵活引入到陶瓷的成型工艺中。其核心是使用有机物的水溶液，该溶液在一定条件下发生凝胶化反应成为高强度的、横向连接的聚合物-溶剂的凝胶体。

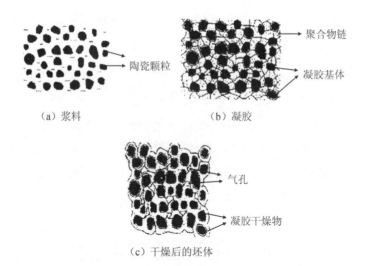

图10.6 凝胶注模成型原理及干燥过程示意图

陶瓷粉体溶于有机物的水溶液中，经球磨后将所形成的浆料浇注在模具中，有机物经凝胶化反应形成凝胶的部件。由于横向连接的聚合物-溶剂中仅有10%~20%（质量分数）聚合物，因此，应通过干燥步骤除去凝胶部件中的溶剂，同时由于聚合物的横向连接，在干燥过程中，聚合物不会随溶剂迁移。

例如，丙烯酰胺凝胶体系作为水相凝胶浇注体系，相对于非水溶剂体系有一定的优越性，目前已被广泛用作陶瓷凝胶注模的凝胶体系。下面是以丙烯酰胺为聚合主单体，双官能团N,N-亚甲基双丙烯酰胺为交联剂的反应过程。

(1) 链引发反应

$$I \xrightarrow{\triangle} 2M \cdot \quad (10-1)$$

$$M \cdot + CH_2CHCONH_2 \longrightarrow MCH_2CHCONH_2 \quad (10-2)$$

$$2M \cdot + CH_2CHCONHCH_2NHCOCHCH_2 \longrightarrow$$
$$MCH_2CHCONHCH_2NHCOCHCH_2M \quad (10-3)$$

式(10-1)是吸热反应、反应活化能高,为 $105 \sim 150 \text{ kJ} \cdot \text{mol}^{-1}$,反应速率小。链引发的第二步是初级自由基引发单体的过程。式(10-2)是初级自由基与有机单体发生的反应。式(10-3)是自由基与交联剂发生的反应,引发阶段存在多种副反应。例如,自由基会与阻聚物质发生反应。因此,链引发是聚合反应的关键步骤。

(2) 链增长反应

链增长反应即链引发的自由基与单体分子连续发生加成反应,形成三维网状结构。

(3) 链终止反应

链终止反应包括偶合终止与歧化终止。

**2. 凝胶注模成型的工艺流程**

凝胶注模可通过净尺寸成型复杂形状的陶瓷部件,其具有良好的坯体均匀性和高的坯体强度,操作工艺简单、坯体中有机物杂质含量少,而且陶瓷烧结体性能优良。凝胶注模成型过程是:首先将有机单体和交联剂溶于水溶液或非水溶液中,配成预混液,再将陶瓷粉料和分散剂加入预混液,球磨一定时间,利用真空除泡,制备出低黏度高固相体积分数的浓悬浮液(浆料);然后在注模前依次加入引发剂和催化剂,充分搅拌均匀后,将浆料注入非多孔模具中,在一定的温度条件下引发有机单体聚合成三维网络状聚合物凝胶,并将陶瓷颗粒原位黏结而固化形成湿坯。湿坯脱模后,在一定的温度和湿度条件下干燥,得到高强度坯体;最后将干坯排胶并烧结,有机凝胶在高温下分散挥发,坯体致密化后可以成为精加工的陶瓷部件。具体工艺流程见图10.7。

该工艺最初是将多官能团丙烯酸盐单体溶于有机溶剂中,这些单体通过自由基引发聚合成为高度交联的聚合物-溶剂凝胶。由于环境问题和脱除有机溶剂的额外成本,人们开始尝试用水作溶剂。水基体系工艺中首先研究的是 $Al_2O_3$ 陶瓷粉末,水溶性单体为丙烯酰胺,该体系显示出了一些优势。然而,丙烯酰胺单体具有一定的神经毒害作用,不利于操作人员的身体健康,也会给环境造成污染,人们开始开发低毒工艺以克服该体系的不足。最近清华大学材料系的陶瓷胶态成型小组利用明胶、琼

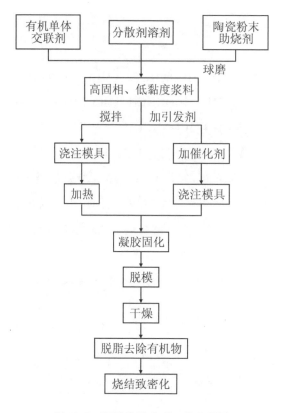

图 10.7 凝胶注模成型工艺流程图

脂糖等天然凝胶大分子作凝胶剂,代替丙烯酰胺单体进行涡轮、转子等复杂零部件的凝胶注模成型工艺研究,取得了一定进展。在凝胶注模工艺中,最有效的体系是基于单官能团单体甲基丙烯酰胺(MAM)、甲氧基聚(乙烯醇)单甲基丙烯酸(MPEGMA)和 N-乙烯基吡咯啉(NVP)、双官能团单体甲基双丙烯酰胺(MBAM)和聚(乙烯醇)二甲基丙烯酸[PEG(1000)DMA]。自由基引发体系中适宜的引发剂过硫酸铵/四甲基乙烯基二胺(APS-TEMED)、偶氮二[2-(2-咪唑啉-2-基)]丙烷盐酸盐(AZIP)及偶氮二异丁脒盐酸盐(AZAP),除此之外,还可采用紫外线、X 射线、γ 射线、电子束或其他可引发聚合的射线。可选用的分散剂包括无机酸、无机碱、有机酸、有机碱、丙烯酸、丙烯酸盐、甲基丙烯酸及吖丙啶,等等,所选用的分散剂不与有机单体溶液和引发剂发生反应。

在已经报道的文献资料中,凝胶注模成型技术已经被应用于制备 $Al_2O_3$、$Si_3N_4$、SiC、$ZrO_2$、$TiO_2$、N-羟基磷灰石的单相陶瓷材料,少数陶瓷基复合材料,如 $ZrO_2$-$Al_2O_3$ 复相陶瓷、纤维补强反应烧结复相陶瓷(如 $Si_3N_4$)、片状 SiC 补强 $Al_2O_3$ 复相陶瓷,以及纳米级复相陶瓷、微孔梯度材料、颗粒增强陶瓷基复合材料如 Amraam 和 Standard 导弹天线罩等。此外,该技术还广泛应用于多孔陶瓷以及金属材料如高温高强合金和工具钢等的制备中,形状上从块状到管状、开孔、活塞、片状、齿轮等多种陶瓷零部件都可以成型。

**3. 凝胶注模成型的影响因素**

(1) 固体体积分数

固体体积分数被定义为陶瓷粉料的体积除以陶瓷粉料与水的总体积。胶凝注模成型工艺的要求浆料具有高固相含量、低黏度、高均匀性及高稳定性,这是制备高密度、结构均匀坯体的关键条件。一般来讲,固体含量太低,坯体干燥易变形,固体含量太高,浆料黏度不易降低,造成分布不均,形成结构缺陷。而固体体积的增加,有利于陶瓷成型后坯体的整体性能。针对丙烯酰胺体系,高友谊等人的实验表明只有固体体积分数大于50%才能制备出性能优良的坯体。王亚利等人发现,随着固相含量的增加,生坯抗弯强度呈先上升、后下降的趋势。因此,在保证流动性的前提下,提高固体体积分数是提高生坯密度的有效途径。

(2) 有机物(单体与交联剂)比例及含量

凝胶注模成型用的有机物含量非常低,占干坯的2%~4%(质量分数),因此对坯体密度的影响几乎观测不出来。而单体与交联剂的比例及含量主要影响聚合成型后湿坯体的强度。图10.8是陶瓷粉末在高分子线团网络结构中分布及相互作用的结构模式。

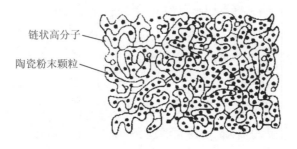

图10.8 陶瓷粉末在高分子线团网络结构中的分布及相互作用示意图

很明显,从聚合物角度看,随交联剂含量的增高,网络结构中的交联密度也增大,整个网络的强度比也相应增大。由于网络更加致密,网络中陶瓷粉末堆积也更加紧密。而当有机物含量较低时,湿坯体脱模后的强度较低,甚至难以保持成型后的形状。随着有机物含量的增高,坯体强度大大提高,能完好保持成型形状,甚至可达相当大的强度,这种现象同样可归结为有机网络变得更加紧密所致。

(3) pH 值及分散剂

pH 值是影响悬浮体的流变性的重要因素。根据 DLVO 理论,颗粒在液相中的稳定性取决于范德华力和双电层排斥力的总位能,在等电点附近位能势垒小,易于沉降;Zeta 电位的绝对值越大,则颗粒间的排斥力越大,越有利于颗粒在液相中的分散。因此,要调节悬浮液的 pH 值,使其远离等电点。

利用分散剂处理粉体是制备高固低黏悬浮体的一种常用方法。通过把分散剂吸附在颗粒表面产生足够高的势垒面使颗粒分散,而分散剂种类的选择与粉体的性质有关。因此,可以通过调节浆料的 pH 值,加入合适的分散剂,通过静电排斥力或空间位阻的稳定作用来实现高固含量胶体的稳定性。

(4) 引发剂、催化剂的用量

在聚合反应中,催化剂和引发剂用量对反应速率影响很大。总的来说,聚合反应表观能较低、速率很快。如果引发剂和催化剂用量过多则在室温下瞬间就可完成聚合反应;如果用量过少,则造成聚合速率太慢。为了成型工艺的需要,在浆料中加入催化剂和引发剂后需搅拌使其均匀分散,才能均匀引发并发生聚合反应,因此,必须严格控制它们的含量。

(5) 气泡消除

悬浮波中的气泡会造成陶瓷坯体内部的气孔,阻碍烧结过程的致密化,消除的方法分为化学消泡法和物理消泡法。由于化学消泡剂的加入会取代分散剂在表面的吸附,降低分散效果,因此一般采用真空消泡处理。

(6) 固化

当前的固化方法基本上沿用了高聚物合成中的升温法,即将浓悬浮浆料注模后,通过对模具加热,体系温度升高至 65~75 ℃,然后在此温度段保温一定时间,凝胶前驱体如丙烯酰胺在引发剂的作用下发生凝胶化反应,形成三维网络结构,从而实现原位固化成型。所以,引发剂、催化剂和温度条件的变化可以改变陶瓷浆料凝胶化规律,掌握这一规律可以有效而准确地人为控制浆料的凝胶化时间。

(7) 坯体的干燥及排胶

湿度、温度和通风条件对湿凝胶坯体的干燥脱水和变形收缩至关重要,对坯体的排胶过程要考虑有机物在不同温度下的分解速率及完全烧除的最高温度来制订合理的干燥工序或方法流程,以缩短干燥时间并避免坯体的翘曲和开裂。

(8) 坯体的变形和开裂

坯体干燥速度太快会产生较大的变形，同时会出现裂纹，影响坯体和产品的最终性能。为防止变形和开裂，坯体干燥的初期阶段应在湿度相对较低的环境下进行。张立明认为脱模开裂是因为单体和交联剂比例不协调造成的，干燥开裂的主要原因是固体体积分数过低引起坯体中无机相收缩过大等。

**4. 凝胶注模成型工艺的特点**

凝胶注模成型工艺具有如下特点：

①适用范围广，可制备单相材料和复合材料，水敏感性和不敏感性材料。同时，该工艺对粉体无特殊要求，因此适用于各类陶瓷制品，包括硬质合金及耐火材料等。

②由于低黏度、高固相含量的浆料呈液态，可以流动并填充模具，因此可以制备出复杂形状的部件（部件的复杂程度取决于模具的制造水平），同时该工艺制备出的生坯强度高（可达 20~40 MPa），可以进行各种机械加工，从而加工出形状复杂、尺寸精确、表面光洁的部件，取消或减少烧成后的加工，降低了部件的制造成本。

③有机物含量少，去除较易。浆料中有机物含量一般只占液相介质的 10%~20%，相当于陶瓷粉末质量的 3%~4%，故其去除过程容易，可与烧成过程同步完成，避免了热压铸和注射成型工艺耗时耗能的脱脂环节，节约能源，降低成本。

④凝胶定型过程与注模操作是完全分离的，同时凝胶注模成型的定型过程是靠浆料中有机单体原位聚合形成交联网状结构的凝胶体来实现的，所以成型坯体组分与密度皆均匀，缺陷少、烧结后坯体收缩很小（烧结收缩仅为 16%~17%）。

⑤通过调整工艺参数，可以调节和控制浆料黏度、成型时间、坯体强度等。因此可实现成型过程的连续化和机械化。

⑥由于该工艺无需贵重设备，且对模具的材质无特殊要求，玻璃、塑料、金属和蜡等均可用于凝胶注模成型（但在使用时一般需要使用脱模剂），因此该工艺是一种低成本技术。

**5. 几种改进型凝胶注模成型工艺**

(1) HMAM 工艺

Omatete 等人使用羟基甲基丙烯酰胺（Hydoxymethylacrlamide, HMAM）单体代替传统注凝成型所需要的单体，该单体能够在一定条件下自交联形成凝胶，且用它配制的浆料黏度较低、固相含量较高。此外，HMAM 工艺凝固后较湿非常容易脱模，易于实现规模化生产。

(2) 热可逆转变凝胶注模成型工艺

继 HMAM 工艺开发成功后,美国东北大学 Montnomer 等人发明了热可逆转变凝胶注模成型(Thermoreversible Gelcasting,TRG)工艺,该工艺主要利用有机物的物理交联结合,而不像传统的凝胶注模工艺靠化学反应聚合起结合作用。在温度超过某一数值(如 60 ℃)时,其混合物料呈自由流动的液态,而冷却至低于此温度时,有机物形成物理连接,物料立刻转变为物理凝胶结合的固态。此转变过程相当容易实现。在这种热可逆转变的凝胶中加入高固相含量的粉体制成浆料后,浆料仍保持此种热可逆转变性质。该工艺的主要优点是当生坯不符合质量要求时可以加热重新回收利用,以减少粉体和有机物的浪费。该改进工艺可谓是引领了一种绿色陶瓷设计工艺的新理念。

**6. 应用及存在的问题**

据报道,美国在 20 世纪 90 年代已有三家公司(Allied Sigal Ceramic Components、LOTEC Inc. 和 Ceramic Magnetics Inc.)获得了该技术的使用权,用于生产陶瓷涡轮转子、磷酸锆等低膨胀陶瓷材料、发动机排气管用隔热陶瓷材料。日本和德国的研究人员用注凝成型工艺已经制备出性能优异的 $Y_2O_3$ 稳定 $ZrO_2$ 陶瓷弹簧。其成型方法有两种:一是将塑料空心管预先绕成弹簧形状,然后将浆料注入空心管内;二是将已开始固化的但又具有一定塑性的泥条挤成细条,在保湿环境下使泥料进一步固化定型(保持足够的韧性),后将泥条绕成弹簧形状。

我国在陶瓷材料的凝胶注模成型和加工等方面也较早地开展了广泛的研究工作,如清华大学材料系黄勇等人带领的陶瓷胶态成型课题组,研究出的成果已接近或达到国际先进水平。此外,天津大学、航天部 621 所等人也做了大量卓有成效的工作,而且该技术已在我国陶瓷制造工业中获得了一定规模的应用。

但该法的一个致命弱点是干燥条件苛刻,即使在室温和高湿度条件下长时间干燥,坯体仍易开裂,而且工艺的自动化程度不高。目前该工艺的关键在于工业化的推广,研究重点放在优化当前所采用的凝胶注模体系工艺,研制天然、无毒、环保型且用量少的凝胶系统。例如,低毒性有机单体的选择,应用天然大分子通过物理或化学反应形成凝胶,如琼脂糖凝胶大分子和果胶大分子等;开发凝胶注模新的应用领域,如 Wang Huanting 等人以氧化物和碳酸盐为原料,制备出了具有良好烧结性能的多元组分的 LSCF($La_{0.6}Sr_{0.4}Co_{0.8}Fe_{0.2}O_{3-\delta}$)陶瓷粉体;完善整套工艺体系,发展新型无缺陷的凝胶注模工艺,如 Morissette 等人开发了利用有机钛偶联剂交联水基 PVA 氧化铝悬浮体,该体系的化学流变性紧密依赖于体系成分的变化,一定体积分数的 PVA 悬浮体的凝胶时间随着偶联剂加入量的增加、温度的升高、固相含量的增加而减少;凝胶注模成型模具的选择,如美国斯坦福大学提出模具形状沉积制造技术(MoldShape Deposition Manufacturing,MoldSDM),并且已成功利用此模具制作方法制备了氮化硅涡轮转子和不锈钢转子,以及在保证浆料足够流动性的前提下尽可能提高浆料中的固相含量等。

### 10.3.3 直接凝固注模成型

直接凝固注模成型(Direct Coagulation Casting,DCC)工艺是由瑞士苏黎世高校的 Gaucker 教授和 Grauleb 博士发明的一种净尺寸原位凝固胶态成型方法。这一技术巧妙地将胶体化学与生物化学结合起来用于陶瓷的成型。其思路是利用胶体颗粒的静电稳定机制,不使用表面活性剂制备出高固相含量(体积分数为 55% 以上)、低黏度的浆体,通过引入酶和底物(如尿素酶和尿素)注入非孔模具后,诱发酶对底物水解的催化反应,从而改变浆体的 pH 值或放出反离子降低双电层的 Zeta 电位,使固相颗粒吸引聚集实现原位固化。

**1. 陶瓷浆料的稳定性**

当氧化物颗粒与水接触时,表面层就会发生水化反应生成氢氧化物。水化之后颗粒表面化学特性是由加入的 $H^+$ 或 $OH^-$ 所发生的下列化学反应所控制:

$$MOH_{(表面)} + H^+_{(溶液)} \xrightarrow{K_1} M(OH)_2$$

$$MOH_{(表面)} + OH^-_{(溶液)} \xrightarrow{K_2} MO^-_{(表面)} + H_2O$$

其中,M 为金属离子(如 $Al^{3+}$);$K_1$、$K_2$ 为反应速率常数。上述两个反应的反应速率常数决定颗粒表面的等电点(IEP):

$$IEP = \frac{1}{2}(pK_1 + pK_2)$$

对于分散在液体介质中的微细陶瓷颗粒,其所受作用力主要有胶粒双电层斥力和范氏引力,而重力、惯性等影响很小。根据胶体化学 DLVO 理论,胶体颗粒在介质中的总势能 $U_t$ 是双电层排斥能 $U_r$ 和范氏吸引能 $U_a$ 之和,即 $U_t = U_r + U_a$。当介质 pH 值发生变化时,颗粒表面电荷随之变化。在远离等电点时,颗粒表面形成的双电层斥力起主导作用,使胶粒呈分散状态,即可得到低黏度、高分散、流动性好的悬浮体;当增加与颗粒表面电荷相反的离子浓度,可使双电层压缩,或者改变 pH 值靠近等电点,均可使颗粒间排斥能减少或为零,从而使范氏引力占优势,使总势能显著下降,浆料体系将由高度分散状态变成凝聚状态。若浆料具有足够高的固相含量(体积分数>50%),则凝固的浆料将有足够高的强度以便成型脱模。

以 $Al_2O_3$ 为例,颗粒水化后表面电荷由它与 $H_3O^+$ 或 $OH^-$ 离子之间的反应决定。纯 $Al_2O_3$ 的等电点大约是 pH=9,加入 $H_3O^+$ 离子后将降低 $Al_2O_3$ 浆料的 pH 值,并使表面变为正电,若加入 $OH^-$ 离子则会夺取表面的 $H^+$ 离子而变成带负电。另外,由于 $Al_2O_3$ 颗粒表面对带电的分子物质,如柠檬酸或其他表面活性剂具有特殊的吸附能力,因此表面电荷可以在更广泛的范围内调节,从而导致浆料的等电点在 pH=3~9 之间变化。

图 10.9(a)是氧化铝浆料的稳定区域图。高浓度的氧化铝浆料在 pH=4 时仍然稳定,但当 pH 值改变到等电点时就出现凝固。另一方面,即使恒定 pH=4,通过增加盐浓度以达 $0.2\ mol·L^{-1}$ 以上,原来稳定的浆料也发生凝固。当浆料浓度很稀时,凝固化过程并没有使颗粒聚集物之间产生直接搭接,因而不能得到坯体。当浆料固体含量提高后,凝固过程就形成连续的具有刚度的坯体,而没有任何宏观收缩。图 10.9(b)表示出不同浓度浆料凝固后的情况。

总之,为了减少双电层排斥力,使浆料的凝固得以发生,可以采取以下措施:

①改变浆料 pH 值到等电点。

②在浆料中生成盐,提高离子浓度。

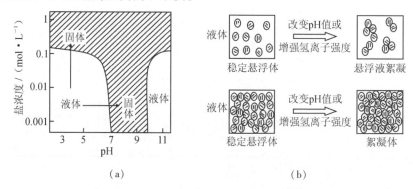

图 10.9 氧化铝浆料的稳定区域图(a)和不同浓度浆料凝固后的情况(b)

**2. 直接凝固注模成型的原理**

DCC 技术是基于内部化学反应(改变悬浮液 pH 值,或增加离子强度)使分散颗粒的表面电荷降低,进而悬浮体变得不稳定的机制。根据胶体化学 DLVO 理论,利用生物酶催化有机物质分解反应或者有机物质慢速自分解反应等方法,使预先加到浆料中的少量物质发生化学反应,放出 $H_3O^+$、$OH^-$ 离子或高价金属离子,从而改变悬浮液 pH 值或改变浆料中离子浓度,控制陶瓷泥浆胶体的分散-凝聚状态,使其固化成型。此凝固体即为成型坯体。

(1) 热激活分解反应

过去许多研究工作如 Sol-gel 法已采用过此类自分解反应。可以使用尿素、甲酰胺、乙酰胺使 pH 值从强酸性变化到中性,这些反应在 60~80 ℃ 之间均缓慢发生分解反应并释放出氨。采用自分解酯特别是甘油二酯或可自分解的各类内酯(如葡萄糖酸内酯),可使 pH 值从碱性变为中性。

由于上述反应都要求温度高于 60 ℃,这给工艺控制带来一定的困难,特别是这些反应应用于浆料的凝固成型时,困难较大。另一方面,这些反应的 pH 值变化范围非常有限,因此凝固的湿坯强度较低。为此,目前使用较多的是酶催化反应,该反应可以在很宽的范围内调节浆料的 pH 值或离子浓度,并且可以在室温下操作。

(2) 酶催化反应

该方法中常用的酶反应体系为尿素酶水解尿素体系、酰胺酶水解胺类物质体系、葡萄糖苷酶-葡萄糖体系、胶质-蛋白质水解酶体系。在各种酶催化反应中,由于甲酰胺、丙酰胺等在分解过程中均会产生有毒物质,因此,目前国内外大多采用尿素酶分解尿素的反应来实现悬浮体系的凝固,其具体反应方程式如下:

$$NH_2CONH_2 + H_2O \longrightarrow NH_3 + CO(NH_2)OH$$

$$CO(NH_2)OH + H_2O \longrightarrow NH_3 + H_2CO_3$$

$$NH_3 + H_2O \rightleftharpoons NH_4^+ + OH^-$$

酶反应被成功地用于制备颗粒悬浮液如 $Al_2O_3$、$Si_3N_4$、$SiC$、$ZrO_2$,以及加有特殊吸附活性剂、不同等电点的混合物。通过内部化学反应可以使 pH 值从酸性向碱性转变,如尿素酶水解尿素、酰胺酶水解胺及葡萄糖、葡萄糖苷酶。另外,还有其他的酶催化反应如胶质、酪蛋白或蛋白质水解酶也被用于特殊陶瓷悬浮液的凝结。

**3. 直接凝固注模成型的工艺流程**

直接凝固注模成型工艺流程见图 10.10。首先制备出固相体积分数高达 50% 以上、低黏度、分散性好、流动性好以及静电稳定的悬浮液。然后将浆料温度降至 0~5 ℃,在悬浮液中加入延迟反应的生物酶或底物,悬浮体注入模具后,升高温度至 20~50 ℃,此时酶的活性被激发,与底物发生反应。通过酶的催化反应增加悬浮液的离子强度,或使底物与酶反应放出来的 $H^+$ 或 $OH^-$ 离子来调节体系的 pH 值,从而使体系的 Zeta 电位移向等电点,导致悬浮液的黏度增加,成为具有一定刚度的湿坯体,脱模后干燥,再进行烧结。

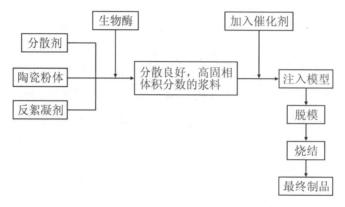

图 10.10 直接凝固注模成型工艺流程图

直接凝固注模成型工艺要求陶瓷浆料具有很好的可浇注性,并且坯体容易脱模。因此,制备出高固相含量、低黏度、稳定的陶瓷浆料,并且坯体成型后具有高强度是极其重要的。通过优选粉体、浆料 pH 值及所用悬浮剂的种类和数量可以得到高固含量(体积分数 55%～70%)、低黏度、稳定的陶瓷浆料。同时,悬浮分散剂要适当选择,否则会杀死酶,使其没有酶活性。此外,适当选择反应体系,准确调节 pH 值至等电点非常重要。

**4. 直接凝固注模成型的特点**

根据陶瓷成型工艺的需要,直接凝固注模成型的化学反应具有以下特点:

①可成型出高固相体积分数(55%～70%)且显微结构均匀的复杂形状的陶瓷制品,特别适用于大截面尺寸的试样。

②不需加入黏结剂,不需要或只需少量的有机添加剂(0.1%～1.0%),坯体不需脱脂,体密度均匀,相对密度高(55%～70%)。

③化学反应可控制,即浆料浇注前不产生凝固,浇注后可控制反应进行,使浆料凝固,同时反应在常温下进行,反应产物对坯体性能或最终烧结性能无影响。

④模具结构简单,模具材料选择范围广,如塑料、金属、橡胶、玻璃等均可应用,加工操作简单,成本低。

由于固化是通过化学反应来完成的,要求严格控制反应开始时间和速度,因此工艺过程比较复杂,不易控制。与凝胶注模法相比,其湿坯强度往往不够高,提高生坯强度对于工艺操作和自动化生产十分重要。目前,DCC 工艺存在的主要问题是浆料固相含量不够高,干燥时易变形且湿坯强度不高,在工业化生产方面还有较大的差距。

**5. 应用及存在的问题**

Gauckler 等人已将 DCC 方法用于氧化铝陶瓷的成型,制备了酸(HCl)和碱(柠檬酸二胺 DAC)稳定的浆料,并得到了性能优良的制品。国内清华大学和上海硅酸盐研究所近年来也开始从事陶瓷材料的 DCC 工艺研究,将该成型方法成功地应用于成型氧化铝、氧化锆、碳化硅和氮化硅复杂形状的部件,如 $\varnothing = 150$ mm 的转子、齿轮及球阀等。

该法的弱点是反应中所需的生物酶价格太贵,保持其良好的生物活性也不太容易,因此难以实现工业化生产。由于其他新的、更广泛的催化反应难以找到,目前尚未发现有能将强酸调节至偏碱性范围的催化反应。为此,寻找新的、更广泛的催化反应和深入研究颗粒的表面改性是进一步应用 DCC 工艺的重要课题。此外,DCC 方法成型的坯体强度低、脱模困难,不利于工艺操作和规模化生产。因此,如何提高生坯强度也是 DCC 工艺目前面临的主要问题之一。清华大学的谢志鹏等人通过在 $Al_2O_3$ 悬浮液中加入微量的离子型淀粉(质量分数为 0.02%),可使强度由原来的 0.005 MPa 提高到 0.014 MPa。另外,在 $Al_2O_3$ 悬浮液中加入微细的 AlOOH 胶粒,增加堆积密度和网络强度,也可在一定程度上提高生坯强度。但这些对于工业要求而言还是远远不够的。上述存在问题也较大程度地限制了 DCC 工艺的推广应用。

### 10.3.4 温度诱导絮凝成型

温度诱导絮凝成型(Temperature Induced Flocculation, TIF)是由瑞典表面化学研究所的 Bergstrom 教授在 1994 年发明的,它是利用物质溶解度随温度的变化,来产生凝胶化的一种近净尺寸原位凝固胶态成型方法。它充分利用了胶体的空间位阻稳定特性,其成型基本原理为:首先将陶瓷粉体用特殊分散剂分散在有机溶液中,以制备高固含量浆料。所用分散剂分子的一端吸附在颗粒表面,另一端伸展入溶剂中,起到空间位阻稳定粉料的作用,而且其溶解度随温度变化而变化,为此可通过控制浆料的温度来调节浆料的黏度。然后将分散好的高固含量浆料(>50%)注模后,随着温度的降低,分散剂在溶剂中的溶解度下降,逐渐失去分散能力,从而实现浆料的原位固化。保持温度脱模,再降低压强使溶剂升华,最终得到坯体。TIF 过程的影响因素主要有分散剂用量、悬浮体系固含量、聚丙烯酰胺分子质量和体系 pH 值等。其工艺流程见图 10.11。

TIF 方法中有机载体用量低,在很大程度上减轻了脱脂过程的负担。实验证明,有机载体的含量低至陶瓷粉体的 0.005% 时,仍能发生凝胶化。该成型方法的最大优点在于所得到的陶瓷部件机械性能好,脱模后不合格的坯体可作为原料重复使用,但这种分散剂对于不同的陶瓷体系有很大的局限性,可用于成型大多数的陶瓷粉末体系。其缺点在于坯体中孔隙较多。

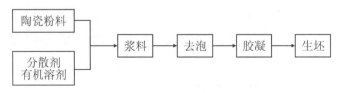

图 10.11 温度诱导絮凝成型工艺流程图

### 10.3.5 胶态振动注模成型

胶态振动注模成型(Colloidal Vibration Casting, CVC)是 1993 年由加利福尼亚大学圣芭芭拉分校的 F.F.Lange 教授发明的,在压滤成型和离心注浆成型的基础上提出的一种新型的原位凝固成型技术。该方法的基本理论是:根据胶体稳定的 DLVO 理论,在悬浮体中的颗粒间除范德华吸引力和静电稳定的双电层排斥力外,当颗粒间距离很近时,还存在一种短程的水化排斥力。当悬浮体的 pH 值在等电点或其离子强度达到临界聚沉离子浓度时,形成一个接触的网络结构;当颗粒间的作用能大于零,颗粒呈分散状态;当悬浮体中离子浓度大于临界聚沉离子浓度时,水合后的离子不再与颗粒紧密接触,静电排斥力完全消失,颗粒间形成一个非常紧密接触的网络结构。这时颗粒处于一个较浅的势阱中,颗粒间的吸引力也由于水化排斥力的作用而减弱,此时的悬浮体呈一个不能流动的密实结构。如果有外力的作用如振动、搅拌、超声等,固体可以转变为流动态。

Lange 利用这种特性,在固相体积分数为 20% 瓷悬浮体中加入 $NH_4Cl$ 使颗粒形成絮凝态,然后采用压滤或离心的办法获得高固相含量(体积分数 >50%)的坯料,之后再采用振动的办法,使其由坚实态变为流动态,注入模具中,静止后悬浮体又变为密实态,湿坯经干燥后成为有一定形状的坯体。用于该成型工艺中的浆料可由下列方法获得:

①水与陶瓷粉末(体积分数 <30%)混合获得分散的浆料,调节 pH 值使水产生静电高的粒间相斥力,获得稳定的聚集态浆料。

②加入适量的盐到分散态的浆料中,使浆料中的粒子相互吸引。

③提高粒子的体积分数(例如通过压滤或离心法),获得具有均匀的高堆积密度水饱和的浆料,该浆料具有较高的黏度,并随着剪切速率的提高而变小,因此振动注模成型易于进行。

据称,这种工艺适合于连续式全封闭生产,可减少外部杂质的影响。该成型方法可实现连续化生产,并且可成型形状复杂的陶瓷部件,但素坯强度较低,脱模时坯体易开裂和变形。

当今,高性能陶瓷的成型技术及其理论的研究受到人们的高度重视,各种陶瓷成型技术都有各自的优点和局限性。根据近几年国内外的研究开发情况和发展趋势,可以看出,采用低黏度、高固相含量粉体浆料的原位固化方法和纳米陶瓷成型技术有望成为今后高性能陶瓷成型技术发展的主要方向。

## 10.4 先进陶瓷的烧结

当配料、混合、成型等工序完成后,烧结(Sintering)可使材料获得预期的显微结构,是赋予材料各种性能的关键工序。

随着温度的升高和时间的延长,固体颗粒相互键联,晶粒长大,空隙(气孔)和晶界渐趋减少,通过物质传递,其总体积收缩,密度增加,最后成为坚硬的、具有某种显微结构的多晶烧结体,这种现象称为烧结。在热力学上,所谓烧结,是指系统总能量减少的过程。在烧结过程中,随着温度的升高和热处理时间的延长,气孔不断减少,颗粒之间的结合力不断增加。当达到一定温度和一定热处理时间后,颗粒之结合力呈现极大值。超过极大值后,就出现气孔微增的倾向,同时晶粒增大,机械强度减小。

### 10.4.1 烧结的动力

纯氧化物或化合物粉体,经成型得到的生坯,颗粒间只有点接触,强度很低。虽在烧结时既无外力又无化学反应,但通过烧结,却能使点接触的颗粒紧密结成坚硬而强度很高的瓷体,它的推动力是什么?从热力学的观点看,烧结是一种自由能下降的过程。烧结的推动力主要是来自粉粒表面自由能的降低。此外,位错、结构缺陷、弹性应力等的消失,以及外来杂质的排除等,亦将使体系自由能降低,故也是烧结次要的推动力。

与块状物相比,粉体具有很大的比表面积,这是外界对粉体做功的结果。外界消耗的机械能或化学能,其中有一部分将作为表面能而贮存在粉体中。另外,在粉体的制备过程中,会引起粉粒表面及其内部出现各种晶格缺陷,使晶格活化。由于这些原因,粉体显然具有较高的表面自由能。与块状物相比,粉体处于能量不稳定状态。任何系统都有向最低能量状态发展的趋势。因此,粉体的过剩表面能就成为烧结过程的主要推动力(烧结后总比表面积可降低 3 个数量级以上)。烧结是一个不可逆过程,烧结后系统将转变为热力学更为稳定的状态。

陶瓷粉体的表面能一般低于 4 180 J·mol$^{-1}$,与化学反应过程中能量变化可达十几万焦耳每摩的能量相比,这个烧结推动力确实很小,因此烧结不能自动进行,必须对粉体加高温,才能使之转变为烧结体。

### 10.4.2 烧结过程中的物质传递

烧结过程除了需要推动力外,还必须有物质的传递过程,这样才能使气孔逐渐得到填充,使坯体由疏松变得致密。许多学者对烧结过程中物质传递方式和机理进行了研究,提出了多种见解,目前主要有四种看法:①蒸发和凝聚;②扩散;③黏滞流动与塑性流动;④实际烧结过程中的物质传递现象颇为复杂,不可能用一种机理来说明一切烧结现象。多数学者认为,在烧结过程中可能同时有几种传质机理在起作用,但在一定条件下,某种机理占主导地位,条件改变,起主导作用的机理有可能随之改变。下面介绍前两种传质机制。

(1)蒸发和凝聚

在高温下具有较高蒸气压的陶瓷系统,在烧结过程中,由于颗粒之间表面曲率的差异,造成各部分蒸气压不同。很显然,蒸气压与表面活性即表面形状有关。例如,凸曲面活性大,则其相邻空间的平衡蒸气压高,凹面则相反。物质从蒸气压较高的凸曲面蒸发,通过气相传至凹曲面处(两颗粒间的颈部)凝聚。这样就使颗粒间的接触面积增加,颗粒和气孔的形状改变,导致坯体逐步致密化。

(2)扩散

在高温下挥发性小的陶瓷原料,其物质主要是通过表面扩散和体积扩散进行传递,烧结是通过扩散来实现的。

实际晶体中往往存在许多缺陷,当缺陷出现浓度梯度时,它就会由浓度高的地方向浓度低的地方作定向扩散。晶体中的缺陷越多,离子迁移就越容易。

离子的扩散和空位的扩散都是物质的传递过程,研究扩散引起的烧结,一般可用空位扩散的概念来描述。如前所述,两个球状颗粒接触处的颈部凹曲面表面自由能最低,因此容易产生空位,空位浓度最大,可以说颈部是个空位源。另外,晶粒内部的刃型位错也可以视为空位源。空位由空位源通过各种不同的途径向浓度较低的地方扩散并消失掉。由此可见,在颈部的晶粒内部存在着一个空位浓度梯度,这样物质可以通过体扩散、表面扩散和晶界扩散向颈部作定向传递,使颈部不断得到长大,从而逐渐完成烧结过程。图10.12是先进陶瓷的烧结过程示意图。

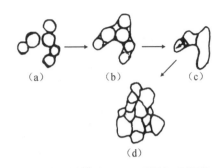

(a) 颗粒间松散接触; (b) 颗粒间形成颈部;
(c) 晶界向小晶粒方向移动; (d) 颗粒互相堆积形成多晶体。

图10.12　先进陶瓷的烧结过程示意图

正确地选择烧结方法是使陶瓷具有理想结构及达到预定性能的关键。传统的方法有常压烧结和热压烧结,随着科学技术的发展,已经形成了反应热压烧结、反应烧结等新方法。这里对这两种烧结进行简单介绍。

### 10.4.3　反应热压烧结

反应热压烧结是近年来迅速发展的新的原位合成工艺。该技术制备的材料具有很好的热力学稳定性,并且不会出现传统工艺制备材料时可能存在的物理、化学反应而使物相失去所设计的性能问题。所谓反应热压烧结,就是针对高温下在粉料中可能发生的某种化学反应过程,因势利导,加以利用的一种热压烧结工艺。也就是指,在烧结传质过程中,除利用表面自由能下降和机械作用力推动外,再加上一种化学反应能作为推动力或激活能,以降低烧结温度,亦即降低了烧结难度以获得致密陶瓷。

从化学反应的角度看,反应热压烧结可分为相变热压烧结、分解热压烧结,以及分解合成热压烧结三种类型。从能量及结构转变的过程看,在多晶相变或煅烧分解过程中,通常都有明显的热效应,质点都处于一种高能、介稳和接收调整的超可塑状态。此时,促使质点产生跃迁所需的激活能,与其他状态相比要低得多。利用这一点,当烧结进行到这一时期,施加足够的机械应力,以诱导、触发、促进其转变,质点便可能顺利地从一种高能介稳态转变到另一种低能稳定态,可降低工艺难度,完成陶瓷的致密烧结。其特点是热能、机械能、化学能三者缺一不可,紧密配合,促使转变完成。

黄小萧等人以铝粉、石墨粉和有机物聚碳硅烷(PCS)为原料,通过原位反应热压烧结法制备了不同$Al_4SiC_4$含量的$Al_4SiC_4/C$复合陶瓷(图10.13),其反应方程式为:

$$4Al + SiC + (x+3)C \longrightarrow Al_4SiC_4 + xC$$

其中,$x$ 为 C 的体积分数:(a)90%;(b)80%;(c)70%;(d)60%;(e)50%。

制备 $Al_4SiC_4/C$ 复合陶瓷所需的材料采用两步烧结法制备,首先是原始粉料的预煅烧(1 100 ℃/30 min/Ar),在预煅烧中首先完成先驱体 PCS 的裂解。聚碳硅烷转化为纳米 SiC 的主要步骤为:在 500 ℃ 以前发生低相对分子质量物质的蒸发、键的断裂和缩合,在 800 ℃ 前除 Si—C 键外其他键(如 Si—H、C—H 等)的断裂,然后发生 Si—C 键断裂并出现纳米 SiC,当温度高于 1 000 ℃ 时,SiC 晶粒开始长大。先驱体 PCS 裂解的纳米或亚微米 SiC 粉末粒径小、比表面积大、界面原子数多、存在大量的悬键和不饱和键,具有较高的烧结活性,可促进反应烧结,降低反应温度。预煅烧过程中,除有机物 PCS 完成无机化转变外,还发生了下述反应:

$$Al(s) \longrightarrow Al(l)$$
$$4Al + 3C \longrightarrow Al_4C_3$$

煅烧后的粉末含有 SiC、$Al_4C_3$ 和石墨相。将预煅烧后的粉末进行反应热压烧结(2 000 ℃/60 min/25 MPa/Ar),得到了不同 $Al_4SiC_4$ 含量的 $Al_4SiC_4/C$ 复合陶瓷。图 10.13 是不同含量 $Al_4SiC_4$ 热压烧结的复合材料的 XRD 图谱,可以看出,除主相 $Al_4SiC_4$ 外,2 000 ℃ 反应热压烧结的样品中还检测到了少量 $Al_4Si_2C_5$ 相,这是由于在高温时 $Al_4SiC_4$ 的分解所致。通过 XRD 分析可以认为,所加入的原材料按设计转化为新相,组织观察表明两相均存在不同程度的团聚现象,$Al_4SiC_4/C$ 复合陶瓷的力学性能随着 $Al_4SiC_4$ 含量的增加而逐渐升高。

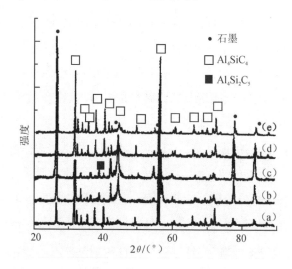

图 10.13 热压烧结不同含量 $Al_4SiC_4$ 试样的 XRD 图谱

清华大学的曾照强等人以 TiN、Al 和 BN 为原料，通过反应热压法制备了 TiB$_2$/AlN 复合陶瓷，此法主要依据如下化学反应：

$$3Al(s) + 2BN(s) + TiN \longrightarrow 3AlN(s) + TiN_2(s)$$

反应自由能 $\Delta G_T^\ominus = -395\,915 + 133.23T$ $(J \cdot mol^{-1})$。

当 $\Delta G_T^\ominus = 0$ 时，$T = 2\,971.67$ K。当 $T > 2\,971.67$ K 时，$\Delta G_T^\ominus > 0$；当 $T < 2\,971.67$ K 时，$\Delta G_T^\ominus < 0$，即在温度低于 $2\,971.67$ K 时，在热力学上 TiN、Al、BN 可以发生化学反应生成 TiB$_2$ 和 AlN。

根据原料的组成判断，在反应热压过程中，可能会发生以下几个反应：

$$Al(s) + BN(s) \longrightarrow AlN(s) + B(s) \quad \Delta G_1^\ominus = -65\,705 + 39.46T \tag{10-4}$$

当 $\Delta G_1^\ominus = 0$ 时，$T = 1\,665.10$ K，即在温度低于 $1\,665.10$ K 时，反应方程式(10-4)在热力学上可以进行；

$$Al(s) + TiN(s) \longrightarrow AlN(s) + Ti(s) \quad \Delta G_2^\ominus = 19\,995 + 33.81T \tag{10-5}$$

当 $\Delta G_2^\ominus = 0$ 时，$T = -591.39$ K，因而反应方程式(10-5)在热力学上无法进行；

$$2B(s) + TiN(s) \longrightarrow TiB_2(s) + \frac{1}{2}N_2(g) \quad \Delta G_3^\ominus = 51\,800 - 72.76T \tag{10-6}$$

当 $\Delta G_3^\ominus = 0$ 时，$T = 711.93$ K，即温度高于 $711.93$ K 时，反应方程式(10-6)在热力学上可以进行；

$$Al(s) + \frac{1}{2}N_2(g) \longrightarrow AlN(s) \quad \Delta G_4^\ominus = -316\,305 + 127.07T \tag{10-7}$$

当 $\Delta G_4^\ominus = 0$ 时，$T = 2\,489.22$ K，即在温度低于 $2\,489.22$ K 时，反应方程式(10-7)在热力学上可以进行。

综合以上的计算，可以判断反应按照以下三步进行：

第一步　　$Al(s) + BN(s) \longrightarrow AlN(s) + B(s)$

第二步　　$2B(s) + TiN(s) \longrightarrow TiB_2(s) + \frac{1}{2}N_2(g)$

第三步　　$Al(s) + \frac{1}{2}N_2(g) \longrightarrow AlN(s)$

图 10.14 是原料在不同温度下烧结产物的 X 射线衍射分析结果。可以看出,原料从 900 ℃开始反应直到 1 500 ℃,中间过渡相逐渐消失,$TiB_2$ 和 AlN 相逐渐增加,但反应尚未完全,产物中还有少量的原料存在。在 1 400 ℃烧结产物和 1 500 ℃烧结产物的 X 射线图谱上,均发现了原料 BN 和 TiN 的衍射峰,而在 1 700 ℃及 1 800 ℃烧结产物的 X 射线图谱上只有 $TiB_2$ 和 AlN 的衍射峰,说明在 1 700 ℃左右,原料已完全反应。产物为 AlN 和 $TiB_2$,完全反应烧结的产物相具有很高的致密度,晶粒细小且分布比较均匀,具有比机械混合法好的显微结构。

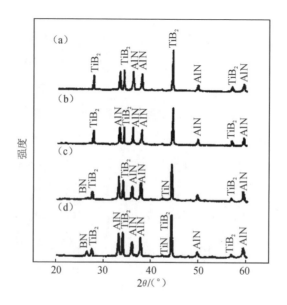

(a) 1 800 ℃,0.5 h;(b) 1 700 ℃,0.5 h;
(c) 1 500 ℃,1 h;(d) 1 400 ℃,1 h。

图 10.14 不同温度下烧结产物的 X 射线衍射分析

### 10.4.4 反应烧结

反应烧结(反应成型)是通过多孔坯体同气相或液相发生化学反应,使坯体质量增加,孔隙减小,并烧结成为具有一定强度和尺寸精度的成品的工艺,同其他烧结工艺比较,反应烧结有如下几个特点:

①反应烧结时,质量增加,普通烧结过程也可能发生化学反应,但质量不增加。

②烧结坯件不收缩,尺寸不变,因此,可以制造尺寸精确的制品。

③在普通烧结过程中,物质迁移发生在颗粒之间,在颗粒尺度范围内。而反应烧结的迁移过程发生在长距离范围内,反应速率取决于传质和传热过程。

④液相反应烧结工艺在形式上同粉末冶金中的熔浸法类似,但是,熔浸法中的液相和固相不发生化学反应,也不发生相互溶解,或只允许有轻微的溶解度。

通过气相的反应烧结陶瓷有反应烧结氮化硅(RBSN)和氮氧化硅 $Si_2ON_2$。通过液相反应烧结陶瓷有反应烧结碳化硅。气相反应烧结氮氧化硅的坯件由 Si、$SiO_2$ 和 $CaF_2$(或 CaO、MgO 等玻璃形成剂)组成,在反应烧结时,CaO、MgO 等同 $SiO_2$ 形成玻璃相。氮溶解入熔融玻璃中生成 $Si_2ON_2$,$Si_2ON_2$ 晶体从氮饱和的玻璃相中析出。气相反应烧结氮化硅是硅粉多孔坯体在 1 400 ℃左右与氮气反应形成的。

下面以 SiC 陶瓷为例介绍反应烧结。

**1. 传统制备工艺**

通过液相反应烧结 SiC(Reaction Bonded Silicon Carbide,RBSC)是一种近乎完全致密的工程陶瓷,最初是由 Popper 在 20 世纪 50 年代提出。传统的反应烧结制备 SiC 的基本过程是:将一定比例的 SiC 粉、C 粉进行混合,通过成型制成有一定孔隙率的坯体,在惰性气氛中进行高温渗 Si,当温度高于 Si 的熔点(1 410 ℃)时,熔融 Si 会在表面张力的作用下沿着毛细管渗入坯体中,与坯体中的 C 反应生成新的 β-SiC,反应完成后剩余的气孔会由液相 Si 填充,最终形成几乎致密的烧结体。其工艺流程如图 10.15 所示。

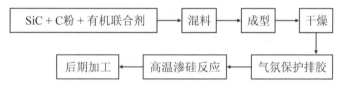

图 10.15 SiC 陶瓷反应烧结工艺流程图

游离 Si 的存在,使其室温抗弯强度为 200~600 MPa,但其断裂韧性仅为 2~4 MPa·$m^{1/2}$,而且当温度升至 Si 的熔点以上时,力学性能急剧下降。即使在低温下,由于失效裂纹常在 SiC/Si 界面上产生并沿之扩展,因而游离 Si 的存在对其性能也有不良影响。因此,传统反应烧结 SiC 陶瓷常用在对强度、硬度、抗疲劳性能、抗蠕变性能要求较高而对断裂韧性要求不高的场合,如腐蚀介质或高温气体用的喷嘴。

另外,传统的 RBSC 制备过程能耗大、成本高,原料中大量使用 SiC 粉,造成烧结时间长、温度高,且材料的可靠性不高、均匀性低。因此需要通过对工艺进行优化和改进,以改善其性能。

**2. 新型制备工艺——全 C 素坯反应烧结工艺**

有人提出了一种全 C 素坯反应烧结工艺,如图 10.16 所示。在有些资料中,该工艺也被称为 Hucke 工艺。

C 素坯由聚合物裂解制成,结构均一,具有适当体积的微孔和微孔间的通道,与 Si 有良好的反应活性。烧结后材料抗弯强度可达 600~800 MPa,大大超过了传统反应烧结法制备的 SiC 陶瓷的抗弯强度。具体的工艺过程为:首先将三乙烯基乙二醇、二羟基乙烯基醚与糠醇树脂按一定比例混合,机械搅拌后得到均匀的单相溶液,在有机酸的催化作用下,分离成富乙二醇相和富糠醇相,富糠醇相在低温加热过程中随着乙二醇的挥发而逐渐固化,当温度进一步升高时固化的糠醇相在氢气保护下发生热解,得到多孔 C 生坯。

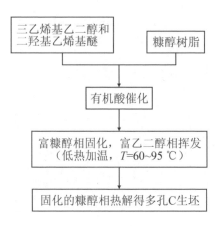

图 10.16 反应烧结微孔玻璃 C 预制体制备工艺流程图

Hucke 工艺制备多孔生坯的突出优点是:可以通过控制化学反应中组分、浓度和温度等条件,比较精确地控制碳质骨架的结构。和用研磨、混合、粒度级配等机械操作方法制备的骨架结构相比,这种方法制备的骨架结构要均匀得多,可以得到高性能的反应烧结碳化硅制品。但是这种工艺也存在自身的缺点,如原料价格昂贵、成本高,坯体前期制备工艺过程复杂,有机物的制备和热解过程中易放出大量的有毒气体,难以实现大规模的工业化生产。

Yet-Ming Chiang 等人利用 Huck 法制备树脂热解微孔 C 预制体,并使用熔融合金反应生成耐高温的硅化物来置换制品中的残余 Si,消除其不利影响,如图 10.17 所示。研究发现,当 C 颗粒为杆状且大小为 1 μm 时,SiC 陶瓷性能最好,抗弯强度可达 500~700 MPa。

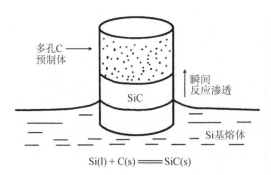

图 10.17 多孔 C 预制体渗 Si 制备反应烧结 SiC 示意图

**3. 新型制备工艺——合金熔渗和金属增韧**

采用合金浸渗,即金属与 Si 形成合金进行熔渗,可以降低反应烧结所得制品中游离 Si 的含量,同时引入的韧性金属合金作为第二相,能较好地改善材料的韧性。Si 合金中含有可与 Si 形成高熔点化合物的元素,使用最多的是 Si-Mo 合金,其他还有 Si-Nb 合金、Si-Ti 合金、Si-Ta 合金。用 Si 相合金作浸渗剂,对素坯进行反应渗透,可以获得含有 $MoSi_2$ 耐火相的复合材料。由于材料中部分剩余 Si 被耐火 $MoSi_2$ 取代,其使用温度可达 1 800 ℃。有研究表明,用合金取代 Si 浸渗坯体能够减少烧结体中游离 Si 的含量,提高材料的使用温度。但是关于合金浸渗坯体实际的反应过程尚不清楚,目前的技术还无法使游离 Si 完全转化为高温相。而且该工艺要求事先将 Si 用耐高温金属饱和以保证熔体进入坯体,这样就增加了工艺的复杂性。另外,由于反应渗入过程中产生的热应力,还有因两相热膨胀系数的不同而产生的应力导致材料中存在缺陷,使机械强度降低。

使用合金是为了控制润湿和液相的渗入,多数液态金属在 C 表面有高的接触角,因此,在渗入时需要加压力以保证反应的进行。但由于 Si 与 C 在一起时所表现出来的活性,使得熔融 Si 可以自发渗入到多孔体中,而纯 Al、Cu 等则不行,只有它们与 Si 的合金才能实现自发的熔渗。

**4. 反应烧结 SiC 机理**

到目前为止,关于反应烧结碳化硅的机理的报道很多,总结起来主要有以下三种:扩散控制机理、界面控制机理和溶解-再沉淀机理。下面对三种机理进行简单的介绍。

(1)溶解沉淀机理

图 10.18 为 Si-C 二元相图。结合 Si-C 相图,在通常的反应烧结 SiC 制备工艺中,Si 相对 C 是过量的,因此体系初始组成点位于 Si-C 相图的富 Si 区。当体系温度上升到 Si 熔点时,Si 熔融成液相,并在素坯中由气孔形成的毛细管力作用下渗入素坯。Pampuch,Sawyer 等人认为,液 Si 与固态 C 相接触时首先发生 C 在液态 Si 中的溶解反应,此过程为放热过程(溶解热为 $-247 \text{ kJ} \cdot \text{mol}^{-1}$),可引起溶解区域的温度升高。由于 C 在 Si 中的溶解度随温度升高而增大,能促进 C 的固溶。溶解的 C 可能以 C、C-Si、C-$Si_4$、$SiC_4$ 等形式存在,均可自由扩散。同时,SiC 从液态 Si 中的析出为吸热反应。所以在 C 的溶解处温度高,C 浓度大,这样在反应烧结体的局部形成了很大的温度和浓度梯度。C 从浓度较高区向较低区扩散,并在温度较低的区域溶解度达到饱

和，优先在固体 C 表面的缺陷处沉淀形成 $\beta$-SiC 晶粒。而高温区的 C 不断溶解，直至溶完，所析出的 $\beta$-SiC 可能在素坯中原有的 $\alpha$-SiC 颗粒表面定向生长，也可能在液态 Si 中均匀成核、生长。C 溶解完毕后，烧结体内局部高温区消失，液相中的 C 过饱和，SiC 析出，直到过饱和消除。图 10.19 为 C 溶解、沉淀形成 SiC 以及 SiC 晶粒长大的过程示意图。由图可知，新生的 $\beta$-SiC 晶粒随机分布，相匀且独立，并通过固态 C 进一步溶解，以及在新生 SiC 晶粒表面上的沉积并实现晶粒长大，其增长速度与时间呈线性关系。

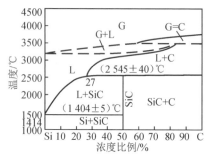

图 10.18  Si-C 二元相图

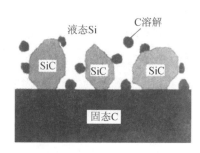

图 10.19  溶解沉淀机理形成 SiC 的示意图

（2）扩散控制机理

众多研究者在各自的实验中均发现，在基体上可最终形成连续的 SiC 层，如图 10.20 所示。液态 Si 与 C 接触的瞬间形成了 SiC 层，并将 Si 和 C 分开，随后 SiC 的生长只能通过 Si 和 C 在 SiC 层中的扩散来实现，Hon 等人的研究表明，高温下 Si 和 C 在 SiC 中的自扩散行为受空位机制控制。在 SiC 晶体内 C 的扩散速率比 Si 的扩散速率快 50～100 倍，

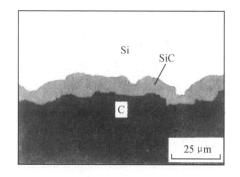

图 10.20  SiC 表面形成的连续的 SiC 层

而 C 在 SiC 晶界的扩散速率是其在晶内扩散速率的 105～106 倍，因此，可以认为 C 在 SiC 晶界的扩散速率成为 SiC 生长的控制因素。

（3）界面控制机理

Favre 等人通过实验发现，Si 与 C 反应除了在 C 基体表面上形成连续的 SiC 层外，还在 Si 中存在孤立的 SiC 颗粒，如图 10.21 所示。图中孤立 SiC 颗粒的形成不能用上面的两种机理给出合理的解释。Favre 等人认为，由于新生的 SiC 颗粒之间存在很大的压应力，导致部分的 SiC 颗粒从 C 基体表面脱落，进入液 Si 中，并促进了新 SiC

在 C 基体上继续生长。李冬云等人认为,孤立的 SiC 颗粒是在冷却阶段由过饱和 C 在液态 Si 中通过均匀成核和长大形成的,其大小与反应时间无关。Hase 和 Suzuki 没有发现在 C 颗粒和 Si 界面上存在连续的反应产物层。由于 SiC 和 C 之间的体积失配,二者界面上的反应产物层迅速崩裂,因此他们认为,反应烧结 SiC 的过程受 C 和 Si 之间界面反应的限制。

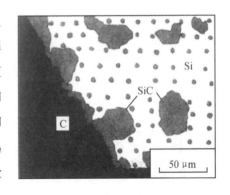

图 10.21 硅化 7 min 后在 Si 中形成孤立 SiC 颗粒层

通过上面的分析可以看出,Si/C 反应在不同阶段受不同机理控制,起始阶段反应在固态 C 与液态 Si 界面进行,SiC 的生长受溶解沉淀机理控制,生长的速率与反应时间成正比;当固态 C 表面形成连续的 SiC 层后,反应发生在 SiC/Si 界面,反应速率受 C 在 SiC 层中的扩散控制随之降低;Si 基体中孤立 SiC 颗粒的大小与反应时间无关,它们受界面的应力作用或冷却过程等因素的影响。

综上所述,陶瓷的制备工艺是一个综合的物理与化学过程,但其中更多涉及化学问题。近十余年来,陶瓷材料制备工艺进展特别迅速,新的工艺方法不断涌现。除了上述介绍的烧结方法外,还有诸如放电等离子烧结、微波烧结、激光辅助自蔓延高温合成技术、化学气相沉积法和溅射法等原位反应合成烧结技术。21 世纪的材料研究更多地趋向于多学科的跨越、多相材料,诸如陶瓷/金属、陶瓷/聚合物、金属/聚合物,它们各自的精细复合将是新材料开拓的方向。以陶瓷的制备工艺为基础,再结合其他材料的工艺方法,是适应开拓新材料工艺的捷径和有效途径。化学合成的可变性和适应性的特征,使它更有利于多相材料初始原料的合成和更容易满足结构设计上的要求。材料发展的另一个趋向是按照使用上的要求对材料的性能进行剪裁或设计。这就要求对材料的组成、显微结构和相应的制备工艺进行设计。在这个过程中,化学合成和化学过程的运用显然是不可避免的。制备化学作为材料的工艺基础也是不言而喻的。制备化学的发展为材料工艺的发展开拓思路并提供应用基础,材料工艺的发展为制备化学提供更多的研究命题,两者具有很明显的相辅相成的关系。

## 10.5 先进陶瓷的制备举例

### 10.5.1 透明氧化铝陶瓷的制备

**1. 概述**

透明陶瓷(Transparent ceramics)是在20世纪50年代末60年代初发展起来的。透明陶瓷不仅具有陶瓷固有的耐高温、耐腐蚀、高绝缘、高强度等特性,还兼有玻璃的光学性能,因此得到广泛应用和迅速发展。

由于对光产生反射和吸收损失,陶瓷一般是不透明的。造成这些损失的原因是陶瓷体内的气孔、杂质、晶界、晶体结构对透光率的影响。

要使陶瓷透明,前提是使光能通过。入射到陶瓷体上的光,一部分表现为表面的反射和内部的吸收,剩下的就成为透射光。因此,希望陶瓷透明,陶瓷的反射和吸收要越少越好。而晶粒直径与入射光波长相同时则散射最大。

要使陶瓷具有透光性,必须具备下列条件:

①致密度要高(为理论密度的99.5%以上)。
②晶界上不存在空隙或空隙大小比光的波长小得多。
③晶界没有杂质及玻璃相或晶界的光学性质与微晶体之间差别很小。
④晶粒较小而且均匀,其中没有空隙。
⑤晶体对入射光的选择吸收很小。
⑥无光学各向异性,晶体结构最好是立方晶系。
⑦表面光洁度高。

在上述条件中,最关键的是获得致密并且具有小而均匀的晶相。

**2. 制备工艺原理**

透明氧化铝陶瓷(Transparent alumina ceramics)的最大特点是对可见光和红外光有良好的透过性,透明氧化铝陶瓷最早由美国的通用电器公司研究成功。透明氧化铝陶瓷制作的关键,是如何控制氧化铝以体积扩散为烧结机制的晶粒长大过程。若在烧结过程中晶粒生长过快就会产生晶界裂缝,许多气孔被晶粒包围。而且当晶粒生长速度大于气孔的移动速度时,晶体内部包裹的气孔更不易排除。实践表明,加入的某些微量添加剂具有抑制晶粒长大的作用。例如,加入适量的 MgO,能获得透明氧化铝陶瓷。由于加入 MgO,形成 $MgAl_2O_4$ 尖晶石相,并在 $Al_2O_3$ 晶界表面析出,阻止晶界过快迁移,而且 MgO 在高温下比较容易挥发,能防止形成封闭气孔,因此限制了氧化铝晶粒的长大。但随着 MgO 含量的增加,由于生成过多的镁铝尖晶石第二相,从而增加了对光的散射率,降低了其透光性。所以,MgO 的加入量一般为 0.1%~0.5%。

用不同波长的单色光通过透明氧化铝陶瓷证明,当气孔大小与波长相等时,光透射率最小。说明气孔的平均尺寸是制作透明陶瓷应该控制的重要因素。在工艺上,$Al_2O_3$ 的纯度、细度、成型方法、烧结气氛等,对其透光率也有影响。例如对烧结来说,在氢气(或真空)中烧结,由于氢气渗入坯体,在封闭气孔中,氢气的扩散速度比其他气体大,容易通过 $Al_2O_3$ 坯体,气孔比较容易排除气体,从而提高其透光率。

**3. 工艺方法**

在透明氧化铝陶瓷生产中,原料一般用高纯度的 $Al_2O_3$(纯度在 99.9% 以上),这种 $Al_2O_3$ 通常是采用分解硫酸铝铵来制备。分解过程如下:

$$Al_2(NH_4)_2(SO_4)_4 \cdot 24H_2O \xrightarrow{100 \sim 200 \ ℃} Al_2(SO_4)_3(NH_4)_2SO_4 \cdot H_2O + 23H_2O \uparrow$$

$$Al_2(SO_4)_3(NH_4)_2SO_4 \cdot H_2O \xrightarrow{500 \sim 600 \ ℃} Al_2(SO_4)_3 + 2NH_3 \uparrow + SO_3 \uparrow + 2H_2O \uparrow$$

$$Al_2(SO_4)_3 \xrightarrow{800 \sim 900 \ ℃} Al_2O_3 + 3SO_3 \uparrow$$

配方中 MgO 是以 $Mg(NO_3)_2$ 的形式加入硫酸铝铵中,共同加热分解,这样可获得均匀分布、活性较大的 MgO。

上面分解制备的 $Al_2O_3$,一般为 $\gamma$-$Al_2O_3$。为了提高 $Al_2O_3$ 原料的稳定性,减少收缩,再将所得的 $\gamma$-$Al_2O_3$ 进行预烧,使之转化为 $\alpha$-$Al_2O_3$,预烧温度为 1 300 ℃。因转化不完全,故还存在一部分 $\gamma$-$Al_2O_3$,这样可提高反应活性,促进烧结。

工艺流程是常温成型、高温烧结,一般采用注浆法和等静压法。浆料的 pH 值保持在 3.5 左右,流动性较好。成型后的密度应大于理论密度的 85%,才能获得良好的透明陶瓷,烧结在氢气或真空条件下,在 1 700~1 900 ℃进行。美国的"Lucalox"透明氧化铝陶瓷,采用二次烧结法,将含有 0.5% MgO 的 $Al_2O_3$ 粉末成型后,先在 1 000~1 700 ℃氧化气氛中烧 1 h,然后在真空或氢气中于 1 700~1 950 ℃烧结。如果采用热等静压制备透明氧化铝陶瓷,其性能将会更好。

**4. 性能和用途**

透明氧化铝陶瓷的最大特点是对可见光和红外光有良好的透过性,此外,还具有高温强度大、耐热性好、耐腐蚀性强的特点。透明氧化铝陶瓷可以用作熔制玻璃坩埚及某些场合代替铂金坩埚等。由于能透过红外光,因此,透明氧化铝陶瓷可用作红外检测窗口材料和钠光灯管材料。此外,在电子工业中还可用作集成电路基片和高频绝缘材料以及结构材料等。

### 10.5.2 金属陶瓷的制备

**1. 概述**

金属陶瓷(Cermet)是一种由金属或合金同陶瓷所组成的非均质的复合材料。金属与陶瓷各有优缺点。一般来说金属及其合金的热稳定性、延展性好,但在高温下易氧化和蠕变;陶瓷脆性大、热稳定性差,但耐火度高、耐腐蚀性强。金属陶瓷就是把二者结合成整体,具有高硬度、高强度、耐腐蚀、耐磨损、耐高温和膨胀系数小等优点。可作为工具材料、结构材料、耐热、耐腐蚀材料,在不同的工业部门得到了广泛使用,并且收到了显著的技术经济效果。

金属陶瓷中的陶瓷相通常是由高熔点的化合物组成,大致分类如下:

①氧化物:$Al_2O_3$、$ZrO_2$、$MgO$。

②碳化物:$TiC$、$SiC$、$WC$。

③硼化物:$TiB_2$、$ZrB_2$、$CrB_2$。

④氮化物:$TiN$、$BN$、$Si_3N_4$、$TaN$。

作为金属相原料为纯金属及其合金粉末有 Ti、Cr、Ni。

**2. 制备原则**

为了使金属陶瓷同时具有金属和陶瓷的优良特性,首先必须有一个理想的显微结构。为此,需掌握下面三条主要原则。

(1) 金属对陶瓷的润湿性要好

金属与陶瓷颗粒间的润湿能力是衡量金属陶瓷组织结构与性能优劣的主要条件之一。润湿力愈强,则金属形成连续相的可能性愈大,而陶瓷颗粒聚集成大颗粒的趋向就愈小,金属陶瓷的性能就愈好。

改善两相的润湿性,通常可采用如下几种方法:

①在金属陶瓷中加入第二种多价金属,其点阵类型要求与第一种金属相同。例如在 $Al_2O_3$-Cr 中加入 Mo;以 Fe、Ni 作结合剂的金属陶瓷中分别加入 Ti 或 Cr 均有好

的效果。也可通过提高陶瓷组成的细度、分散度及表面缺陷来达到增加它的表面能,从而改善它们的润湿性。

②加入少量其他氧化物,如 $V_2O_5$、$MoO_3$、$WO_3$ 等,其熔点应比金属陶瓷的烧结温度低,又能被氢还原成高熔点金属。

③在氧化物基的金属陶瓷中,烧结后生成的氧化物与金属陶瓷中的氧化物能互相适应,则润湿性好。

(2) 金属相与陶瓷相应无剧烈的化学反应

金属陶瓷烧结时变化之一是在两相的界面上生成新的陶瓷相。例如氧化物金属陶瓷在两相间生成中间氧化物或固溶体。$Cr-Al_2O_3$、$Ni-MgO$、$Co-MgO$ 分别生成 $Cr_2O_3-Al_2O_3$、$NiO-MgO$、$CoO-MgO$ 固溶体。如果反应剧烈则金属相不以纯金属状态存在而成为化合物,因而使金属陶瓷变为化合物的聚合体,这样则无法利用金属相改善陶瓷抵抗机械冲击的作用。

高温下的另一个反应为陶瓷相或其中一个组分溶解于金属相中。通过溶解与沉淀过程,使陶瓷相均匀分布,从而改善制品的性质。但溶解作用过大或出现低熔点,则又降低金属陶瓷的高温强度。

(3) 金属相与陶瓷相的膨胀系数相差不可过大

两相的膨胀系数相差过大,会降低金属陶瓷的热稳定性,破坏强度较差的相。实践证明,当系统中两相膨胀系数差额达 $10 \times 10^{-6}/℃$ 时,制品会被破坏,而差值为 $5 \times 10^{-6}/℃$ 时,则制品尚能承受。又如 TiC-Ni 金属陶瓷,TiC 的膨胀系数为 $8.31 \times 10^{-6}/℃$,而 Ni 的膨胀系数达到 $17.1 \times 10^{-6}/℃$,两者相差一倍多,这种材料的热稳定性显然会差一些。

**3. 制备工艺(以碳化钨基金属陶瓷为例)**

(1) 碳化钨粉的制备

以三氧化钨($WO_3$)为原料,经还原制得金属钨粉。生产细颗粒和中颗粒的钨粉,一般均采用二次还原。

$$WO_3 + 3H_2 \xrightleftharpoons{300 \sim 350\ ℃} W + 3H_2O$$

将制得的钨粉与炭黑混合,球磨罐和磨球都采用不锈钢材质。钨、炭混合均匀后方可进行碳化,碳化过程在 $H_2$ 或 $CO_2$ 气氛中进行。

在 $H_2$ 气氛中:

$$2C + H_2 \rightleftharpoons C_2H_2$$

$$C_2H_2 + 2W \rightleftharpoons 2WC + H_2$$

在 $CO_2$ 气氛中：

$$C + CO_2 \rightleftharpoons 2CO$$

$$2CO + W \rightleftharpoons WC + CO_2$$

碳化温度一般为 1 300~1 800 ℃。碳化后在球磨机中进行破碎，根据所需粒度范围进行过筛。

(2) 金属粉末的选择

若采用金属钴、铁、镍粉，一般用氧化还原法制得。由于铁、钴、镍极易氧化，因此，还原后在出炉前必须彻底冷却，出炉后应在充有 $CO_2$ 容器内保存。

(3) 混合料的制备

制备混合料的目的，在于使碳化物和黏结金属粉末混合均匀，并且将它们进一步磨细。金属陶瓷的性能，在很大程度上取决于混合料的制备方法。为了防止混合料的氧化，粉末是放在有机液体(乙醇、丙酮等)内进行湿磨。另外，湿磨后的混合料也可采用喷雾干燥、离心分离、水浴真空蒸馏等方法除去杂质。

(4) 成型

一般采用干压、注浆、挤压、等静压、热压等方法。干压法成型时，目前普遍使用合成橡胶和石蜡作润滑剂(黏合剂)。采用石蜡作润滑剂时，虽能使压制时有良好的润滑性和可压制性，并且在烧结时可以从坯料中挥发而不残留任何杂质，但是，压制品的强度较低，在大量生产中极易造成废品。而采用合成橡胶作润滑剂时，可以弥补上述问题。

(5) 烧结

金属陶瓷在空气中烧结往往会氧化或分解，所以必须根据坯料性质及成品质量控制炉内气氛，使炉内气氛保持真空或还原气氛。烧结一般在碳管电炉、钼丝电炉、高频真空炉中进行。

### 10.5.3 铅系复合钙钛矿型弛豫铁电体的制备

**1. 概述**

钙钛矿型铁电材料的发展始于第二次世界大战中 $BaTiO_3$ 的发现。随着电子信息集成电路和表面组装技术的发展，陶瓷电容器，特别是高比容的多层陶瓷电容器(Multi-layer Ceramic Capacitors, MLCC)的市场需求量与日俱增。以 $BaTiO_3$ 为介质材料的 MLCC，由于烧结温度较高(1 200~1 300 ℃)，需要使用大量贵金属如钯、铂等作为内电极材料,一般内电极成本约占 MLCC 总成本的 60% 以上,这使 MLCC 的发展受到了影响。为了提高多层电容器的电容体积比,降低元器件的成本,长期以来,人们的研究工作集中于寻找低温烧结且介电常数非常高的介质材料。由于铅系复合钙钛矿型弛豫铁电体,如 $Pb(Mg_{1/3}Nb_{2/3})O_3$(PMN)、$Pb(Zn_{1/3}Nb_{2/3})O_3$(PZN)等,具有很高的介电常数、较低的电容温度变化率、相对较低的烧结温度,从而可以使用贱金属作为内电极材料,被认为是新一代多层陶瓷电容器在技术和经济上兼优的最重要的候选材料。同时,这类材料还具有大的电致伸缩效应、小的电致应变及滞后效应等特点,因此,在微位移器(Micro-positioner)、致动器(Actuator)及机敏材料与器件(Smart materials and devices)等领域有着广阔的应用前景。

**2. 制备方法**

以 PMN 材料为例介绍通过固相反应制备铅系复合钙钛矿弛豫铁电体的二次合成法。所谓二次合成法,即预先将两种难溶的 B 位氧化物 MgO(或碱式碳酸镁 $Mg(OH)_2 \cdot 4MgCO_3 \cdot 6H_2O$)和 $Nb_2O_5$ 按下式配料:

$$MgO + Nb_2O_5 \longrightarrow MgNb_2O_6$$

经过球磨、烘干、过筛后,在 1 000 ℃ 左右,合成中间产物 $MgNb_2O_6$,再将一定量的 $MgNb_2O_6$、PbO 按下式配料:

$$MgNb_2O_6 + 3PbO \longrightarrow 3Pb(Mg_{1/3}Nb_{2/3})O_3 \quad (PMN)$$

经过球磨、烘干、过筛后,在 800 ℃ 进行 2 h 预烧。预烧后粉料再次球磨、烘干、过筛后,成型成所需要的形状。然后再放入富 PbO 的密封刚玉坩埚中,在 1 100~1 150 ℃ 烧结。

传统的固相反应法是把各种原料球磨混合后,一次预烧合成。这样的工艺过程在对制备类似于 PMN 材料的钙钛矿型弛豫铁电体就会有我们称之为焦绿石相(Pyrochlore)的第二相产生。通常认为,焦绿石相的存在会严重影响材料的性能。其反应过程如下:

$$3PbO + 2Nb_2O_5 \xrightarrow{530\sim600\ ℃} Pb_3Nb_4O_{13} \quad (立方焦绿石结构)$$

$$Pb_3Nb_4O_{13} + PbO \xrightarrow{600\sim700\ ℃} 2Pb_2Nb_2O_7 \quad (菱形焦绿石结构)$$

$$Pb_2Nb_2O_7 + \frac{1}{3}MgO \xrightarrow{700\sim800\ ℃} Pb(Mg_{1/3}Nb_{2/3})O_3 \quad (钙钛矿结构)$$

$$+ \frac{1}{3}Pb_3Nb_4O_{13} \quad (焦绿石结构)$$

而采用二次合成法时,预先合成的 $MgNb_2O_6$ 与 PbO 反应,就可避免产生上述的焦绿石相过程,获得单一钙钛矿结构的材料,从而提高材料性能。

### 10.5.4 $Si_3N_4$ 陶瓷刀具的制备

**1. 性能和用途**

在机械加工中,切削加工是最基本而又可靠的精密加工手段。随着切削条件的变化,特别是切削速度和各种难加工材料的出现,对刀具材料提出了一系列更高要求。陶瓷刀具就是在这样的生产背景中发展起来的。与传统的高速钢和硬质合金刀具相比,它具有更好的红硬性(指外部受热升温时工具仍能维持高硬度的功能)和耐磨性;与金刚石刀具和 CBN(立方氮化硼)刀具相比,它具有更低的制造成本、更好的热稳定性和抗冲击能力。因而在先进制造技术的发展过程中起着十分重要的作用。

① 它可以加工传统刀具难以加工或根本不能加工的工件,以车、铣代磨,从而免除了退火软化加工所消耗的大量电力,并可提高工件的硬度,延长机器的使用寿命。

② 它可以保证在自动化加工中,进行长时间较稳定地工作,保证工件的加工精度。

③ 它可以进行高速切削,加工效率可提高几倍甚至几十倍,达到节约工时、能源和机床占用台数 30%~70% 的效果。

**2. 制备方法(热压烧结法)**

热压烧结法制备 $Si_3N_4$ 陶瓷刀具是以 $\alpha$-$Si_3N_4$ 粉末为原料,加入适量的助烧结剂,在温度和压力的共同作用下致密化。其工艺流程见图 10.22。

由于 $Si_3N_4$ 是共价键晶体,自扩散系数小,很难致密烧结。热压烧结能加速物料的传质,提高烧结体密度。但是,为了促进致密化,仅仅加压是不够的,还必须加入助烧结剂,如 MgO、$Y_2O_3$、$Al_2O_3$ 等,这些助烧结剂在烧结时往往与 $Si_3N_4$ 粉末中所含的 $SiO_2$ 等杂质形成液相,促进了烧结。采用热压工艺可使 $Si_3N_4$ 制品密度接近 $3.44\ g\cdot cm^{-3}$ 的理论密度。由于它是借助液相烧结的,冷却时液相变成玻璃相而留在晶界上,从而影响其高温力学性能。为了改善热压效果和高温力学性能,需要考虑以下几点:① 使用纯度较高的 $Si_3N_4$ 原料,因为杂质通常会降低玻璃相的黏度;② 采用形成玻璃相黏度较高的助烧结剂;③ 经过热处理而使玻璃相析晶。

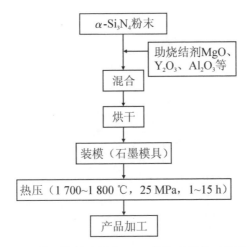

图 10.22　热压烧结法制备 $Si_3N_4$ 陶瓷刀具的工艺流程图

# 思考题

1. 先进陶瓷材料与传统陶瓷有什么区别？
2. 先进陶瓷材料粉体的化学制备方法有哪些？请举例说明。
3. 请分别写出用 $SiO_2$、$Al_2O_3$ 在 $N_2$ 气下与碳直接反应制备高纯超细的非氧化物 $Si_3N_4$、AlN 粉末的反应方程式。
4. 什么是自蔓延高温燃烧合成法？请举例说明。
5. 什么是均相沉淀？请举例说明。
6. 如何用有机树脂法合成陶瓷粉体？请举例说明。
7. 液相(或湿化学)制备超细粉体有哪些方法？
8. 什么是陶瓷原位凝固成型技术？它有什么特点？
9. 请画出凝胶注模成型工艺流程图。
10. 请简单描述直接凝固注模成型原理。
11. 陶瓷烧结的动力是什么？为什么烧结不能自动进行，需要高温才能转变为烧结体？
12. 请简述透明氧化铝陶瓷制作的工艺方法。添加 MgO 的作用是什么？
13. 请简述铅系复合钙钛矿弛豫铁电体的二次合成法。此法与传统的固相反应法相比有什么优点？

# 第11章 碳材料合成

金刚石和石墨是碳元素两种常见的晶体形式,其性质却截然不同,金刚石是电绝缘体,而石墨则是良导体;金刚石是自然界已知最硬的物质,而石墨则很软;金刚石透明,而石墨则为黑色。迥异的物理性质源于两种同素异形体具有不同的结构和成键方式。碳的同素异形体不仅仅有金刚石和石墨。20世纪80年代,人们发现了富勒烯(具有代表性的如 $C_{60}$),从而开辟了碳的无机化学的一个新领域。90年代前期,人们发现了碳纳米管,通过剥离石墨得到了单层石墨(即石墨烯)。此外,还存在部分结晶的碳,如炭黑、活性炭、碳纤维等。可看出,碳在固态有多种结构形式,这也使碳材料具有了优异的性能和广泛的应用前景。

## 11.1 碳笼 $C_{60}$

20世纪80年代中期,继石墨、金刚石之后,人们发现了碳元素存在的第三种晶体形态,其分子为 $C_n$,称为碳笼原子簇或富勒稀族。在种类繁多的碳笼原子簇中,人们对 $C_{60}$ 研究得最为深入,因为它是其中稳定性最高的一种。由于它的结构特殊,并具有奇异的物理、化学性质,$C_{60}$(富勒稀)已成为当前世界各国科学家研究的焦点和热点之一。

$C_{60}$ 的命名值得一提。当初,Kroto 等人在分析 $C_{60}$ 的分子结构时,曾得益于1967年加拿大蒙特利尔万国博览会,因美国展览馆是由五边形和六边形组件拼接构成的圆顶建筑,进而提出了 $C_{60}$ 的分子结构。因此,他们决定以该展览馆建筑师的名字 Buckminster Fuller 命名,定为"Buckminsterfullerene",词尾-ene 为英文后缀"烯烃"的意思,表示 $C_{60}$ 的不饱和性,简称"Fullerene"。因后来发现,除 $C_{60}$ 以外,尚有一系列这种空球形碳分子,故 Fullerene 又成为这一类型碳分子的总称。$C_{60}$ 碳分子的多面体结构与足球十分相似,所以又有许多其他名称,如 Buckball、Spherene、Soccerene、Carbosoccer、Footbllerene 等。不过,Fullerene 用得较为普遍。对于不同碳原子数的 $C_n$ 球形分子系列,分别用 Fullerene $C_n$($n$ 表示碳原子数)表示。国内也有如巴基球、球烯、球碳、笼碳、足球碳、富勒烯等译法,目前尚无统一标准。中国科学院福建物质结构研究所蔡元坝、李隽先生建议用碳笼原子簇分子来统称 $C_{60}$ 及其同族分子。除了 $C_{60}$,常见的还有 $C_{70}$、$C_{76}$ 和 $C_{84}$。$C_n$ 中,C—C 之间均是以 $\sigma$ 键直接相连;$C_n$ 呈笼形空心结构,$C_{60}$ 为足球形(图11.1),$C_{70}$ 呈椭球形,$C_{60}$ 分子由五元和六元碳环组成,在气相的总对称性为二十面体。

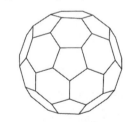

图11.1  $C_{60}$ 笼状分子结构

### 11.1.1 $C_{60}$ 的合成

**1. 电弧放电法**

1990 年,Kratschmer 和 Huffman 等人首次用电弧放电法制出收率为1%的烟灰(Soots),这是合成上的一个重大突破。至此,$C_{60}$ 化学反应的研究才得以迅速、广泛地开展。图 11.2 是电弧放电法制取 $C_{60}$ 的装置示意图。放电室内用泵抽真空至 $1.33 \times 10^{-4}$ Pa 以下,然后充入 $1.33 \times 10^{-4}$ Pa 的氦气,再接通交流电源,两极间的电流为 100~200 A,有效电压为 10~20 V。利用弹簧铜片的弹力进行调节,使两极间相距很近,近至几乎可以相接,以保持两极间弧光放电。人们将其称为"接触电弧"(Contact arc)。在上述实验条件下,如采用直径为 6 mm 的石墨棒,每小时可蒸发 10 g 石墨。该装置经几小时的运行后,可收集约 10 g 黑色的石墨烟灰,然后以沸腾的甲苯进行萃取,经 3 h 萃取后,得到一种深棕红色液体,在旋转蒸发器里除去溶剂,得到黑色粉末,即富勒烯,其收率为投入石墨烟灰量的 10%±2%。

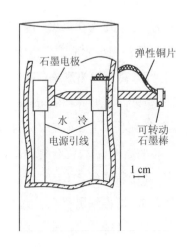

图 11.2  电弧放电法制取 $C_{60}$ 的装置示意图

R. Taylor 等人通过控制放电条件,得到收率为8%左右的烟灰;而 Haufler 使用该类石墨蒸发装置,获得收率为10%的烟灰;H. Ajie 等人在电流为 140~180 A、压强为 $4.0 \times 10^4$ Pa 的氦气中放电,得到收率为14%的烟灰;1991年,F. Diederich 在适宜放电条件下得到收率高达25%~35%的烟灰;Parker 等人则在 20 A 的电流下放电,获得迄今为止富勒烯含量达10%~15%的烟灰。该法是目前使用最广泛的方法。装置的密封程度、惰性气体的种类和压强、石墨电极的大小、两电极放电时的距离及通过电极的电流大小等因素能明显影响到富勒烯的收率。

**2. 苯火焰燃烧法**

1991年7月,麻省理工学院教授杰克·霍华德(Jack Howard)及其实验伙伴将纯碳与氧的混合物在苯焰上燃烧,从 1 000 g 纯碳中得到 3 g 富勒烯,这是十分令人鼓舞的消息,为大规模合成富勒烯开辟了新的道路。他们还通过控制反应条件(如温度、压力、碳氧比、氧气在惰性气体氩气中的浓度及反应混合物在苯焰上停留的时间)制取了不同比例的 $C_{60}$ 与 $C_{70}$ 的混合物。富勒烯的收率随燃烧条件的不同在 0.3%~9% 之间变化,$C_{70}$ 与 $C_{60}$ 的摩尔比值为 0.26~0.57(蒸发石墨法得到的 $C_{70}$ 与 $C_{60}$ 的摩尔比值为 0.02~0.18)。在相同条件下用乙炔作燃料也可产生富勒烯,但收率较苯低。观察到的最大的 $C_{60}+C_{70}$ 的收率约是20%的炭烟,约占碳进料的 0.5%。在 8.2 kPa 的压强、碳氧比为 0.789、25% 的 He 稀释条件下生成速率最快。有研究表明,仅是特殊条件下的燃烧才能产生富勒烯,一般情况下只生成普通炭烟。

**3. 高频加热蒸发石墨法**

1992年,Peter 和 Jansen 等人利用高频炉在 2 700 ℃、150 kPa 氦气气氛中加热石墨,得到收率为8%~12%的烟灰,为制备 $C_{60}$ 提供了一个较好的方法。

将含 $C_{60}/C_{70}$ 混合物的富勒烯烟灰包于滤纸内置于索氏提取器中,用甲苯回流提取,即得酱红色含 $C_{60}/C_{70}$ 混合物的甲苯溶液,减压浓缩至干,乙醚洗涤数次以除去烃类杂质,即得到黑色 $C_{60}/C_{70}$ 微晶固体。

### 11.1.2 $C_{60}$ 的分离与提纯

**1. $C_{60}$ 在不同有机溶剂中的溶解度比较**

1992年,N. Sivaraman 等人较为详细地研究了 $C_{60}$ 在一些有机溶剂中的溶解度(30 ℃),并给出了有关数据,从而为 $C_{60}$ 的分离纯化提供了重要的溶剂选择依据。表 11.1 列出了 $C_{60}$ 在不同有机溶剂中的溶解度及溶解度参数。

从表 11.1 中可看出,$C_{60}$ 在脂肪烃中的溶解度随溶剂碳原子数增加而增大,但总体来说,在脂肪烃中溶解度不大。在四氯化碳、二氯甲烷中有一定溶解度,在苯、甲苯、1,3,5-三甲苯和二硫化碳中有较好的溶解度。虽然 $C_{60}$ 在 $CS_2$ 中的溶解度最大,但因 $CS_2$ 的毒性大,一般不使用,而使用最多的是甲苯,以甲苯萃取 $C_{60}$,以达到分离高碳富勒烯的目的。

表 11.1　$C_{60}$ 在不同有机溶剂中的溶解度(30 ℃)

| 溶剂 | 溶解度参数 $\delta$/($J \cdot cm^{-3}$) | 溶解度/($\mu g \cdot mL^{-1}$) | 溶剂 | 溶解度参数 $\delta$/($J \cdot cm^{-3}$) | 溶解度/($\mu g \cdot mL^{-1}$) |
| --- | --- | --- | --- | --- | --- |
| 异辛烷 | 14.17 | 26 | 四氯化碳 | 17.59 | 447 |
| 戊烷 | 14.52 | 4 | 1,3,5-三甲苯 | 18.04 | 997 |
| 己烷 | 14.85 | 40 | 甲苯 | 18.20 | 2150 |
| 辛烷 | 15.45 | 25 | 苯 | 18.82 | 1440 |
| 癸烷 | 15.81 | 70 | 二氯甲烷 | 20.04 | 254 |
| 十二烷 | 16.07 | 91 | 二恶烷 | 20.50 | 41 |
| 十四烷 | 16.24 | 126 | 二硫化碳 | 20.50 | 5160 |
| 环己烷 | 16.77 | 51 | | | |

注:$\delta = \frac{1}{2}[(\Delta H - RT)/V]$,式中 $\Delta H$ 为蒸发焓;$T$ 为温度;$V$ 为摩尔体积;$\delta$ 值是相对于 25 ℃ 时的值。

**2. $C_{60}$ 常用的分离提纯方法**

(1) 升华法

在 $1.33 \times 10^{-3}$ Pa 的真空度下,升温至 500 ℃ 可使 $C_{60}$ 和 $C_{70}$ 的比例从 7∶1 上升到 12∶1。在质谱中,控制适当的升华温度可获得收率大于 99% 的 $C_{60}$ 蒸气。但由于升华条件难以控制,获得的 $C_{60}$ 纯度低,没有推广价值。

(2) 高效液相色谱法

该法可得到较纯的富勒烯,但是由于仪器比较昂贵,分离量较小,目前很少采用这种方法分离大量的 $C_{60}$。若分离高碳富勒烯则可采用此法。

(3) 萃取-重结晶法

1992 年,N. Coustel 等人用索氏提取器从烟灰中提取富勒烯时发现析出的沉淀中含有比例较高的 $C_{60}$,纯度可达 98%,若继续重结晶则可获得纯度大于 99.55% 的 $C_{60}$,该法也是分离大量 $C_{60}$ 的一种有效方法。将炭烟放入索氏抽提器中,用苯或甲苯提取,提取液的颜色随 $C_{60}$ 和 $C_{70}$ 含量的增加由酒红色变为红棕色。将溶剂蒸干后得到棕黑色粉末,其主要成分为 $C_{60}$ 和 $C_{70}$ 以及少量较大的碳笼原子簇。实验发现,用不同溶剂依次萃取炭烟,可提取含不同碳原子数的富勒烯(表 11.2)。炭烟中 94% 的富勒烯可被 NMP(N-甲基-2-吡咯烷酮)抽提,这表明炭烟中大部分物质具有富勒烯型的分子结构。用喹啉抽提苯不溶的炭烟,可得碳原子数≤300 的富勒烯。

另外,用循环色谱(索氏抽提和柱色谱的结合)方法可一步从炭烟中抽提出纯的 $C_{60}$,收率为 6%。剩余的 $C_{60}$ 和 $C_{70}$ 可用甲苯回收。用这种方法提纯制取 $C_{60}$,其吸附剂($Al_2O_3$)用量及所用时间是一般方法的十分之一。

表 11.2 不同萃取剂的萃取效果

| 萃取剂系列 1 | 萃取次序 | 产物 | 收率/% |
|---|---|---|---|
| 苯 | 1 | $n(C_{60}) : n(C_{70}) = 3 : 1$ 和少量碳原子数 <100 的富勒烯 | 26 |
| 吡啶 | 2 | $n(C_{60}) : n(C_{70}) = 2 : 1$ 和少量碳原子数 <100 的富勒烯 | 4 |
| 1,2,3,5-四甲基苯 | 3 | 主要是碳原子数 <200 的各种富勒烯,$C_{60}$ 和 $C_{70}$ 的含量 <1% | 14 |
| 总收率 | | | 44 |
| 萃取剂系列 2 | 萃取次序 | 产物 | 收率/% |
| 乙烷 | 1 | 主要是 $C_{60}$ 和 $C_{70}$,少量 $C_{76}$ 和 $C_{78}$ | 21 |
| 庚烷 | 2 | $n(C_{60}) : n(C_{70}) : n(C_{78}) : n(C_{84}) = 2 : 1.4 : 0.5 : 1$ | 8 |
| 总收率 | | | 29 |

(4)柱色层法(一种常用的方法)

中性氧化铝柱色层分离法:用正己烷/甲苯混合剂作淋洗剂,可得到一定量的 $C_{60}$,纯度 >99.95%,经二次上柱还可分离得到少量纯 $C_{70}$(99%)。该法的主要缺点是 $C_{60}$ 在正己烷中的溶解度很小,致使淋洗过程冗长且效率低,成本高,不适用于 $C_{60}$ 的大量制备。

以活性炭和硅胶混合物为固定相的加压柱色层法。1992 年,美国南加州大学的 Walter A. Scrivens 等人提出用活性炭/硅胶作固定相的加压柱色层法,使快速、大量地提纯 $C_{60}$ 成为可能。该方法是:取 36 g 碱性活性炭(型号为 Norit-A)、72 g 硅胶(230 ~ 400 目)置于大烧杯中,加入 200 mL 甲苯混匀成浆状物,注入层析柱中(柱高与柱径比为 11.8),然后将含 1.85 g $C_{60}/C_{70}$ 混合物的 400 mL 甲苯溶液注入柱顶端,柱顶压强为 0.053 MPa,洗脱速度约为 16 mL · $min^{-1}$,37 min 后出现含 $C_{60}$ 的深紫色溶液,再过 36 min 左右洗脱液成无色,表明 $C_{60}$ 已分离完毕,此时共需甲苯约 600 mL,再过 3 min,含 $C_{70}$ 的红棕色液体开始流出。此分离过程获得 1.16 g 纯 $C_{60}$,收率约为 63%。该实验若采用国产硅胶和活性炭进行 $C_{60}$ 的柱色层分离,很容易淋洗获得纯的 $C_{60}$,但淋洗提纯 $C_{70}$ 则比较困难,会造成 $C_{70}$ 等高级富勒烯的损失。此外,加压柱色层要求一定的压强,操作不便。

快速减压抽滤柱色层法。1993 年 5 月,Lyle Isaacs 等人提出了更为简洁而快速的分离提纯方法。该法分离量大、速度快(15 min 左右即可完成)、成本低,但仍然未脱离以活性炭、硅胶混合物为固定相的分离体系。该方法是:按 2 g 硅胶、1 g 活性炭、13 mL 苯配成柱浆液,加入到置于吸滤瓶上的砂芯玻璃漏斗中,再于其上均匀覆盖一层石英砂,厚约 1 cm。然后在约 6.65 kPa 低真空度下小心地向漏斗柱上方连续加入溶解有 $C_{60}/C_{70}$ 混合物的甲苯溶液,加完后用大量的甲苯溶剂淋洗直至提取液无色,此时 $C_{60}$ 分离提纯完毕,整个过程仅需 15 min 左右。若使用碱性活性炭则可继续分离提纯 $C_{70}$。他们采用酸性活性炭(Darco G60,Fluka),从 2.54 g 的 $C_{60}/C_{70}$ 混合物中得到了 1.5 g 纯 $C_{60}$($C_{70} < 0.05\%$),但产物中可能含有 1%~3% 的 $C_{60}O$。我国复旦大学对此法做了较大改进,$C_{60}$ 的纯度可大于 99.5%。

化学络合分离提纯法。1993 年 9 月,*C&EN* 杂志以新闻形式报道了化学络合分离提纯法,是基于 $C_{60}$ 与 $C_{70}$ 及其他高富勒烯与路易斯酸形成络合物的差异提出的。该方法是将富勒烯试料溶于 $CS_2$ 中,加入 $AlCl_3$,$C_{70}$ 及其他高级富勒烯优先强烈地与 $AlCl_3$ 反应生成的络合物会从 $CS_2$ 中沉析出来,从而达到分离的目的。据报道,若在此过程中加入少量水更有助于纯化过程。投料 10 g 富勒烯(约含 82% 的 $C_{60}$、17% 的 $C_{70}$),可得到 6.2 g 纯度大于 99.9% 的 $C_{60}$,还有 1.9 g 等量结合在一起的 $C_{60}/C_{70}$ 混合物。该法简便易行、成本低,但费时太长,投料 10 g 富勒烯需约 2 d 才能分离完,且 $CS_2$ 毒性大,影响人体健康。

随着时间的推移,$C_{60}$、$C_{70}$ 的制备与分离提纯技术将会进一步完善与发展,并可望在不久的将来会有成本低、批量大、纯度高的 $C_{60}$、$C_{70}$ 商品供应市场,这无疑会对碳笼原子簇化学的发展与应用产生十分重要的意义。

### 11.1.3 $C_{60}$ 的应用前景

1985 年,Kroto 等人发现了 $C_{60}$,这是 20 世纪最重大的科学发现之一,Kroto 因此荣获 1996 年诺贝尔化学奖。1990 年,Kratschmer 和 Huffman 等人制备出克量级的 $C_{60}$ 之后,$C_{60}$ 的研究以空前的速度在向前推进。$C_{60}$ 以独特的结构和奇异性质备受各国科学家的关注。迄今为止，$C_{60}$的研究领域已涉及有机化学、无机化学、生命科学、材料科学、高分子科学、催化化学、电化学、超导体与铁磁体等众多学科和应用研究领域，并越来越显示出其巨大的潜力和重要的研究价值。目前，人们对$C_{60}$的基础研究已进入深层次系统化研究的阶段，越来越多的$C_{60}$衍生物陆续被合成出来。因此，如何开拓$C_{60}$及其衍生物在工业、航空航天、医药等方面的应用研究是当前的一项重要工作。

**1. 超导方面**

掺入金属离子于$C_{60}$中，可使其具有超导性，而且电子可在任意方向移动，这比只能二维移动的Cu-O超导体有更多的优点。我国北京大学研制的掺锡$C_{60}$超导体的临界温可达37 K。日本最近合成的$I_xC_{60}$，其$T_c$已达到57 K。有人推测，若能合成出$C_{540}$，就有可能实现室温超导。

**2. 火箭材料**

$C_{60}$可承受20 GPa的静压强，当它以6 700 m·s$^{-1}$的速度打到不锈钢板上，$C_{60}$能完好无损地反弹回来。也许可用于承受巨大压力的火箭助推器。将$C_{60}$形成晶体，并使其旋转轴和旋转方向相同，就能造出高精度陀螺仪。

**3. 三维光学电脑开关**

美国DuPont公司和海军研究所发现，$C_{60}$具有非线性光学性质，随着光强度的不同，它对入射光的折射方向也发生改变。$C_{70}$能把普通光转化成强偏振光。因此，$C_{60}$有可能作为三维光学电脑开关，$C_{70}$则可用于光纤通信。

**4. 磁性**

在一定条件下，$C_{60}$会表现出磁性。根据其磁性和光学性质，$C_{60}$有可能制成光电子计算机信息存储的元器件材料。

**5. 合成新物种**

$C_{60}$被发现后，有人想起了1825年苯的发现。苯是一种相当简单的六碳环分子，但它是无数化合物的母体，这些化合物包括阿司匹林、鼻炎消肿剂、颜料、染料和塑料等。而$C_{60}$比苯大10倍，并且结构奇特，加上20世纪人类拥有的先进科技手段，化学家们一定会合成出以$C_{60}$为母体的前人从未见过的大量新物种。

**6. 润滑剂**

$C_{60}$呈球形，是典型的分子晶体，分子间作用力小，并可高速旋转；且球体具有较好的弹性，故可望作为微型滚珠轴承用于润滑微型电动机。$C_{60}$的耐压性比金刚石大，能被卤化生成$C_{60}F_{60}$，可将其作为超级润滑剂，其性能比聚四氟乙烯更强。

总之，$C_{60}$ 是 20 世纪一个振奋人心的发现。它为化学学科又开辟了一个崭新的研究领域。从 20 世纪末到 21 世纪，$C_{60}$ 及其碳笼原子簇将是化学、物理学和材料学的重要研究课题，其意义将是极为深远的。

### 11.1.4 $C_{60}$ 的化学性质

$C_{60}$ 的化学性质跨越了传统化学的许多界线，包括 $C_{60}$ 作为配位体的化学行为。这里描述 $C_{60}(s)$ 的固态化学和化学式为 $M_nC_{60}$（其中含有离散的 $C_{60}^{n-}$ 分子离子）的富勒化物衍生物。

溶液中生长出来的 $C_{60}$ 晶体可能含有包含于其中的溶剂分子，但采用正确的结晶和纯化方法（例如用升华法消除溶剂分子）可以长出纯的 $C_{60}$ 晶体。如图 11.3 所示，$C_{60}$ 晶体属于分子晶体，具有 $C_{60}$ 分子的面心立方阵列。对近乎呈球形的这类分子而言，采取这种结构完全在人们预料之中。室温下分子可在晶格位置自由旋转，从 $C_{60}$ 晶体收集的粉末 X 射线衍射数据表明，它是典型的面心立方晶格（晶格参数为 1 417 pm）。分子之间的距离为 296 pm，接近于石墨层间距离的值（335 pm）。固体一经冷却旋转即停止，相邻分子的排列方式是一个 $C_{60}$ 分子的富电子区接近邻近一个分子的缺电子区。

$C_{60}$ 富勒烯可被还原形成富勒烯阴离子（$C_{60}^{n-}$，$n$ 为 1~12）的盐。固体 $C_{60}$ 与碱金属蒸气反应形成一系列分子式为 $M_xC_{60}$ 的化合物，产物的精确化学计量取决于反应混合物的组成。与过量碱金属反应形成组成为 $M_6C_{60}$（M = Li、Na、K、Rb、Cs）的化合物。$K_6C_{60}$ 为体心立方结构；$C_{60}^{6-}$ 分子离子占据晶胞顶角和晶胞体心的位点，$K^+$ 离子填充部分位点，大约与 4 个 $C_{60}$ 分子离子（它们接近每个面的中心）以四面体方式配位（图 11.4）。令人感兴趣的是化学计量为 $M_3C_{60}$ 的化合物，这类化合物随金属类型的不同在温度 10~40 K 的区间显示超导性。化学计量为 $K_3C_{60}$ 的化合物是填满 $C_{60}^{3-}$ 立方密堆积排列而产生的所有四面体穴和所有八面体穴而获得的（图 11.5）。$K_3C_{60}$ 被冷却到 18 K 时显示超导性，以较大的碱金属离子逐渐取代 K 时能够提高 $T_c$（$Rb_3C_{60}$ 的 $T_c$ = 29 K，$CsRb_2C_{60}$ 的 $T_c$ = 33 K）。注意，$Cs_3C_{60}$ 不会与其他 $M_3C_{60}$ 一样形成相同的面心立方（FCC）结构（事实上 $C_{60}^{3-}$ 阴离子按体心结构排列），并且在常压下也不显超导性，然而在 1 200 MPa 压强下可以制成临界温度为 40 K 的超导体。

 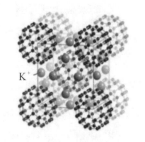 

图11.3 晶态材料面心立方格子中$C_{60}$分子的排列

图11.4 $K_6C_{60}$的体心立方晶胞结构。分子离子$C_{60}^{6-}$占据体心和顶角，$K^+$离子占据晶胞面中位点的一半，与四个$C_{60}$分子离子近似地形成四面体配位

图11.5 $K_3C_{60}$的结构。$K^+$离子填充了由$C_{60}^{3-}$离子密堆积排列而产生的全部四面体穴和八面体穴

其他更复杂的物种可被掺入$C_{60}$单元的基质。分子物种如碘($I_2$)或磷($P_4$四面体)可填入$C_{60}$分子密堆积而产生空间。溶剂化阳离子也可以以类似碱金属阳离子的方式占据四面体和八面体穴。由$Na_2CsC_{60}$与氨反应得到的$Na(NH_3)_4CsNaC_{60}$在八面体位点含有被氨分子溶剂化了的$Na^+$离子，未配位的$Cs^+$离子和$Na^+$离子占据$C_{60}^{6-}$FCC排列产生的四面体位点。

## 11.2 碳纳米管

一类重要的纳米材料为碳纳米管(Carbon Nanotubes, CNTs)。碳纳米管是1991年1月由日本筑波NEC实验室的物理学家饭岛澄男使用高分辨透射电子显微镜从电弧法生产的碳纤维中发现的。它是一种管状的碳分子，管上每个碳原子采取$sp^2$杂化，相互之间以C—C σ键结合起来，形成由六边形组成的蜂窝状结构作为碳纳米管的骨架。每个碳原子上未参与杂化的一对p电子相互之间形成跨越整个碳纳米管的共轭π电子云。按照管子的层数不同，分为单壁碳纳米管和多壁碳纳米管。管子的半径方向非常细，只有纳米尺度，几万根碳纳米管并起来也只有一根头发丝宽，碳纳米管的名称也因此而来，而在轴向则可长达数十到数百微米。

碳纳米管也许是用从小到大的化学合成法制备的新型纳米材料的最好例子。它们的化学组成和原子间成键模式都非常简单,但却显示出多种多样的结构和前所未有的物理性质。这类新的纳米材料已经得到应用,例如用于化学传感器、燃料电池、场效应晶体管、电的相互连接和机械增强剂。碳纳米管为柱状壳体,从概念上讲是由石墨烯片卷成的、封闭的管状纳米结构,直径与 $C_{60}$(0.5 nm)的相当,但长度高达数微米。单壁碳纳米管(SWNTs)是由石墨烯片沿石墨烯平面的晶格矢量$(m,n)$卷成的圆柱体(图 11.6)。指数$(m,n)$决定了 CNTs 的直径和手性,而直径和手性又控制着 CNTs 的物理性质。大多数 CNTs 的末端是闭合起来的、半球状单元帽盖着的空心管。碳纳米管自组装为两种不同的类型,即单壁碳纳米管(SWNTs)和多壁碳纳米管(MWNTs)。MWNTs 的管壁是由多个石墨烯片同心缠绕而成的。

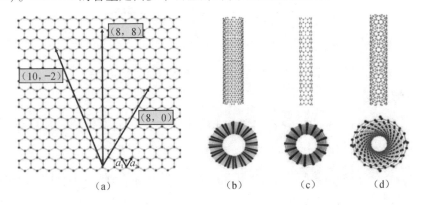

图 11.6　石墨烯片的蜂窝状结构(a);沿晶格矢量折叠石墨片可形成单层碳纳米管,两个晶格矢量表示为 $a_1$ 和 $a_2$,沿矢量(8,8)、(8,0)和(10,-2)折叠分别生成扶手椅形(b)、之字形(c)和手性(d)纳米管

### 11.2.1　碳纳米管的合成方法

CNTs 可通过多种方法进行合成,如激光烧蚀法、CVD 法等。

**1. 电弧放电法**

碳纳米管的首次合成是通过电弧放电法,其示意图如图 11.7。在充有一定惰性气体的反应室内,以一根纯石墨电极作为阴极,填充催化剂的石墨电极为阳极,通过高频或接触引起电弧产生高温,蒸发石墨阳极,碳原子在催化剂的作用下进行结构重排沉积,可以制得单壁纳米碳管。1993 年,日本学者 Iijima 就是用这种方法首次获得了单壁碳纳米管,但其含量很低。通常,多壁碳纳米管的合成不需添加催化剂。在阳极中掺入 Fe、Co、Ni 等金属催化剂可以合成单壁碳纳米管。之后,Iijima 和 Ichihashi 在阳极中掺入少量 Fe 基金属,用同样的方法在 $CH_4$ 和 Ar 气氛中成功合成单壁碳纳米管。研究发现,随着放电电流的增大,无定形的炭黑转变为晶体结构,且结晶度随电流的增大而提高。外加磁场能够显著提高碳纳米管的产量,$H_2$的引入可有效降低碳纳米管的交联与缠绕。

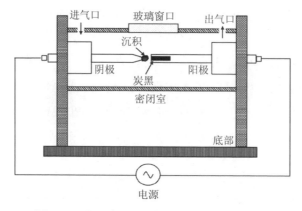

图11.7 电弧放电法制备碳纳米管装置示意图

**2. 激光烧蚀法**

该方法最早由Smalley等人发现。在惰性气氛下,通过高能激光使固体石墨汽化来制备碳纳米管,如图11.8(a)所示。相比于电弧放电法,该方法更有利于单壁碳纳米管的生长,并且易于进行生长机理的分析。在该方法中,碳纳米管的产率很大程度上取决于催化剂的种类。Smalley等人研究发现,双金属催化剂可以增加碳在金属粒子表面和内部的迁移率,从而加速碳纳米管在金属粒子上的沉积。同时,碳纳米管的直径和产率也受温度的影响。随着温度从780 ℃增加到1 050 ℃,碳纳米管的直径从0.81 nm增加到1.51 nm,并且在850 ℃条件下得到碳纳米管的最大产率。但是,过高的温度反而会使催化剂的活性降低,不利于碳纳米管的生长。尽管碳纳米管在室温下也可以合成,但是在较高温度(1 200 ℃)下才能实现最佳产率(60%)。相对于较高的合成温度,较低的温度会导致碳纳米管出现大量的缺陷。

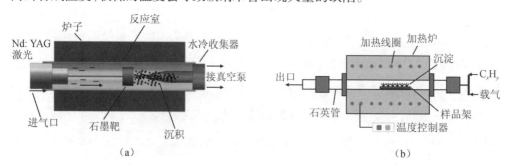

图11.8 激光烧蚀法(a)和化学气相沉积法(b)制备碳纳米管装置示意图

### 3. CVD法

CVD法是将烃类或含碳氧化物引入到含有催化剂的高温管式炉中,经过催化分解后形成碳纳米管。与前两种方法相比,CVD法可以在较低温度下合成碳纳米管。CVD法设备主要包括水平反应炉、流化床反应炉、垂直反应炉等。目前,最常用的是水平反应炉,如图11.8(b)所示。研究表明,CVD法所使用的碳源以及反应温度对碳纳米管的结构有重要影响。He等人以CO为碳源、以$FeCl_3$为催化剂前驱体合成了直径为0.7~1.6 nm的碳纳米管。在相同条件下,以$CH_4$为碳源合成的碳纳米管则呈现较大的直径分布(1~4.7 nm)。分析发现,在碳纳米管生长过程中,不同碳源以不同的速率供给碳纳米管生长所需的碳,进而影响碳纳米管的手性角度。$H_2$是形成较大尺寸碳纳米管的重要因素,高浓度的$H_2$加速了金属的还原,从而导致金属颗粒的快速聚集。Dai等发现$H_2$可以降低$CH_4$的热解速率。少量的$H_2$不足以抑制$CH_4$的剧烈热解,从而使得大量无定形碳形成,然而,过量的$H_2$会降低$CH_4$的热解反应活性,不足以为碳纳米管的合成提供所需的碳源。温度影响着催化剂的活性和原料分解。随着温度的升高,催化剂活性也相应地提高。但过高的温度会使碳源发生快速分解,致使在催化剂表面形成大量的非晶态碳,导致催化剂活性降低。一般多壁碳纳米管生长温度在600~900 ℃。单壁碳纳米管具有较小的半径、较高的曲率和应变能,因此,单壁碳纳米管的生长温度则需要在900~1 200 ℃。此外,碳纳米管的直径也受催化剂颗粒尺寸的影响。单壁碳纳米管一般需要直径小于5 nm的金属颗粒催化合成。

随着研究的深入,碳纳米管的合成也出现了其他的合成方法,如火焰法(或燃烧法)、催化热分解法、水热法等,有兴趣的读者可参阅相关文献。

#### 11.2.2 碳纳米管的生长机理

自1991年碳纳米管被发现以来,人们也一直关注碳纳米管的生长机理。研究指出,过渡金属基催化剂作为碳纳米管生长的关键要素,其组分、形状以及尺寸的大小对碳纳米管的生长起着决定性作用。目前常用的催化剂有Fe、Co、Ni及具有不同组分的合金材料。在碳纳米管生长过程中,催化剂的主要作用是吸收反应产生的碳氢化合物,使其在催化剂上不断沉积形成碳过饱和态,随后碳原子在催化剂表面或者内部扩散,在催化剂的另一端形成碳纳米管,即溶解-扩散-析出过程。如果含碳中间产物在催化剂上的沉积速率过快,会对催化剂进行包覆,从而导致催化剂失活,不利于碳纳米管的生长。同时,如果碳原子在催化剂上某一点的析出速率发生改变,会导致畸形碳纳米管的形成。

  大量研究表明,在碳纳米管的端部包含有催化剂颗粒。因此,美国奥本大学的 Baker 等人提出碳纳米管顶部生长和底部生长模型(图 11.9)。如果催化剂与基底之间的作用力较弱,催化剂则会被不断生长的碳纳米管托起,使得催化剂颗粒始终处于碳纳米管的顶端;相反,如果催化剂与基底之间有强的作用力,催化剂会始终附着在基底上,碳原子则从底部向上扩散形成碳纳米管,即底部生长模型。不论是顶部生长还是底部生长模型,碳原子在催化剂表面的扩散速率始终大于内部的扩散速率,因此形成了中空的管状结构。

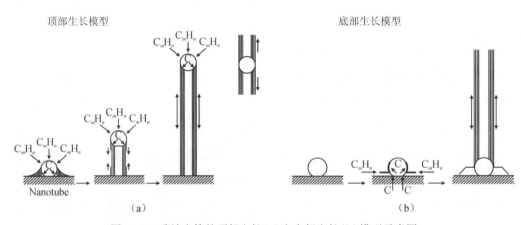

图 11.9  碳纳米管的顶部生长(a)和底部生长(b)模型示意图

  CNTs 六边形图案来自石墨结构,然而纳米管的电性质取决于六边形的相对取向。纳米管既可以是半导体,也可以是金属性导体。采取椅形取向时,CNTs 显示出显著的高导电性,电子能够流过零散射和零散热的微米长度的纳米线。CNTs 也有非常高的热导率,能与已知最好的热导体(例如金刚石、石墨和石墨烯)相提并论。与石墨烯一样,纳米管被看作集成电路连接器最理想的纳米材料。这种材料可能会解决计算机产业中两个关键性挑战:散热和提高处理速度。

  除 CNTs 外,人们也已找到类似的方法制备与 C 具有共同成键特性的纳米管,包括半导体和金属氧化物。例如,BN、ZnO、ZnSe、Zn、InP、GaAs、InAs 和 GaN 都能制成纳米管。这些纳米管由于具有新的电性质和小的尺寸而受人关注。

## 11.3 石墨烯

石墨烯是碳原子按六边形排列的单层石墨(图 11.10)。英国曼彻斯特大学的 Andre Geim 和 Konstantin Novoselov 因对石墨烯的开创性工作获得了 2010 年的诺贝尔物理学奖。石墨烯具有非凡的性质,往往被称为神奇的材料。它是已知强度最好的材料,断裂强度约为结构钢的 200 倍。石墨烯具有最高纪录的热导率,比其他任何晶体显示出更大的弹性(可拉伸 20%)。石墨烯也展现出一些其他的重要性质,例如,随着温度的升高而收缩,显示柔韧性的同时也显示其脆性,因此虽然可进行折叠,但在高应力下也会像玻璃一样碎裂。对气体具有不可透性。石墨烯显示的高电导率引起人们的关注,预计将来可能被用在计算机硬件上代替硅。然而,这种应用的实现还有一段路要走,这是因为石墨烯没有带隙,永久性导电不能被切断。

图 11.10　石墨烯结构

### 11.3.1　石墨烯的合成方法

**1. 机械剥离法**

机械剥离法是一种物理方法,石墨层状结构之间的范德华作用力受到机械外力的影响之后,进而实现单层石墨烯分离的最终目的。2004 年,英国曼彻斯特大学和俄罗斯微电子技术研究所的物理学家首先采用胶带反复粘贴石墨的方法制备了少量单层石墨烯,他们在石墨上刻蚀出沟槽并转移至玻璃衬底上,借助透明胶带对石墨表面上的石墨片层进行反复的剥离,得到一定数量的单层石墨烯;然后利用丙酮溶剂将其浸泡,并在溶剂中添加适量的单晶硅片,经过超声剥离后,单晶硅表面就吸附一定的石墨烯,最终实现单层石墨烯的制备。该制备方法能够产出尺寸为 100 μm 的单层石墨烯材料,且晶体结构完整、稳定,操作便捷,成本较少。但是生产效率不高,大规模生产的要求难以实现。

**2. 氧化还原法**

通过强酸和强氧化剂破坏石墨的晶体结构,再利用还原剂将其还原成石墨烯(图

11.11）。目前，Hummers 法以及改良后的 Hummers 法是制备石墨烯的普遍方法，它的过程大致上可分为氧化与还原两步。具体讲就是通过一定的氧化处理得到基本分子结构为 C 六边形且表面有着大量羟基、羧基、环氧等含氧基团的氧化石墨烯（GO），由于 GO 拥有大量的含氧基团，所以减弱了其层与层之间的范德华力，然后再通过还原的方式脱去其分子结构上的羟基，以及其他含氧基团，重新建立其石墨烯的层状结构，最后得到石墨烯（还原氧化石墨烯，RGO）。常见的强氧化剂主要是高锰酸钾和浓硫酸，还原剂是强碱、硼氢化钠、对苯二酚、水合肼以及氢碘酸等。研究也发现，多种还原法相结合形成的多步还原法的效率比单一还原法的效率更高。氧化还原法制备石墨烯的方法简单易行、成本低廉，在制备过程中也没有苛刻的条件，但缺点是制备得到的氧化还原石墨烯质量不高。

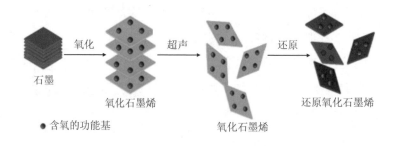

图 11.11　氧化还原法制备石墨烯

**3. CVD 法制备石墨烯**

CVD 法能够实现对石墨烯材料的大面积高效生产，其主要原理在于运用前驱体气体（例如甲烷和乙烯等）的高温热分解对碳原子进行分解产出，接着运用高温退火的办法，促使基底表面上沉积一定的碳原子并生长为石墨烯，最终运用化学腐蚀法或者是相应的转移技术从基底上分离石墨烯片层（图 11.12）。该方法多选用 Ni、Cu 薄膜作为基底材料，该基底材料还具备催化剂的功效。依据具体的沉积方法，化学气相沉积法分为热化学气相沉积法和等离子体增强气相沉积法两种类型。

经由 CVD 法进行的取向生长可能使用不同的含碳源在金属底物上进行，一个有代表性的沉积过程是用 $CH_4/H_2$ 的混合物在 $\geq 1\,000$ ℃ 的条件下进行的。使用铜箔作为底物，在非常低的压力下，形成单层石墨烯之后石墨烯的生长即自动停止。在铜箔上沉积之后，石墨烯薄膜在卷动过程中被转移至聚合物底衬上。这一过程中聚合物薄膜被压至由石墨烯覆盖的铜箔的顶端，然后用酸刻蚀掉金属。这种方法能够生产出尺寸大小超过 50 cm 的单层石墨烯薄膜，在电子工业的许多应用中具有潜在重要性。

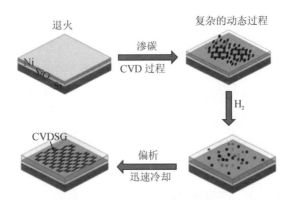

图 11.12　CVD 法制备石墨烯

热 CVD 法沉积石墨烯的机理是：气态的碳原子物理或化学吸附在金属基底的表面上，化学吸附发生时，一部分碳原子将进入到金属晶体的内部，形成金属碳化物，然后随着温度的下降，金属内部的碳原子将在表面上重新析出，同时和表面发生物理吸附作用的碳原子结合到一起，最终生成石墨烯。在整个 CVD 催化体系中，金属基底至关重要，其电子结构和晶格参数会对后续石墨烯生长层状结构的稳定性和质量产生直接影响。

等离子体增强气相沉积石墨烯的方法，就是利用产生的等离子体，提升反应气体的活性，使得在较低的温度下沉积得到石墨烯。

### 11.3.2　石墨烯的应用前景

石墨烯是个非常好的电导体，理论电阻率低于最好的简单金属（如银）的电阻率。石墨烯在室温下也显示出非常高的热导率（$>5\,000\ \text{W}\cdot\text{m}^{-1}\cdot\text{K}^{-1}$），此值高于碳纳米管、石墨和金刚石的热导率。这些性质未来对含石墨烯成分的任何电子方面的应用具有潜在的重要性。由于电子设备体积的不断缩小和线路密度不断增加，低电阻产生的热量损失和高热导率（消散产生的热量）会使设备具有更高的可靠性。

在垂直于层的方向上，石墨烯是已知最强和最硬的材料之一，而且也非常轻。而且，它沿着层方向的伸展性可达初始长度的 20%。这些性质意味着石墨烯可添加至聚合物中制成复合材料，使复合材料具有良好的比物理性质（例如单位质量的强度）。因为石墨烯也能导电，掺入聚合物也可在一定程度上增大聚合物的导电性。这样的复合材料不会积存摩擦产生的静电荷，已被用于静电放电可能造成危害的场合，例如用在电路板的包装上。

光透过石墨烯时只有 2.3% 被吸收,因而肉眼可以看到单层膜。然而,高透光性和高导电性的结合凸显出石墨烯在显示器(尤其是折叠式电子显示屏和"智能窗")方面的潜在应用。在这种类型的智能窗中,一层极性的液晶分子被夹在两个由石墨烯和透明聚合物组成的折叠式电极中。设备不存在外加电压时,随机排列的液晶将光散射使智能窗不透明。在石墨烯层两端加上电压就会呈现极性分子定向排列,从而允许部分光通过设备,从而导致智能窗变得透明。

类似于大多数金属和石墨的表面,石墨烯也可吸附各种原子和分子,例如吸附 $NO_2$、$NH_3$、K 和 $H_2O/OH$。这些吸附物作为石墨烯层的给予体或接受体,会导致膜中可移动的电子数发生变化。可用被吸附物种的传感器测量导电性的变化。点缺陷可以多种形式引入石墨烯,这些形式包括碳空位、位点被取代(例如以氮取代碳)和在其表面上添加原子。点缺陷的引入会导致生成"磁性石墨烯",从而显现在自旋电子学领域的应用。石墨作为电池材料具有重要的应用,高比表面积的石墨烯在这种应用中可能显示出更好的性质。

自从发现石墨能够被剥离、沉积为单分子层以来,化学家们开始转向研究其他具有层状结构的化合物,一旦研究出这种形式的化合物之后就会继续研究它们的性质。这样的化合物包括金属二硫化物 $MS_2$(M = Ti、Nb、Ta、Mo、W)和层状氧化物(如 $V_2O_5$)。

## 11.4 部分结晶的碳

低结晶度碳具有多种形式。这些部分结晶的材料(包括炭黑、活性炭和碳纤维等)具有相当大的工业价值。因为没有适于进行全 X 射线分析的单晶,其结构一直不明确,然而有信息表明其结构类似于石墨,但结晶度和颗粒形状不同。

炭黑是颗粒度非常小的碳,是在缺氧条件下燃烧烃类制备的(年产量超过 800 万吨)。研究人员对其结构提出了两种假说:一种类似于石墨的平面堆叠,另一种是像富勒烯那样的多层球(图 11.13)。炭黑作为颜料大量用作打印机的墨粉(如印刷书籍的墨粉);作为橡胶制品(包括轮胎)的填料,能够大大改善橡胶的强度和耐磨性,并有助于保护橡胶避免被阳光所降解。

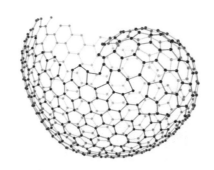

图 11.13　炭黑粒子的建议结构,弯曲的碳原子网未完全闭合

活性炭是用有机材料(包括椰壳)的受控热解制备的。活性炭具有因粒度小而导致的高比表面积(有时超过 1 000 $m^2 \cdot g^{-1}$),因此对分子而言,活性炭是一种非常有效的吸附剂,包括吸附饮用水中的有机污染物、空气中的有毒气体和反应混合物中的杂质。有证据表明,片层(由六元环组成)边缘的部分表面被氧化产物所覆盖,这种氧化产物包括羧基和羟基。这种结构能解释它的部分表面活性。

碳纤维是用沥青纤维或合成纤维在受控热解条件下制备的,可被掺入各种高强度塑料制品(如网球拍和飞机部件)中。碳纤维的结构与石墨的结构类似,但它的层是由平行于纤维轴的带(而不是石墨的扩展层)组成的。面内很强的化学键(这一点与石墨相似)赋予纤维很高的拉伸强度。

## 思考题

1. $C_{60}$ 的合成方法主要有哪几种?请简单描述每种方法。

2. $C_{60}$ 在哪几种溶剂中的溶解度较大?常用哪种溶剂抽提或萃取 $C_{60}$,以达到分离高碳富勒烯的目的?

3. 请简单描述 $C_{60}$ 常用的几种分离提纯方法。

4. 请简单描述固态 $C_{60}$、$K_6C_{60}$、$K_3C_{60}$ 的晶体结构。

5. 碳纳米管主要有哪几种合成方法?请简单描述每种方法。

6. 石墨烯主要有哪几种合成方法?请简单描述每种方法。

# 第 12 章　材料分析方法

材料的成分、结构、加工和性能是材料科学与工程的四个基本要素,成分和结构从根本上决定了材料的性能,对材料的成分和结构进行精确表征是材料研究的基本要求,也是实现性能控制的前提。

材料分析方法主要有形貌分析、物相分析、成分与价键分析、分子结构分析四大类方法。主要原理是利用入射电磁波(X 射线、电子束、可见光、红外光)与材料作用,产生携带样品信息的各种出射电磁波(X 射线、电子束、可见光、红外光),探测这些出射电磁波的信号,进行分析处理,即可获得材料的组织、结构、成分、价键信息。另外,基于其他物理或电化学性质与材料的特征关系建立的色谱分析、质谱分析、电化学分析及热分析等方法也是材料现代分析的重要方法。相对而言,上述四大类方法在材料研究中应用得更加频繁。

## 12.1　材料分析的内容

材料分析的内容主要包括下面四个方面。

(1) 表面和内部组织形貌

表面和内部组织形貌包括材料的外观形貌(如纳米线、断口、裂纹等)、晶粒大小与形态、各种相的尺寸与形态、含量与分布、界面(表面、相界、晶界)、位向关系(新相与母相、孪生相)、晶体缺陷(点缺陷、位错、层错)夹杂物、内应力。常用的表征技术有：扫描电子显微镜（SEM）、透射电子显微镜（TEM）、扫描隧道显微镜（STM）和原子力显微镜（AFM）等。

（2）晶体的相结构

晶体的相结构即材料晶体结构（或称相结构），包括晶体结构类型和晶体常数及相组成（一种材料中可能包括两种或两种以上的相结构）。表征材料晶体结构主要的手段是 X 射线衍射（XRD），有多晶粉末衍射（PXRD）和单晶衍射。

（3）化学成分和价键（电子）结构

化学成分和价键（电子）结构包括宏观和微区化学成分（不同相的成分、基体与析出相的成分）、同种元素的不同价键类型和化学环境。常见的表征手段有 X 射线光电子能谱仪（XPS）和电子显微探针分析仪（EMPA）。

（4）有机物的分子结构和官能团

有机物的分子结构和官能团主要针对包含有机基团的材料表征，有红外光谱（IR）、拉曼光谱（Raman）、荧光光谱（PL）以及核磁共振（NMR）等表征手段。

当然，材料都是具有一定性能的，除了上述分析内容，还需要对材料的某一方面性能进行表征，例如热学性能、力学性能、电学性能、光学性能、磁学性能、化学性能以及生物医学性能等。常用的表征技术有热分析技术（TA），包括热重（TG）、差示扫描量热（DSC）、热机械（TM）等；电化学和光化学测试、发光材料测试及磁性材料测试。

## 12.2　X 射线衍射结构测定

X 射线衍射技术是测定化合物和材料结构最重要的方法，该法已被用来测定了几十万个不同物质的结构。该法是用来确定原子和离子在固体化合物中的位置，通过一些特征性质（如键长、键角以及晶胞中离子和分子之间的相对位置）对结构进行描述。

### 12.2.1　X 射线的产生

X 射线是德国物理学家伦琴在 1895 年研究真空管高压放电现象时偶然发现的，又称伦琴射线，伦琴因此获得了 1901 年的诺贝尔物理学奖。X 射线是通过 X 射线管产生的，图 12.1 是 X 射线管的结构示意图。X 射线管是工作在高电压下的真空二极管,包含有两个电极:一个是用于发射电子的灯丝,作为阴极;另一个是用于接受电子轰击的金属靶材,作为阳极。两极均被密封在高真空的玻璃或陶瓷外壳内。

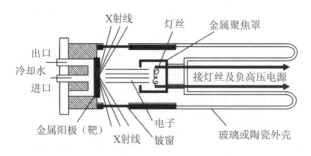

图 12.1　X 射线管结构示意图

常用 Cu、Mo、Cr、Fe、Ni 等金属作为阳极靶材来产生 X 射线。当灯丝中发出的电子达到一定的能量,电子受高压电场的作用以高速轰击阳极靶材,得到 X 射线谱,即 X 射线的强度随波长变化的关系曲线,如图 12.2 所示。产生的 X 射线有连续谱 X 射线和特征谱 X 射线。连续谱 X 射线由高速电子与阳极靶的原子碰撞时,电子失去动能所发射的光子而形成。随电压增加,X 谱线上出现尖峰,尖峰在很窄的电压范围出现,产生 X 光的波长范围也很窄,称为特征 X 射线。特征谱 X 射线的产生与阳极物质的原子内部结构紧密相关,它是高能电子轰击金属靶,使原子内层电子被轰出电子层,在内层形成空穴,该空穴会立即被较高能级电子层上的电子所填充,并发出电磁辐射,这便是特征 X 射线,其波长范围为 0.05~0.25 nm。在 X 射线多晶衍射中,主要利用 K 系射线辐射,即高能电子击走 K 层电子后,L 层(产生的辐射为 $K_\alpha$)或 M 层(产生的辐射为 $K_\beta$)电子填充 K 层电子而产生的 X 射线(图 12.3),它相当于一束单色 X 射线。

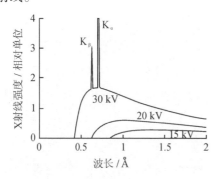

图 12.2　X 射线谱

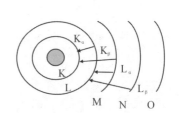

图 12.3　特征 X 射线产生示意图

可看出,K 系射线分为 $K_\alpha$(L 层电子填充)和 $K_\beta$(M 层电子填充)两种波长略有差异的射线。而 X 射线衍射仪要求使用单色 X 射线。因此，需要把 $K_\beta$ 滤去，传统的方法是在光路上加入一个滤波片。XRD 测试一般使用铜靶，在光路上增加一个石墨晶体单色器来去除 $K_\beta$ 射线。单色器可以去除衍射背底，也可以去除 $K_\beta$ 射线的干扰。Cu 的特征谱线及波长为：$K_{\alpha 1}$(0.154 056 nm)，$K_{\alpha 2}$(0.154 439 nm)，$K_{\beta 1}$(0.139 222 nm)。对于铜靶，$K_\alpha$ 波长取 $K_{\alpha 1}$ 与 $K_{\alpha 2}$ 的加权平均值，其值为 0.154 184 nm，称作 $CuK_\alpha$。

### 12.2.2 晶体对 X 射线的衍射

X 射线与物质的相互作用主要有 X 射线散射和吸收。其中相干散射是 X 射线在晶体中衍射的基础。当 X 射线通过物质时，物质原子的电子在电磁场的作用下将产生受迫振动，同时向四周辐射出与入射 X 射线波长相同的散射 X 射线，由于散射波与入射波的频率或波长相同，位相差恒定，在同一方向上各散射波符合相干条件，故称为相干散射。

当一束 X 射线照射晶体时，在晶体背后放置一张照相底片，会发现底片上产生有规律分布的斑点，如图 12.4 所示。可以这样来解释这些有规律分布的斑点：当一束 X 射线照射到晶体上时，首先被电子所散射，每个电子

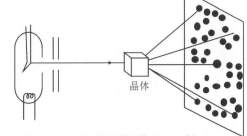

图 12.4 X 射线穿过晶体产生衍射

都是一个新的辐射波源，向空间辐射出与入射波同频率的电磁波，可以把晶体中每个原子都看作一个新的散射波源，同样各自向空间辐射与入射波同频率的电磁波。由于这些散射波之间的干涉作用，使得空间某些方向上的波相互叠加，在这个方向上可以测到衍射线，而另一些方向上波相互抵消，没有衍射线产生。所以说，X 射线在晶体中的衍射现象，是大量的原子散射波互相干涉的结果。

考虑到 X 射线的波长和晶体内部原子间的距离($10^{-8}$ cm)相近，1912 年，德国物理学家劳厄(Laue)提出一个重要的科学预见：晶体可以作为 X 射线的空间衍射光栅，即当一束 X 射线通过晶体时将发生衍射，衍射波叠加的结果使 X 射线的强度在某些方向上加强，在其他方向上减弱。分析在照相底片上得到的衍射图形，便可确定晶体结构。晶体结构的差别会产生形态各异的衍射图形。

X 射线衍射分析晶体结构的两个主要依据是劳厄方程和布拉格(Bragg)方程。劳厄方程从一维点阵出发，布拉格方程从平面点阵出发，两个方程是等效的。这里，我们简单介绍布拉格方程。

布拉格方程主要依据以下两点：

①X 射线在晶体中的衍射,实质上是晶体中各原子散射波之间的干涉结果。由于衍射线的方向恰好相当于原子面对入射线的反射,所以借用镜面反射规律来描述衍射几何。将衍射看成反射,是布拉格方程的基础。但是,衍射是本质,反射仅是为了使用方便。

②与可见光的镜面反射不同,原子面对 X 射线的反射并不是任意的,只有当 $\theta$、$\lambda$、$d$ 三者之间满足布拉格方程时才能发生反射,所以把 X 射线这种反射称为选择反射,即衍射方向的选择性(图 12.5)。

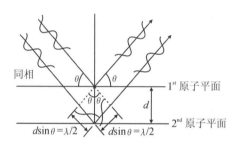

图 12.5 布拉格方程中 X 射线衍射(反射)的条件

一束波长为 $\lambda$ 的单色 X 射线照射晶体时,观察到的衍射图形遵从布拉格方程式:

$$2d \sin\theta = n\lambda$$

这里的 $d$ 是晶面间距;$n$ 为整数,称为反射级数;$\theta$ 为入射线或反射线与反射面的夹角,称为掠射角,由于它等于入射线与衍射线夹角的一半,故又称为半衍射角,把 $2\theta$ 称为衍射角。因 $\lambda$ 已知,$\theta$ 可以测得,从而可以计算各组晶面的 $d$ 值。布拉格方程是 X 射线在晶体产生衍射的必要条件而非充分条件。有些情况下晶体虽然满足布拉格方程,但不一定出现衍射线,即所谓系统消光。

有的情况下,当晶面间距($d$ 值)足够大,以致 $2d\sin\theta$ 有可能为波长的 2 倍或者 3 倍,甚至更多倍数时,会产生二级或多级反射。这时,布拉格方程可写为:

$$2(d/n)\sin\theta = \lambda$$

这样,把 $(hkl)$ 晶面的 $n$ 级反射看成与 $(hkl)$ 晶面平行、晶面距为 $(nh, nk, nl)$ 的晶面(虚晶面)的一级反射。如果 $(hkl)$ 的晶面间距是 $d$,$n(hkl)$ 晶面间距是 $d/n$(图 12.6)。

反射级数是针对实际晶面 $(hkl)$ 而言,对于虚晶面,例如 $n(hkl)$,只有一级反射。如果不考虑晶面是否是虚拟的,布拉格方程可写为:

$$2d \sin\theta = \lambda \tag{12-1}$$

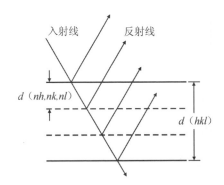

图 12.6　多级反射中的虚晶面(虚线)示意图

由(12-1)可知,只有当 $\lambda$、$\theta$ 和 $d$ 三者之间满足布拉格方程时才能发生衍射;能够被晶体衍射的 X 射线的波长必须小于参加衍射的晶体中最大面间距的 2 倍($\lambda < 2d$)(产生衍射的极限条件);当 X 射线的波长一定时,晶体中有可能参加反射的晶面族也是有限的,必须满足 $d > \lambda/2$。

原子或离子散射 X 射线的能力与其电子数成正比,而测得的衍射最大值的强度正比于该数值的平方。衍射图案是晶体化合物中原子位置和原子类型(依原子中电子数的不同而不同)的特征,为 X 射线衍射角和衍射强度的测量提供了结构方面的信息。由于与电子数目有关,X 射线衍射法对化合物中任何富电子原子都很敏感。例如,$NaNO_3$ 的 X 射线衍射显示,三种原子(所含的电子数几乎相同)的衍射强度接近;而 $Pb(OH)_2$ 的散射和结构信息主要是由铅原子决定的。

X 射线衍射技术主要有两种:第一种叫粉末法(Powder method),即粉末 X 射线衍射(PXRD),主要用于研究多晶材料;第二种叫单晶衍射(Single-crystal diffraction),样品为数十微米或更大尺寸的单晶。晶体学仍在普遍使用 Å($1 \text{ Å} = 10^{-10}$ m $= 10^{-8}$ cm $= 10^2$ pm)作为计量单位。该单位使用起来比较方便,因为键长通常在 1~3 Å 之间,而用于得到它们的 X 射线波长范围通常在 0.5~2.5 Å 之间。

### 12.2.3　粉末 X 射线衍射(PXRD)及其应用

粉状样品(多晶)含有很多小微晶,其尺寸通常在 0.1~10 μm 之间并随机取向。射至多晶样品上的 X 射线束被散射至所有方向,在满足布拉格方程的某一角度发生相长干涉。其结果是每一组晶格间距为 $d$ 的原子平面产生一个衍射强度的锥体。每个锥体由一组密集的衍射线构成,其中每条衍射线代表粉末样品中单个晶粒的衍射,如图 12.7(a)。衍射锥由每个微晶产生的成千上万个独立衍射点聚集而成。图 12.7(b)为粉末样品衍射图案的影像,未衍射的直通光束处于图像中心,对应于不同晶面间距 $d$ 的各个衍射锥在图上为同心圆。图 12.8(a)是反射模式下粉末衍射仪操作示意图,X 射线散射来自安装在平板上的样品,粉末衍射仪用电子检测器测量衍射光束的角度。弱吸收化合物的样品可安放在毛细管内,并在透射模式下收集衍射数据。围绕样品沿圆周线扫描该检测器在不同衍射最大值位置切过衍射锥,记录 X 射线强度随检测器角度而变化,如图 12.8(b)。

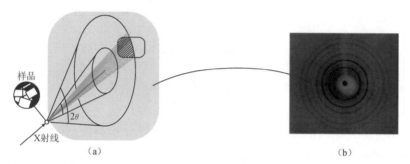

图 12.7　粉末样品 X 射线散射产生的衍射锥(a)和粉末样品衍射图案的影像(b)

注:未衍射的直通光束处于图像中心,对应于不同间距 $d$ 的各个衍射锥在图上为同心圆。

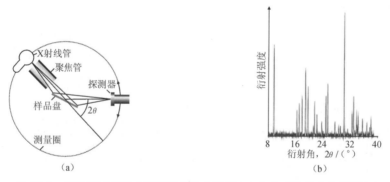

图 12.8　反射模式下粉末衍射仪操作示意图(a)和典型的粉末衍射图(b)

反射的数量和位置取决于晶体的晶胞参数、晶系、晶格类型以及用于收集数据的波长;峰的强度依赖于晶体中原子的类型和位置。几乎所有的晶态固体在反射角和强度方面具有特征的粉末 X 射线衍射图案。对混合化合物的样品而言,各物相仍然保持着各自特征的衍射角和强度。一般说来,该法的灵敏度足以检测混合样品中小剂量(质量百分含量为 5%~10%)的晶体组分。

图 12.9 给出了纤锌矿结构 ZnO 的粉末 X 射线衍射图,相应衍射峰给出了对应的晶面,如在 $2\theta = 31.77°$ 的衍射峰是(100)晶面产生的。通过布拉格方程,可以计算出(100)晶面的间距 $d = 2.814$ nm。

粉末 X 射线衍射的有效性使其已经成为表征多晶无机材料的主要技术,表 12.1 是粉末 X 射线衍射的主要应用。每种晶相都有其固有的特征粉末衍射图,它们像人

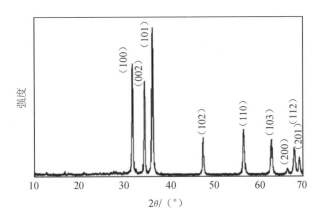

图 12.9 纤锌矿结构 ZnO 的粉末 X 射线衍射图

的指纹一样,可用于对材料晶相的鉴定。1942 年,美国材料试验协会(The American Society for Testing and Materials)编辑了约 1 300 张衍射数据卡片(ASTM 卡片)。1969 年成立了国际"粉末衍射标准联合委员会(JCPDS)",负责编辑和出版粉末衍射卡片,即 PDF(Powdered Diffraction File)卡片。1978 年,为了凸显该工作的全球性,JCPDS 更名为国际衍射数据中心(International Centre for Diffraction Data,ICDD),2019 年 3 月,ICDD 并购 Material Data(MDI),开始发行新版 JADE 软件,JADE 是一种功能强大、全功能的 XRD 图处理和分析软件,尤其注重定量分析和鉴定物相,可实现非常规少量物相的准确鉴定和定量分析。2019 年 1 月,ICDD 在北京成立代表处,是目前 ICDD 唯一的海外分支机构。

表 12.1 粉末 X 射线衍射的应用

| 应用 | 典型应用和提取的信息 |
| --- | --- |
| 鉴定未知材料 | 多数晶相物质的快速鉴定 |
| 确定样品纯度 | 监测固相中化学反应的进程 |
| 确定和精修晶格参数 | 相鉴定和监测作为组分函数的结构 |
| 研究相图/新材料 | 绘制组分和结构的相图 |
| 测定微晶大小/压力 | 粒子大小的测定和冶金学上的应用 |
| 结构精修 | 从已知的结构类型提取晶体学数据 |
| 结构测定的从头算 | 某些情况下没有初始晶体结构信息也可能确定结构(通常需要高精度) |
| 相变/膨胀系数 | 作为温度的函数(通常在 100~1 200 K 温度区间内的冷却或加热)的研究工作;观察结构转化 |

图 12.10 是莫来石的 PDF 卡片,给出的信息有(依次从左到右、从上到下):①三条最强衍射线强度及对应的面间距、最大面间距及强度;②辐射光源、波长、滤波片、相机直径、所用仪器可测最大面间距、测量相对强度的方法、数据来源;③晶系、空间群、晶胞边长、轴率、$A = a_0/b_0$ 和 $C = c_0/b_0$、轴角、单位晶胞内"分子"数、数据来源;④折射率、光学正负性、光轴角、密度、熔点、颜色、数据来源;⑤样品来源、制备方法、升华温度、分解温度等;⑥物相名称;⑦物相的化学式与数据可靠性(可靠性高——★,良好——i,一般——空白,较差——O,计算得到——C);⑧全部衍射数据。

| $d$ | 3.39 | 3.43 | 2.21 | 5.39 | | | | $3Al_2O_3 \cdot 2SiO_2$ ★ | | |
|---|---|---|---|---|---|---|---|---|---|---|
| $I/I_1$ | 100 | 95 | 60 | 50 | Aluminum Silicate | | | | | |
| Rad. CuK$_\alpha$ λ 1.5405 Filler Ni Dia. Cut off  $I/I_1$ Diffractometer Ref.  National Bureau of Standards (U.S.) Monograph 25 Set. 3(1964) | | | | | $d(Å)$ | $I/I_1$ | $hkl$ | $d(Å)$ | $I/I_1$ | $hkl$ |
| | | | | | 5.39 | 50 | 110 | 1.7125 | 6 | 240 |
| | | | | | 3.774 | 8 | 200 | 1.7001 | 14 | 321 |
| | | | | | 3.428 | 95 | 120 | 1.6940 | 10 | 420 |
| Sys. Orthorhombic  S.G. Pbam(55) $a_0$ 7.5456  $b_0$ 7.6898  $c_0$ 2.8842 A 0.98124   C 0.37506 α  β  γ  Z 3/4  Dx 3.170 Ref. Ibid. | | | | | 3.390 | 100 | 210 | 1.5999 | 20 | 041 |
| | | | | | 2.886 | 20 | 001 | 1.5786 | 122 | 401 |
| | | | | | 2.694 | 40 | 220 | 1.5644 | 2 | 141 |
| | | | | | 2.542 | 50 | 111 | 1.5461 | 2 | 411 |
| | | | | | 2.428 | 14 | 130 | 1.5242 | 35 | 331 |
| ε α  1.637  n ω β  1.641  ε γ 1.652   Sign 2V   D   mp   Color Clorless Ref. Ibid. | | | | | 2.393 | <2 | 310 | 1.5067 | <2 | 150 |
| | | | | | 2.308 | 4 | 021 | 1.4811 | <2 | 510 |
| | | | | | 2.292 | 20 | 201 | 1.4731 | <2 | 241 |
| | | | | | 2.20 | 60 | 121 | 1.4605 | 8 | 421 |
| | | | | | 2.121 | 25 | 230 | 1.4421 | 18 | 002 |
| Sample was prepared at NBS by C. Robbins. Spec. anal.: 0.01 to 0.1 Fe, and 0.001 to 0.01 each of Ca, Cr, Mg, Mn, Ni, Ti, and Zr. Pattern was made at 25 ℃. Chem. Anal. Showed 61.6 $Al_2O_3$ 38 (mole.) $SiO_2$ | | | | | 2.106 | 8 | 320 | 1.4240 | 4 | 250 |
| | | | | | 1.969 | 2 | 221 | 1.4046 | 8 | 520 |
| | | | | | 1.923 | 2 | 040 | 1.3932 | <2 | 112 |
| | | | | | 1.887 | 8 | 400 | 1.3494 | | 341 |
| | | | | | 1.863 | <2 | 140 | 1.2462 | 6 | 440 |
| | | | | | 1.841 | 10 | 311 | 1.3356 | 12 | 151 |
| | | | | | 1.7954 | <2 | 330 | plus 24 | lines | tol. 0065 |

图 12.10 莫来石的 PDF 卡片

基本晶体学信息(如晶格参数)通常不难从具有高精密度的粉末 X 射线衍射数

据中提取。衍射图中存在或缺失某些反射点的事实可用于确定晶格类型。近些年，拟合衍射图中峰强度的技术已成为提取结构信息（如原子位置）的常用方法。这种分析叫作 Rietveld 法（Rietveld method），该法涉及用计算的衍射图对实验信息进行拟合。该技术虽不如单晶法那样强大（确定出的原子位置准确度较小），但其优点是不需要培养单晶。

粉末 X 射线衍射法通常用于研究固态结构中相的形成和变化。某一金属氧化物的合成是否成功，可将采集到的粉末 X 射线衍射图与该氧化物单一纯相的衍射数据进行比较得到验证。实际上，在反应物被消耗的同时对产物相的形成进行观测，可以监控化学反应的进程。

晶体对 X 射线的衍射效应是取决于它的晶体结构的，不同种类的晶体将给出不同的衍射花样。假如一个样品内包含了几种不同的物相，则各个物相仍然保持各自特征的衍射图形不变。而整个样品的衍射图形则相当于它们的叠合。除非两物相衍射线刚好重叠在一起，一般二者之间不会产生干扰。这就为我们鉴别这些混合物样品中的各个物相提供了可能。关键是如何将这几套衍射线分开。这也是多相分析的难点所在。可以想象，一个样品中相的数目越多，重叠的可能性也越大。鉴别起来也越困难。实际上当一个样品中的相数多于 3 个以上时，就很难鉴别了。图 12.11 中(a)是以 MgO 和 $Al_2O_3$ 为原料合成 $MgAlO_4$ 的 XRD 谱，与原料 MgO、$Al_2O_3$ 及产物 $MgAlO_4$ 的 XRD 谱比较，可看出，(a)谱实际上是 MgO、$Al_2O_3$ 的混合相，并没有产物 $MgAlO_4$ 生成。

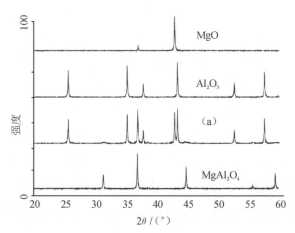

图 12.11　以 MgO 和 $Al_2O_3$ 为原料合成 $MgAlO_4$(a)的 XRD 谱

粉末 X 射线衍射除了进行材料的物相分析外，还可以进行定量分析。其原理是依据每一种物相各自的特征衍射线,而衍射的强度与物相的质量成正比,各物相衍射线的强度随该相含量的增加而增加。

当材料中的晶粒尺寸小于 10 nm 时,将导致多晶衍射实验的衍射峰显著增宽。依据粉末 X 射线衍射线的宽度与材料晶粒大小的关系,XRD 也可以测量纳米材料晶粒大小。其原理是依据 Scherrer 公式:

$$D = K\lambda/\beta_{1/2}\cos\theta$$

其中,$D$ 是沿晶面垂直方向的厚度,也可以认为是晶粒大小;$K$ 是衍射峰形 Scherrer 常数,一般取 0.89;$\lambda$ 是入射 X 射线的波长;$\theta$ 是布拉格衍射角;$\beta_{1/2}$ 是衍射的半峰宽,在计算的过程中,单位需转化为弧度(rad)。

例如,根据图 12.12 中 $TiO_2$ 纳米粉体(101)晶面的 X 射线衍射峰,当采用 Cu $K_\alpha$ 时,波长为 0.154 nm,衍射角 $2\theta$ 为 25.3°,半峰宽为 0.375°。根据 Scherrer 公式,可以计算获得晶粒的尺寸:

$$D = K\lambda/\beta_{1/2}\cos\theta = (0.89\times0.154)/(0.375\times\pi/180\times\cos25.3/2) = 21.5 \text{ nm}$$

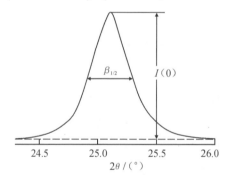

图 12.12　$TiO_2$ 纳米粉体(101)晶面的 X 射线衍射峰

利用 XRD 测定晶粒度的大小是有一定的限制条件的。一般当晶粒尺寸大于 100 nm,其衍射峰的宽度随晶粒大小的变化就不敏感了;而当晶粒尺寸小于 10 nm 时,其衍射峰随晶粒尺寸的变小而显著宽化。使用 Scherrer 公式测定晶粒度大小的适用范围是 5～300 nm。

此外,多晶材料中晶粒数目庞大,且形状不规则,衍射法所测得的"晶粒尺寸"是大量晶粒个别尺寸的一种统计平均。这里所谓"个别"尺寸是指各晶粒在规定的某一面网族的法线方向上的线性尺寸。因此,对应所规定的不同面网族,同一样品会有不同的晶粒尺寸。故要明确所得尺寸对应的面网族。

小角度的 X 射线衍射峰可以用来研究纳米介孔材料的介孔结构,如图 12.13 所示。这是目前测定纳米介孔材料结构最有效的方法之一。由于介孔材料可以形成很规整的孔,所以可以把它看作周期性结构,样品在小角区的衍射峰反映了孔洞周期的大小,可以用 XRD 的小角衍射测定孔壁之间的距离,从而获得介孔的孔径,但是,对于孔排列不规整的介孔材料,此方法不能获得其孔径周期的信息。

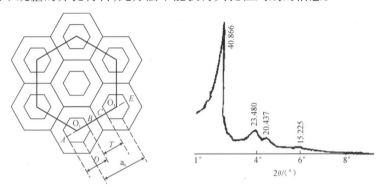

图 12.13　六方孔形 MCM-41 密堆积排列示意图及其小角 X 射线衍射图

### 12.2.4　X 射线单晶结构分析

解析单晶衍射数据是获得无机固体结构最重要的方法。只要能将化合物培养成有足够尺寸和品质的晶体,衍射数据就能提供分子和扩展晶格结构的确定信息。

单晶衍射数据的采集由衍射仪(图 12.14)完成,操作中晶体绕三个相互垂直的方向(分别表示为 $\omega$、$\varphi$ 和 $\chi$)旋转。四圆衍射仪(Four-circle diffractometer)中使用闪烁检测器测量被衍射 X 射线束的强度(它是衍射角 $2\theta$ 的函数)。大多数现代衍射仪使用对 X 射线灵敏的面探测器(Area detector)或影像板(Image plate)。这种探测器可同时测量大量散射极大值,因而在短短几个小时内就能完成完整的数据采集,如图 12.15 显示的是单晶 X 射线衍射的部分图案,图上各点源自晶体内不同原子平面的 X 射线散射所导致的衍射。

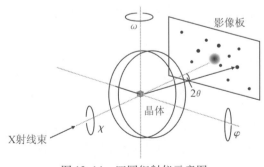

图 12.14　四圆衍射仪示意图

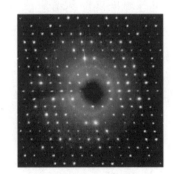

图 12.15　单晶 X 射线衍射的部分图案

根据晶体及其结构不同设置数据采集策略,通常至少要收集 1 000 个以上的衍射强度和方向的数据,通过直接法程序或者根据衍射数据提供的信息结合原子排布的知识选定一种尝试结构,通过原子位置的系统位移对尝试结构模型进行调整,直到计算的 X 射线衍射强度与观测值相符合。常用于解析晶体结构的分析软件是 Shelxtl 分析程序。随着计算能力的迅速提升,一位技术熟练的晶体学家可在一小时内完成一个无机小分子结构的确定。单晶 X 射线衍射可用于确定绝大多数无机化合物的结构,只要它们能长成约 50 μm×50 μm×50 μm 或更大尺寸的晶体。大多数无机化合物中的大多数原子(包括 C、N、O 和金属原子)的位置都可被准确地确定下来,键长的误差不到 1 pm。例如,单斜硫中 S—S 键长的报道数值为 204.7(3) pm 或 2.047(3) Å,括号中给出估计的标准偏差。

在只含轻原子(Z 约小于 18,即 Ar 之前)的无机化合物中,氢原子的位置可以被确定,但在同时含有重原子(如 4d 和 5d 系元素)的许多无机化合物中,氢原子位置的确定非常困难或者不可能。问题在于氢原子电子数只有一个,甚至氢原子与其他原子成键时往往被还原。此外,由于这个电子通常是化学键的一部分,X 射线衍射确定的电子密度的位置往往沿键的方向发生位移,使键的长度短于真实的核间距。无机化合物中氢原子的位置往往是用其他技术测定的。

单晶 X 射线衍射获得的分子结构通常用 ORTEP(Oak Ridge Thermal Ellipsoid Program)图表示,图 12.16 是顺铂[Pt(NH$_3$)$_2$Cl$_2$]的ORTEP图。椭球相应于原子位置处电子密度为 90% 的概率。ORTEP 图中的椭球表示散射电子密度最可能出现的空间的体积,考虑到热运动这一因素,椭球更准确的称谓应该是位移椭球。椭球大小随温度升高而增加,从而导致从数据获得的键长误差也随之增大。

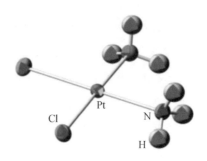

图 12.16 顺铂[Pt(NH$_3$)$_2$Cl$_2$]的 ORTEP 图

## 12.3　电子显微分析

通常,人眼可分辨的最小物体为 0.1~0.2 mm。借助光学显微镜,人们可观察到像细菌那样大小的物体。但许多材料是由更小的粒子组成的,光学显微镜由于用可见光作为照明束,分辨率不高,无法分辨这些微小的粒子。为了突破光学显微镜分辨率的极限,人们想到了以电子作照明束,并于 20 世纪 30 年代研制出了第一台透射电子显微镜。目前,高分辨透射电子显微镜的分辨率已达到原子尺度水平(~0.1 nm),比光学显微镜提高近两千倍。此外,利用电子束作为照明束不仅提高了成像分辨率,而且还可以得到有关物质微观结构的其他信息,使透射电镜成为物质形貌及微观结构研究的强有力手段之一。

20 世纪 30 年代以来,一系列电子显微分析仪器相继出现并不断完善,这些仪器包括透射电子显微镜、扫描电子显微镜和电子探针 X 射线显微分析仪等。利用这些仪器可以探测如形貌、成分和结构等材料微观尺度的各种信息,有力地推动了材料科学的发展。

### 12.3.1　透射电镜(TEM)

透射电子显微镜(Transmission Electron Microscope,TEM),简称透射电镜。是以波长极短的电子束作为照明源,用电子透镜聚焦成像的一种高分辨本领、高放大倍数的电子光学仪器。透射电镜主要由电子光学系统、电源系统和真空系统三部分组成。电子光学系统一般由电子枪、聚光镜、物镜、中间镜和投影镜等电子透镜、样品室和荧光屏组成,通常称作镜筒。图 12.17 是它的示意图。电源系统和真空系统是辅助系统,真空系统用来维持镜筒的真空度在 0.013 Pa($10^{-4}$ Torr)以上,以确保电子枪电极间绝缘,防止成像电子在镜筒内受气体分子碰撞而改变运动轨迹,减小样品污染等。

透射电镜通常采用热阴极电子枪来获得电子束作为照明源。热阴极发射的电子在阳极加速电压的作用下,高速穿过阳极孔,然后被聚光镜汇聚成具有一定直径的束斑照射到样品上,这种具有一定能量的电子束与样品发生作用,产生反映样品微区厚度、平均原子序数、晶体结构或位相差别的多种信息。透过样品的电子束强度,取决于这些信息,经过物镜聚焦放大在其平面上,形成一幅反映这些信息的投射电子像,经过中间镜和投影镜进一步放大,在荧光屏上得到三级放大的最终电子图像。

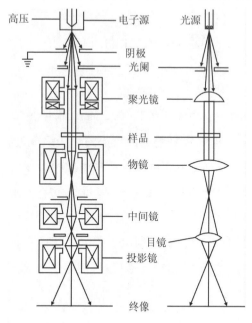

图 12.17　TEM 电子光学系统

透射电镜是一种高分辨率、高放大倍数的显微镜,其分辨率可到 0.1~0.2 nm,放大倍数为几万到百万倍,主要用于样品的形貌观察,若是晶态材料,还可以进行物相分析,配合选区电子衍射(SAED),对结晶度差或样品中某物相含量很低(XRD 检测不到)的样品,这时电子衍射就是一种很好的补充方法。同时结合样品形貌,还可以得到这一物相的分布情况。总之,现代透射电子显微镜是由电镜主机与各种附件的有机组合,它在提供高分辨率图像的同时,还能与能谱仪 EDS 及 CCD 附件同时采集数据,在提供 TEM 及扫描透射像(STEM)时,可以根据需要给出微区成分组成及含量、微相表征、结构鉴定等多功能对照分析,并实时显示在显示器上,同步进行,是完全准确的一一对应关系,直观高效。

透射电镜对于样品的制备要求较严。在透射电镜中,电子束是透过样品成像的,而电子束的穿透能力不大,这就要求要将试样制成很薄的薄膜样品。电子束穿透固体样品的能力,主要取决于加速电压(电子的能量)和样品物质的原子序数。一般来说,加速电压越高,样品原子序数越低,电子束可以穿透的样品厚度就越大。对于透射电镜常用的 50~100 kV 电子束来说,样品厚度控制在 100~200 nm 为宜。

透射电镜能够对各种类型的材料,如无机非金属材料、金属材料、有机高分子材料等进行形貌及微区结构表征。例如,图 12.18(a)是水热法制备 TiO$_2$ 的 TEM 图,可看出其形貌为薄的长片,厚度均一;(b)为高分辨透射电镜(HRTEM)图,可以清楚地看到 TiO$_2$ 的晶格条纹,说明合成的 TiO$_2$ 是晶态的。

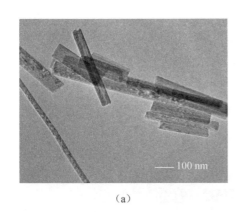
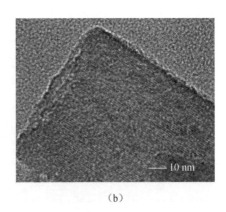

(a)             (b)

图 12.18 水热法制备的 TiO$_2$ 纳米棒 TEM 图(a)及其 HRTEM 图(b)

### 12.3.2 扫描电镜(SEM)

扫描电子显微镜(Scanning Electron Microscope,SEM),简称扫描电镜,是继透射电镜之后发展起来的一种电子显微镜,1965 年第一台商用 SEM 问世,随后得到了迅速发展。它弥补了透射电镜对样品要求高、制备较麻烦的缺点,是一种较为理想的表面分析工具。扫描电镜最大的优点是样品制备方法简单,可直接观察大块试样。此外,扫描电镜的景深大、放大倍数连续可调范围大、分辨本领比较高的特点,使它成为固体材料样品表面分析的有力工具,尤其适合于观察如材料断口和材料显微组织三维形态等比较粗糙的表面。扫描电镜不仅能做表面形貌分析,而且能配置各种附件,如与能谱仪(EDS)组合进行表面成分分析。现在的 SEM 已被广泛用于材料、冶金、矿物、生物学等领域。

扫描电子显微镜的成像原理和光学显微镜或透射电子显微镜不同,它是以电子束作为照明源,把聚焦的很细的电子束以光栅状扫描方式照射到试样上,通过电子与试样相互作用产生的二次电子(被入射电子轰击出来的样品核外电子,又称次级电子)、背散射电子(被固体样品中原子反射回来的一部分入射电子,又叫反射电子或初级背散射电子)等对样品表面或断口形貌进行观察分析。图 12.19 是扫描电镜工作原理示意图。由三级电子枪发射出来的电子束,在加速电压作用下,经过 2~3 个电子透镜聚焦后,在样品表面按顺序逐行进行扫描,激发样品产生各种物理信号,如二次电子、背散射电子、吸收电子、X射线、俄歇电子等。这些物理信号的强度随样品表面特征而变，它们分别被相应的收集器接收，经放大器按顺序、成比例放大后，送到显像管的栅极上，用来同步地调制显像管的电子束强度，即显像管荧光屏上的亮度，样品上电子束的位置与显像管荧光屏上电子束的位置是一一对应的。这样，在荧光屏上就形成一幅与样品表面特征相对应的画面，如二次电子成像、背散射电子成像等。画面上亮度的疏密程度表示该信息的强弱分布。

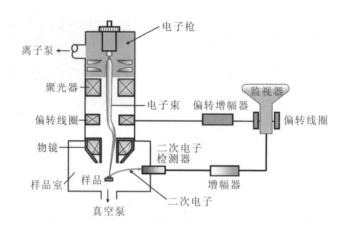

图 12.19　扫描电镜工作原理示意图

扫描电镜成像主要利用二次电子成像，90%的二次电子是来自样品外层的价电子，在扫描电子显微技术中反映样品上表面的形貌特征，主要是在表层 5～10 nm 深度范围内发射出来，能量较低。

扫描电镜的固体样品制备一般是非常方便的，对金属和陶瓷等块状样品，只需将它们切割成大小合适的尺寸，用导电胶将其粘接在电镜的样品座上即可直接进行观察。对于非导电样品如塑料、矿物等，在电子束作用下会产生电荷堆积，影响入射电子束斑和样品发射的二次电子运动轨迹，使图像质量下降。因此这类试样在观察前要进行喷镀导电层处理。

如图 12.20 是多孔氧化铝模板制备的金纳米线的扫描电镜照片。可看出，除去模板后的金纳米线直径均一，长度可达数十微米。图 12.21 是两种不同形貌样品的扫描电镜照片，能清楚地看到制备样品的形貌，ZnO 是粗细均一的纳米棒，而锰卟啉聚合物为大小不同的薄片堆积形成的花状形貌。所以，扫描电镜对样品形貌的表征直观、成像清晰、立体感强。

 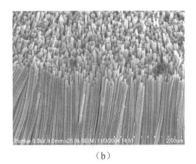

图 12.20　多孔氧化铝模板制备的金纳米线形貌的低倍像(a)和高倍像(b)

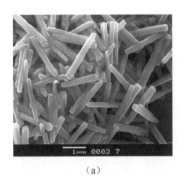 

图 12.21　微乳液法合成的 ZnO 纳米棒(a)和一种锰卟啉聚合物(b)的 SEM 图

SEM 和 TEM 各有其优点，SEM 看表面形貌更清晰，但对于某些具有空心的样品，TEM 因为是电子透过样品成像的，能看比 SEM(看不出空心)更清晰的形貌。图 12.22 示出碳纳米管的 SEM 图和 TEM 图的比较。可看出，扫描电镜只能看出碳纳米管是线状外形，只有透射电镜才能看出碳纳米管为中空的管状，且管壁为多壁碳纳米管。

 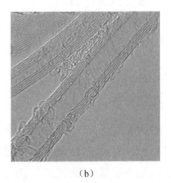

图 12.22　碳纳米管的 SEM 图(a)和 TEM 图(b)

## 12.4 成分和价键分析

大部分成分和价键分析手段是基于同一个原理,即核外电子的能级分布反映了原子的特征信息。利用不同的入射波激发核外电子,使之发生层间跃迁,在此过程中产生元素的特征信息。

按照出射信号的不同,成分分析手段有 X 光谱仪和电子能谱仪两类。X 光谱仪的出射信号是 X 射线,它是探测样品受激产生的特征 X 射线的波长或强度的设备,称为电子显微探针分析仪(Electron Microprobe Analysis,EMPA);电子能谱仪的出射信号是光电子,主要有 X 射线光电子能谱仪。

### 12.4.1 电子显微探针分析仪

由聚焦电子束激发样品元素的特征 X 射线,对微区成分进行定性或定量分析的方法,称为电子显微探针分析。电子显微探针分析仪是一种微区成分分析仪器,它利用被聚焦成小于 1 μm 的高速电子轰击样品表面,由 X 射线波谱仪或能谱仪检测从试样表面有限深度和侧向扩展的微区体积内产生的特征 X 射线的波长和强度,从而得到体积约为1 μm$^3$ 微区的定性和定量的化学成分。其中,利用特征 X 射线的波长不同来展谱,实现对不同波长 X 射线检测的仪器称作波长分散谱仪(WDS),简称波谱仪。利用特征 X 射线的能量不同来展谱,实现对不同能量 X 射线检测的仪器称作能量色散谱仪(EDS),简称能谱仪。

电子探针仪的样品制备质量的好坏,对分析结果影响很大。对用于电子探针分析的样品,必须严格保证样品表面的清洁和平整,特别是对于元素的定量分析,表面必须仔细抛光,以保证其平整光滑,这样得到的数据才具有参考价值。

电子探针分析一般有三种工作方式,即定点元素全分析(定性或定量)、线扫描分析和面扫描分析。

(1)定点元素全分析(定性或定量)

首先用同轴光学显微镜进行观察,将待分析的样品微区移到视野中心,然后使聚焦电子束固定照射到该点上。以波谱仪为例,记录 X 射线信号强度 $I$ 随波长的变化曲线,如图 12.23(a)所示,检查谱线强度峰值位置的波长,即可获得所测微区内含有元素的定性结果。通过测量对应某元素的适当谱线的 X 射线强度就可以得到这种元素的定量结果。图 12.23(b)是用能谱仪得到的定点元素谱线,与图 12.23(a)所示谱线有明显的差别。

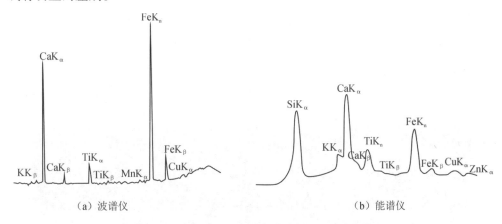

(a) 波谱仪　　　　　　　　　　　(b) 能谱仪

图 12.23　角闪石定点元素全分析 $I$-$\lambda$ 记录曲线

(2)线扫描分析

在光学显微镜的监视下,把样品要检测的方向调至 $x$ 或 $y$ 方向,使聚焦电子束在试样扫描区内沿一条直线进行慢扫描,同时用计数率计检测某一特征 X 射线的瞬时强度。若显像管射线束的横向扫描与试样上的线扫描同步,用计数率计的输出控制显像管射线束的纵向位置,这样就可以得到某特征 X 射线强度沿试样扫描线的分布,如图 12.24 以 TEOS 作为烧结助剂得到的 $Yb^{3+}$ 掺杂 YAG 透明陶瓷的 EDX 线扫描谱和对应的 HRTEM 晶格图片。

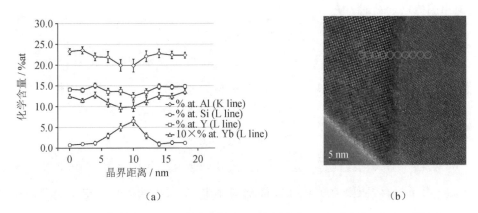

(a)　　　　　　　　　　　　　(b)

图 12.24　$Yb^{3+}$ 掺杂 YAG 透明陶瓷的 EDX 线扫描谱(a)和对应的 HRTEM 图(b)

### (3) 面扫描分析

和线扫描相似,聚焦电子束在试样表面进行面扫描,将 X 射线谱仪调到只检测某一元素的特征 X 射线位置,用 X 射线检测器的输出脉冲信号控制同步扫描的显像管扫描线亮度,在荧光屏上得到由许多亮点组成的图像。亮点就是该元素的所在处,因此根据图像上亮点的疏密程度就可确定某元素在试样表面上的分布情况。将 X 射线谱仪调整到测定另一元素特征 X 射线位置时就可得到那一成分的面分布图像,图 12.25 是 $TiO_2$ 试样中 Ti 和 O 元素的面扫描图,可看出,Ti 和 O 元素均匀分布于样品中。

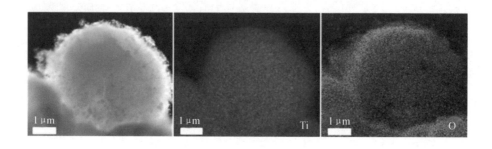

图 12.25 试样中 Ti 和 O 元素的面扫描图

### 12.4.2 X 射线光电子能谱分析(XPS)

X 射线光电子能谱(X-ray Photoelectron Spectroscopy,XPS)是一种用于测定材料中元素构成,及其中所含元素化学态和电子态的定量能谱技术。

当用 X 射线照射固体时,由于光电效应,原子的某一能级的电子被击出物体之外,此电子称为光电子。如果 X 射线光子的能量为 $h\nu$,电子在该能级上的结合能为 $E_b$,射出固体后的动能为 $E_c$,则它们之间的关系为:

$$h\nu = E_b + E_c + W_s$$

式中,$W_s$ 为功函数,它表示固体中的束缚电子除克服个别原子核对它的吸引外,还必须克服整个晶体对它的吸引才能逸出样品表面,即电子逸出表面所做的功。上式可另表示为:

$$E_b = h\nu - E_c - W_s$$

可见,当入射 X 射线能量一定后,若测出功函数和电子的动能,即可求出电子的结合能。由于只有表面处的光电子才能从固体中逸出,因而测得的电子结合能必然反映了表面化学成分的情况。这正是光电子能谱仪的基本测试原理。各种原子、分子的轨道电子结合能是一定的。因此,通过对样品产生的光子能量的测定,就可以了解样品中元素的组成。元素所处的化学环境不同,其结合能会有微小的差别,这种由化学环境不同引起的结合能的微小差别叫化学位移,由化学位移的大小可以确定元素所处的状态。例如某元素失去电子成为离子后,其结合能会增加,如果得到电子成为负离子,则其结合能会降低。因此,利用化学位移值可以分析元素的化合价和存在形式。

XPS 具有以下特点:

① 可以分析除 H 和 He 以外的所有元素;可以直接测定来自样品单个能级光电发射电子的能量分布,且直接得到电子能级结构的信息。

② 从能量范围看,如果把红外光谱提供的信息称之为"分子指纹",那么电子能谱提供的信息可称作"原子指纹"。它提供有关化学键方面的信息,即直接测量价层电子及内层电子轨道能级。而相邻元素的同种能级的谱线相隔较远,相互干扰少,元素定性的标识性强。

③ XPS 是一种无损分析,也是一种高灵敏超微量表面分析技术。分析所需试样约 $10^{-8}$ g 即可,绝对灵敏度高达 $10^{-18}$ g,样品分析深度约 2 nm。

XPS 曲线的横坐标是电子结合能,纵坐标是光电子的测量强度。可以根据 XPS 电子结合能标准手册对被分析元素进行鉴定。

XPS 是当代谱学领域中发展最活跃的分支之一,虽然只有十几年的历史,但其发展速度很快,在电子工业、化学化工、能源、冶金、生物医学和环境学中得到了广泛应用。除了可以根据测得的电子结合能确定样品的化学成分外,XPS 最重要的应用在于确定元素的化合状态。当元素处于化合物状态时,与纯元素相比,电子的结合能有一些小的变化,称为化学位移,表现为电子能谱曲线上的谱峰发生少量平移。测量化学位移,可以了解原子的状态和化学键的情况。

例如,$Al_2O_3$ 中的铝(+3 价)与纯铝(0 价)的电子结合能存在大约 3 eV 的化学位移,而氧化铜($CuO$)与氧化亚铜($Cu_2O$)存在大约 1.6 eV 的化学位移。这样就可以通过化学位移的测量确定元素的化合状态,从而更好地研究表面成分的变化情况。图 12.26 是二氧化钛涂层玻璃 XPS 全谱和高分辨的 Ti2pXPS 谱,包括 $Ti2p_{3/2}$ 和 $Ti2p_{1/2}$,通过分析,可得出样品中 Ti 元素存在 +4 和 +3 两种价态。

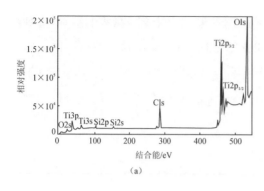 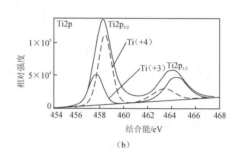

图 12.26 二氧化钛涂层玻璃 XPS 全谱(a)和高分辨 Ti2p XPS 谱(b)

## 12.5 热分析技术

热分析(Thermal Analysis, TA)是指在程序控制温度条件下,测量物质的物理性质随温度变化的函数关系的技术。热分析技术的基础是物质在加热或冷却过程中,随着其物理状态和化学状态的变化(如熔融、升华、凝固、脱水、氧化、结晶、相变、化学反应等),通常伴随有相应的热力学性质(如热焓、比热、导热系数等)或其他性质(如质量、力学性质、电阻等)的变化,因而通过对某些性质(参数)的测定可以研究物质的物理变化或化学变化过程。表 12.2 是热分析技术的主要分类,在此,我们主要介绍热重法(TGA)、差热分析(DTA)和差示扫描量热法(DSC)。

表 12.2 热分析技术的主要分类

| 测定物理量 | 方法名称 | 测定的物理量 | 方法名称 |
| --- | --- | --- | --- |
| 质量 | 热重法 TGA | 尺寸 | 热膨胀法 |
| | 等压质量变化测定 EGD | 力学量 | 热机械分析 TMA |
| | 逸出气检测 EGA | 声学量 | 热发声法、热传声法 |
| | 逸出气分析 | 光学量 | 热光学法 |
| 温度 | 差热分析 DTA | 电学量 | 热传声法 |
| 热量 | 差示扫描量热法 DSC | 磁学量 | 热磁学法 |

借助热分析技术可以获得化合物的热稳定性以及热分解反应的许多信息,包括测定熔点、沸点或升华温度,也可以测定多晶转变温度以及热分解过程的揭示。近年

来随着电子技术的进展使这个方法向微量、快速等方面发展,还形成了多种技术联用仪器,包括 TG/DSC 同步仪器以及逸出气体的红外、拉曼光谱以及色谱分离联用仪器,使得该应用领域逐渐扩大。

(1) 热重

热重分析(Thermogravimetry Analysis,TGA)是在程序控制温度下,测量物质质量与温度关系的一种技术。热重分析用热天平(电子微量天平)、温度程控炉和控制器(使样品同时加热和称重)组成的装置进行测量。样品称重后放进样品架,然后将其悬挂在炉里的天平上。炉温通常是线性升高的,也可使用更复杂的加热方式,例如使用等温加热和冷却程序。为使气氛得到控制,将天平和炉子置于封闭系统中。可以是惰性的或具有反应活性(取决于从事研究的性质)的气氛,可以是静止的或流动的气氛。流动性气氛的优点是可带走挥发性或腐蚀性物种,并能防止反应产物的凝结。此外,产生的任何物种都可送入质谱仪进行鉴别。

热重法实验得到的曲线称为热重(TG)曲线。TG 曲线以温度作横坐标,以试样的失重作纵坐标,显示试样的绝对质量随温度升高而发生的一系列变化。这些变化表征了试样在不同温度范围内发生的挥发组分的挥发,以及在不同温度范围内发生的分解产物的挥发。

热重分析是研究吸附、分解、脱水和氧化过程非常有用的一种方法。TG 曲线能够反映化合物在受热过程中有逸出气体产生时发生的化学变化或物理变化。如果出现平台,对应产生新相或新化合物,其组成根据失重计算来推测。图 12.27 是 $CaC_2O_4 \cdot 2H_2O$ 的 TG 曲线,有三个非常明

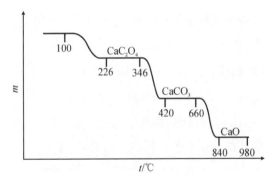

图 12.27　$CaC_2O_4 \cdot 2H_2O$ 的 TG 曲线

显的失重阶段:第一阶段表示 2 个 $H_2O$ 的失去;第二阶段表示 $CaC_2O_4$ 分解为 $CaCO_3$;第三阶段表示 $CaCO_3$ 分解为 CaO。当然,$CaC_2O_4 \cdot 2H_2O$ 的热失重比较典型,在实际上许多物质的热重曲线很可能是无法如此明了地区分为各阶段的,甚至会成为一条连续变化的曲线。这时,测定曲线在各个温度范围内的变化速率就显得格外重要,它是热重曲线的一阶导数,称为微分热重曲线(DTG),微分热重曲线能很好地显示这些速率的变化。

(2) 差热分析和差示扫描量热

物质在受热过程中发生的物理或化学变化,不仅伴随着质量的变化,亦常伴随着热效应的发生。差热分析(Differential Thermal Analysis,DTA)是测定在受热过程中,样品与基准物之间的温差 $\Delta T$ 对温度 $T$ 或时间 $t$ 关系的一种方法,$\Delta T$ 与 $T$ 或 $t$ 的关系曲线称为差热曲线。DTA 实验中的样品和参照物都放置在低热导率的样品架上,样品架则置于炉中。分析无机化合物时通常以氧化铝为参照物,以样品与参照物的温差对线性上升的炉温作图。如果样品发生了吸热过程,其温度上升将滞后于参照物温度的上升,差热曲线上出现最小值;如果样品发生了放热过程,其温度将高于参照物的温度,曲线上出现最大值。吸热或放热曲线的面积与热过程的焓变有关。DTA 对研究诸如相变这样的过程非常有用,相变是固体从一种形式转变为另一个形式,且在 TGA 实验中观察不到质量的变化,例如无定形玻璃的晶化过程以及物质从一种结构转变为另一种结构的过程。

与 DTA 密切相关的一种技术叫差示扫描量热(Differential Scanning Calorimetry,DSC)。DSC 记录的是在二者之间建立零温度差所需的能量随时间或温度的变化。受热过程中若样品没有发生物理或化学变化,则样品与基准物的温度相等,这时差热回路中没有电流通过,记录器上应得一条平行于横坐标的水平线(称为基线),若样品发生变化(如晶格变化、熔化、沸腾、升华、蒸发、脱水、分解、氧化还原等)而产生热效应,则样品与基准物的温度不等,差热回路中产生了电流,经放大器放大后输入记录器,曲线开始偏离基线,样品反应完毕,样品与基准物之间温差逐渐消失,曲线又回到基线。

DTA 和 DSC 得到的信息非常相似,凡是有热量变化的物理和化学现象都可以借助差热分析或差示扫描量热分析的方法来进行分析。其中从 DSC 获得的定量数据(如相变过程的焓值)更可靠,不过 DTA 可以做到的温度更高。

我们举个例子来看看 TG-DSC 的应用。图 12.28 为 $K_3Al(C_2O_4)_3 \cdot 3H_2O$ 的 TG-DSC 曲线,可看出,第一步的失重(10.53%)为 3 个结晶水的失去,DSC 曲线上为一个吸热峰(峰温 102.4 ℃);之后 TG 曲线为一个平台,DSC 也没有峰出现,表明在此期间无水化合物 $K_3Al(C_2O_4)_3$ 可以稳定存在;当温度高于 380 ℃,$K_3Al(C_2O_4)_3$ 开始分解,在 380~550 ℃区间,TG 失重 34.38%,DSC 出现一个大的吸热峰(峰温 440.5 ℃),最后分解产物为 $Al_2O_3$ 和 $K_2CO_3$。

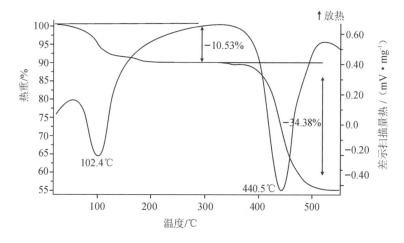

图 12.28　$K_3Al(C_2O_4)_3 \cdot 3H_2O$ 的 TG-DSC 曲线

# 思考题

1. 若需要确定从犯罪现场得到的白色粉末中存在的晶体组分,你会用哪种(些)技术?

2. 二氧化钛存在几种多晶型物,其中最常见的是锐钛矿、金红石和板钛矿。表12.3 列出每个晶型中六个最强的反射所对应的实验衍射角。使用 154 pm 的 X 射线从白色油漆样品(其中含有 $TiO_2$ 的一种或多种晶型)收集了粉末 X 射线衍射图(图12.29)。请指认二氧化钛存在的晶型。

表 12.3　实验衍射角

| 金红石 | 锐钛矿 | 板钛矿 |
| --- | --- | --- |
| 27.50 | 25.36 | 19.34 |
| 36.15 | 37.01 | 25.36 |
| 39.28 | 37.85 | 25.71 |
| 41.32 | 38.64 | 30.83 |
| 44.14 | 48.15 | 32.85 |
| 54.44 | 53.97 | 34.90 |

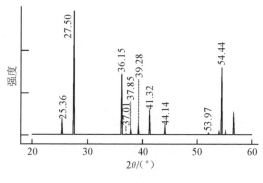

图 12.29　从二氧化钛多晶混合物得到的粉末 X 射线衍射图

3. 铬(Ⅳ)氧化物也采取金红石结构。通过布拉格方程以及 $Ti^{4+}$(69 pm)和 $Cr^{4+}$(75 pm)的离子半径,预测 $CrO_2$ 粉末 X 射线衍射图的主要特点。

4. 单晶 X 射线衍射测定$(NH_4)_2SeO_4$ 中,N—H 键长的报道误差远大于 Se—O 键长的报道误差,为什么?

5. 采用扫描电子显微镜研究样品的 EDS 谱时给出以下原子百分含量:Ca 29.5%、Ti 35.2%、O 35.3%。请试确定该化合物的经验式。

6. 组分为 $CaAl_2Si_6 \cdot nH_2O$ 的沸石在热重分析中加热干燥损失 25% 的质量,求 $n$ 值。

7. 将碳酸钠、氧化硼和二氧化硅一起加热并迅速冷却产生硼硅酸盐玻璃。为什么这种产品的粉末 X 射线衍射图不显示衍射最大值?而在 DTA 仪器中加热该硼硅酸盐玻璃,显示在 500 ℃时发生放热反应,此时所得的粉末 X 射线衍射图中出现衍射最大值。请解释这一现象。

8. 请简单描述透射电镜和扫描电镜的成像原理。

9. 电子显微探针分析仪有哪些工作模式?

10. 什么是 X 射线光电子能谱?它能够给出材料表面微区的哪些信息?

# 参考文献

[1] 徐如人,庞文琴. 无机合成与制备化学[M]. 北京:高等教育出版社,2001.

[2] 李爱东,刘建国,等. 先进材料合成与制备技术[M]. 北京:科学出版社,2015.

[3] WELLER,等. 无机化学[M]. 李珺,等译. 北京:高等教育出版社,2018.

[4] 朱继平,闫勇. 无机材料合成与制备[M]. 合肥:合肥工业大学出版社,2009.

[5] 曹国忠,王颖. 纳米结构和纳米材料:合成、性能及应用[M]. 董星龙,译. 2版. 北京:高等教育出版社,2012.

[6] 刘祖武. 现代无机合成[M]. 北京:化学工业出版社,1999.

[7] 王培铭,许乾慰. 材料研究方法[M]. 北京:科学出版社,2005.